医学部攻略の数学
I・A・II・B

河合塾講師 黒田 惠悟 著　西山 清二 編集協力

河合出版

はじめに

　年々厳しくなる医学部合格のためには，他学部であれば解けなくてもよい問題も解かなくてはならないため，たくさんの教科でのハイレベルな学習が必要です．したがって，限られた時間でそれを成し遂げるには，よくまとまった教材を用い効率よく学習する必要があります．

　私たちは長年受験指導をしてきましたが，医学部合格のための数学という視点で構成され受験生に薦められる参考書が見当たりませんでした．見当たらない理由は「医学部だから特別な数学(医学部数学)があるのか」，「ハイレベル数学とは違うのか」という疑問と無関係ではないでしょう．しかし，現に薦められる参考書は見当たらなかったのです．

　本書は，医学部受験指導を長年担当している現役予備校講師が集まり，今までの失敗・成功の議論を重ね，不要なものをそぎ落とし，合格のために本当に必要なものを精選し解説したものです．問題の出典はできるだけ医学部の入試問題を用いました．入試に出題される以上，かなり高度な内容の問題も当然収録しています．しかしこれ以上は必要ないというところまで絞り込んでいます．逆に，どこの大学でも出題されれば受験生は正解するであろう基本的な内容は載せていません．

　本書の編集の過程において，医学部合格のために必要な問題の選択基準は何かということが何度も議論になりました．集まったメンバーはそれぞれに確立された指導方法を持っていましたが，1つの分野1つのテーマという具体的素材の検討ということになるとその度ごとに意見の違いがあり素材選択の再検討ということを何度も行いました．この結果，選択基準は単純な画一的なものではなく，分野ごとテーマごとにさまざまな要因で総合的に判断されたものとなっており，偏見は少なく，より多くの読者に効率のよい学習を提供できるものになったと確信しています．医学部数学という単純なくくりでは本書を語れない理由がここにあると思います．違った立場の人の意見を聞くとなるほどと思うことも少なくなく私たち自身，本書の作成によって成長したように思います．

　本書の編集にあたって，テーマ設定・問題の吟味等は複数のメンバーが共同であたり，解答・解説の執筆は数学Ⅰ・A・Ⅱ・Bは黒田惠悟が，数学Ⅲは西山清二が行いました．

　医学部合格に特別な数学的センスは必要ありません．ただ，難しくてもマスターできるまで繰り返し繰り返し努力を続けられる情熱が必要です．そしてその経験は，将来医師として活躍されるときにきっと皆さんを支えてくれることでしょう．

黒田惠悟　しるす

受験生の皆さんに伝えたいこと

　本書は，高校2年までに学習を終える数学Ⅰ・A・Ⅱ・Bの範囲の
　　関数と方程式(高次方程式を含む)，三角関数，数列，整数・整式，
　　整式で表された関数の微分積分，ベクトルと平面・空間図形，確率
の分野を取り上げています（一部数Ⅲの内容を含みます）．ただし，教科書で扱われることはありませんが，医学部入試では頻出する**整式の一致の定理，空間の曲面の方程式，特殊な発想が要求される整数の問題や確率の問題，期待値の加法定理，分散およびその関連公式，二項分布**なども本書は取り上げています．

　本書は"医学部に合格することを目的"として編集されました．そのために高校の教科書や市販されている普通の参考書には含まれていないことも取り上げ，医学部入試数学の攻略に必要な武器(知識，発想，テクニック)を提示します．医学部入試では**"知っていない(経験がない)と解けない問題"**がかなりの頻度で出題されているのです．

　また，パターン学習になりがちな「存在条件が関係する問題」を繰り返し取り上げ，本質的な考え方を示し，この考え方の理解を通して真の実力を養成することを一つの目的としています．存在条件が関係する問題の考え方を修得することは，高校数学を理解するためには不可欠です．

　このように，本書は医学部入試数学を攻略するために編集されました．数学Ⅰ・A・Ⅱ・Bの学習をひととおり終え，標準的な問題の演習を行った段階で，より深くより高度な学習を望む受験生に最適と思われる演習書です．

　本書は，第1章，第2章，第3章…と順に学習するのが基本ですが，どの章から読み始めてもかまいません．標準的な学習が足りないと思われる章は後にまわしても良いでしょう．しかし，医学部に合格したいと思っているのであれば，すべての章を受験までに必ず学習して下さい．

　また，学習というのは，問題を読んで解法を覚えれば良いということではありません．本書レベルの問題を解くことができないと医学部に合格することは難しいのですが，問題が解けるようになるためには，まず**"その問題の解法がどのような理由でそうなるのかを正しく理解することが必要"**です．さらに，理解さえできればよいのかと問われると，そうではないと答えざるを得ません．理解することは絶対的に必要ですが，理解できたはずの問題が解けないということも多いのです．

　理解することと解くことには異質の能力が要求されている部分があり，**解く練習が必要です！** そのために，各問題に対して一つずつ類題を用意しました．類題は問題より難度が高いものが多いのですが，理解を深めるため，実力を伸長し解けるようになるために類題の演習に取り組んで下さい．**類題の演習は，完答できるようになるまで何度でも繰り返しましょう．**

　本書を学習し，類題が完全に解答できるようになれば，間違いなく医学部に合格できます．読者の皆さんの健闘を祈ります．

2015年10月　黒田惠悟

目 次

第1章　関数と方程式
- 問題1　解の配置・解の存在範囲 …… 8　　類題1 …… 9
- 問題2　相反方程式 …… 10　　類題2 …… 11
- 問題3　3次方程式の解と係数の関係 12　　類題3 …… 13
- 問題4　3次方程式の代数的解法◆ …… 14　　類題4 …… 16
- 問題5　多変数関数の最大・最小 …… 18　　類題5 …… 19

第2章　三角関数
- 問題6　三角関数の相互関係，加法定理，三角関数の恒等式 …… 20　　類題6 …… 21
- 問題7　三角関数のとり得る値と存在条件 …… 22　　類題7 …… 23
- 問題8　2直線のなす角の最大値，正接の加法定理 …… 24　　類題8 …… 25
- 問題9　三角関数の多変数関数，和→積，積→和の公式 …… 26　　類題9 …… 28

第3章　数　列
- 問題10　等差数列，等比数列の定義 …… 30　　類題10 …… 31
- 問題11　格子点の個数の求め方 …… 32　　類題11 …… 33
- 問題12　群数列 …… 34　　類題12 …… 35
- 問題13　漸化式の作成，3項間漸化式の解法 …… 36
- 問題14　漸化式を利用した論証（ペル方程式）…… 38　　類題13 …… 37
- 問題15　数学的帰納法(1) …… 42　　類題14 …… 40
- 問題16　数学的帰納法(2) …… 44　　類題15 …… 43
- 問題17　数学的帰納法(3) …… 46　　類題16 …… 45
　　　　　　　　　　　　　　　　　　　　　　類題17 …… 47

第4章　整数・整式
- 問題18　素数・剰余系 …… 48　　類題18 …… 49
- 問題19　互いに素 …… 50　　類題19 …… 51
- 問題20　平方剰余・ピタゴラス数 …… 52　　類題20 …… 54
- 問題21　合同式 …… 56　　類題21 …… 57
- 問題22　1次不定方程式の整数解 …… 58　　類題22 …… 59
- 問題23　方程式の整数解，整数解の限定方法 …… 60　　類題23 …… 62
- 問題24　$n!$ に含まれる素因数 p の個数 …… 64　　類題24 …… 66
- 問題25　無限降下法 …… 68　　類題25 …… 69
- 問題26　ガウス記号 …… 70　　類題26 …… 72
- 問題27　フェルマーの小定理◆ …… 74　　類題27 …… 75
- 問題28　整式が整数値をとる条件 …… 76　　類題28 …… 77
- 問題29　整式の一致の定理◆ …… 78　　類題29 …… 81

問題30	方程式の有理数解◆……………82	類題30	……………83
問題31	チェビシェフの多項式◆………84	類題31	……………87

第5章　整式で表された関数の微分積分

問題32	対称式のとり得る値と3次関数のグラフ……………88	類題32	……………89
問題33	3次のチェビシェフの多項式で表された関数の性質…………90	類題33	……………91
問題34	3次関数のグラフで囲まれた面積……………92	類題34	……………93
問題35	3次関数のグラフと接線で囲まれた部分の面積………………94	類題35	……………95
問題36	n次関数のグラフと方程式の解の個数……………96	類題36	……………98
問題37	逆関数の積分(図形的処理)◆ 100	類題37	…………… 102

第6章　図形と方程式

問題38	円束(2円の交点を通る円,直線)………………… 104	類題38	…………… 105
問題39	媒介変数で表された点の軌跡(1)………………… 106	類題39	…………… 107
問題40	媒介変数で表された点の軌跡(2)………………… 108	類題40	…………… 109
問題41	反転(点の軌跡)…………… 110	類題41	…………… 111
問題42	直線に関する対称点の存在する条件…………………… 112	類題42	…………… 113
問題43	1対1対応ではない変換(原像の存在条件)……………… 114	類題43	…………… 116
問題44	図形の通過する領域(1)…… 118	類題44	…………… 121
問題45	図形の通過する領域(2)…… 122	類題45	…………… 123
問題46	極と極線◆………………… 124	類題46	…………… 125
問題47	反射と対称移動……………… 126	類題47	…………… 127

第7章　ベクトル・空間図形

問題48	1次独立である平面ベクトル(空間ベクトル)の性質……… 128	類題48	…………… 129
問題49	ベクトルの内積と平面図形‥ 130	類題49	…………… 131
問題50	ベクトルの内積で定義された図形の決定………………… 132	類題50	…………… 133
問題51	ベクトル表示された動点の存在範囲(円のベクトル方程式)‥ 134	類題51	…………… 135
問題52	球面のベクトル方程式……… 136	類題52	…………… 137
問題53	空間の2線分の長さの和の最小値………………………… 138	類題53	…………… 139
問題54	空間における円の媒介変数表示………………… 140	類題54	…………… 141
問題55	円錐曲線………………… 142	類題55	…………… 144
問題56	空間の回転曲面の方程式◆… 146	類題56	…………… 148

問題57	等面(合同)四面体を作ることができる条件◆ …………… 150	類題57	……………………… 153
問題58	多面体………………… 154	類題58	……………………… 156

第8章 確率

問題59	最大確率の求め方………… 158	類題59	……………………… 159
問題60	酔歩(Random-Walk)の確率 …………… 160	類題60	……………………… 161
問題61	排反事象の加法定理(ジャンケンの確率) …………… 162	類題61	……………………… 163
問題62	排反ではない事象の加法定理(包除原理) …………… 164	類題62	……………………… 165
問題63	差事象の確率…………… 166	類題63	……………………… 168
問題64	Random-Walkとカタラン数◆ …………… 170	類題64	……………………… 172
問題65	確率漸化式(1)(2項間漸化式の作成) …………… 174	類題65	……………………… 175
問題66	確率漸化式(2)(3項間漸化式の作成) …………… 176	類題66	……………………… 177
問題67	完全順列(乱列,攪乱順列)◆ 178	類題67	……………………… 181
問題68	期待値の加法定理(期待値の線形性)◆(数学B) ……… 182	類題68	……………………… 185
問題69	二項分布と二項定理◆ ……… 186	類題69	……………………… 188

(注) 問題文の右肩の◆印はやや難問を表します．入試問題の出題大学名は現行の大学名にしてあります．[例] 高知医科大→高知大[医]

問題 1 解の配置・解の存在範囲

t は実数とし，$f(x)=x^2-2tx+2t^2-4$ とする．
(1) 2次方程式 $f(x)=0$ が区間 $x\leq 2$ に実数解をもつような t の値の範囲を求めよ．
(2) $0\leq t\leq 2$ のとき，2次方程式 $f(x)=0$ の実数解 x のとり得る値の範囲を求めよ．

(岡山大［医］改)

[考え方]
(1) $y=f(x)$ のグラフが $x\leq 2$ の範囲で x 軸と共有点をもつための条件を求めましょう．
(2) 実数 $t\,(0\leq t\leq 2)$ の存在条件に帰着させます．
「$0\leq t\leq 2$ の範囲のある t に対して $x=x_0$ が $f(x)=0$ の解である」
$\iff$「$x_0{}^2-2tx_0+2t^2-4=0$ を満たす実数 $t\,(0\leq t\leq 2)$ が存在する」
$\iff$「t の方程式 $2t^2-2x_0t+x_0{}^2-4=0$ が $0\leq t\leq 2$ の範囲に解をもつ」

【解答】
(1) $f(x)=(x-t)^2+t^2-4$.
 (i) $f(2)\leq 0$ の場合
  $f(x)=0$ は区間 $x\leq 2$ に解をもつ．
  $f(2)=2(t^2-2t)$ であり $f(2)\leq 0$ より
    $0\leq t\leq 2$.

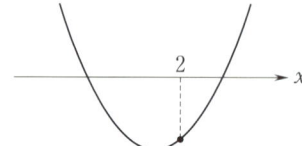

 (ii) $f(2)>0$ の場合
  $f(x)=0$ が区間 $x\leq 2$ に解をもつ条件は，
  $\begin{cases} f(2)=2(t^2-2t)>0 \\ \dfrac{D_1}{4}=4-t^2\geq 0 \quad (D_1 は判別式)， \\ t\leq 2. \end{cases}$
  よって，$-2\leq t<0$.

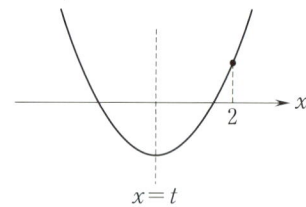

 (i)，(ii) より，求める t の値の範囲は，
    $-2\leq t\leq 2$.

(2) $g(t)=2t^2-2xt+x^2-4=2\left(t-\dfrac{x}{2}\right)^2+\dfrac{x^2}{2}-4$
 とおく．
  2次方程式 $f(x)=0$ の解 x のとり得る値の範囲は，
  「$g(t)=0$ が $0\leq t\leq 2$ に解をもつ」 ……(*)
 ような x の範囲に一致する．
 (i) $g(0)\cdot g(2)\leq 0$ の場合，(*) は成り立つ．
  $g(0)\cdot g(2)=(x^2-4)(x^2-4x+4)$
      $=(x+2)(x-2)^3$
  であり，$g(0)\cdot g(2)\leq 0$ より
    $-2\leq x\leq 2$.

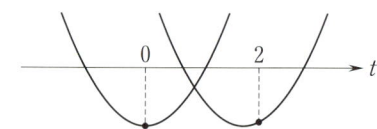

(ii) $g(0) \cdot g(2) > 0$ の場合，(∗) が成り立つ条件は
$$\begin{cases} g(0) = x^2 - 4 > 0, \\ g(2) = (x-2)^2 > 0, \\ \dfrac{D_2}{4} = -x^2 + 8 \geqq 0 \quad (D_2 \text{ は判別式}), \\ 0 \leqq \dfrac{x}{2} \leqq 2. \end{cases}$$

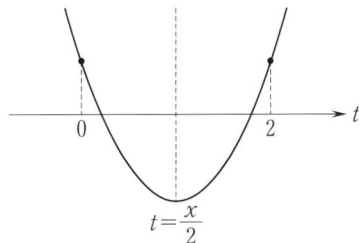

よって
$$2 < x \leqq 2\sqrt{2}.$$

(i), (ii) より，$f(x) = 0$ の実数解 x のとり得る値の範囲は
$$-2 \leqq x \leqq 2\sqrt{2}.$$

(解説)

x の 2 次方程式 $f(x) = 0$ の解の配置の問題は，$y = f(x)$ のグラフの軸の位置，端点の符号，D に注目します．

(2)のような **"存在条件" が関連する問題の考え方を修得することは，数学を理解するために不可欠**です．この考え方は問題 7 でも必要であり，第 6 章（図形と方程式）でも再度詳しく解説しますが，医学部入試に対応できるかどうかの一つの関門と言ってよいでしょう．

なお，$f(x) = 0$ を具体的に解くと，
$$x = t \pm \sqrt{4 - t^2} \quad (0 \leqq t \leqq 2)$$
となりますが，x のとり得る値の範囲を調べるには，
$$\begin{cases} \text{数Ⅲの微分法を用いる } (x \text{ は } t \text{ の関数であり，微分して増減を調べる}), \\ \text{三角関数の合成公式を用いる } (t = 2\sin\theta \ (0 \leqq \theta \leqq \dfrac{\pi}{2}) \text{ とおいて変形する}) \end{cases}$$
などの方法もあります．

類題 1

a を実数の定数とする．x の 2 次方程式．
$$x^2 + (a-1)x + a + 2 = 0 \quad \cdots\cdots (\ast)$$
について，次の問に答えよ．

(1) 2 次方程式 (∗) が $0 \leqq x \leqq 2$ の範囲には実数解をただ 1 つもつとき，a の値の範囲を求めよ．

(2) $-2 \leqq a \leqq -1$ のとき，2 次方程式 (∗) の実数解 x のとり得る値の範囲を求めよ．

(金沢大 [医] 改)

10　第1章　関数と方程式

問題 2 相反方程式

次の問に答えよ．

(1) $y=x+\dfrac{1}{x}$ を満たす x が実数となるような実数 y の値の範囲を求めよ．

(2) x の4次方程式 $x^4+ax^3+bx^2+ax+1=0$ の解がすべて実数となるような実数 a, b の条件を求め，点 (a, b) の存在範囲を ab 平面上に図示せよ．

(日本医科大　改)

[考え方]

(1) x の2次方程式の実数解条件を利用します．

(2) 与えられた4次方程式の係数は，1, a, b, a, 1 と対称になっていますが，このような方程式を **相反方程式** といいます．

相反方程式は，$x+\dfrac{1}{x}=y$ などと置くと次数が下がり処理しやすくなります．

【解答】

(1) $y=x+\dfrac{1}{x}$ より，$x^2-yx+1=0$ かつ $x\neq 0$．

$$x^2-yx+1=0. \quad\cdots\cdots ①$$

① を満たす x が実数である条件を求めればよく，

$$y^2-4\geqq 0.$$

よって，$\boldsymbol{y\leqq -2}$ または $\boldsymbol{2\leqq y}$．

$x^2-yx+1=0$ を満たす x について，$x\neq 0$ ですね．

(2) $$x^4+ax^3+bx^2+ax+1=0 \quad\cdots\cdots (*)$$

は $x=0$ を解にもたないから，

$$(*) \iff x^2+ax+b+\dfrac{a}{x}+\dfrac{1}{x^2}=0$$

$$\iff \left(x+\dfrac{1}{x}\right)^2+a\left(x+\dfrac{1}{x}\right)+b-2=0.$$

$x+\dfrac{1}{x}=y$ とおくと

$$y^2+ay+b-2=0. \quad\cdots\cdots ②$$

($*$) の解がすべて実数となるための条件は

「② が $y\leqq -2$ または $2\leqq y$ の範囲に2解をもつ」 $\cdots$(☆)

ことである．

$f(y)=y^2+ay+b-2=\left(y+\dfrac{a}{2}\right)^2-\dfrac{a^2}{4}+b-2$ とおく．

また，$f(y)=0$ の判別式を D とする．

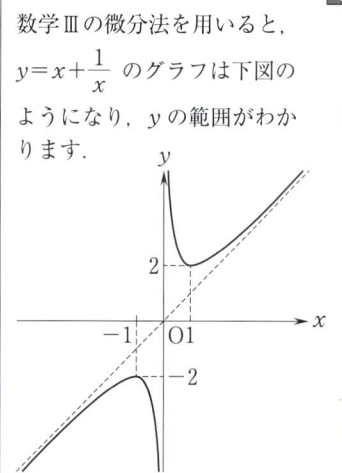

数学Ⅲの微分法を用いると，$y=x+\dfrac{1}{x}$ のグラフは下図のようになり，y の範囲がわかります．

(i) ② が $y\leqq -2$ に2解をもつ条件は

$$\begin{cases} f(-2)=-2a+b+2\geqq 0, \\ -\dfrac{a}{2}\leqq -2, \quad D=a^2-4(b-2)\geqq 0. \end{cases}$$

よって，

$$\begin{cases} b\geqq 2a-2, \quad a\geqq 4, \\ b\leqq \dfrac{1}{4}a^2+2. \end{cases}$$

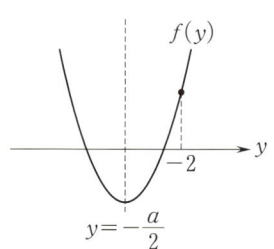

(ii) ② が $y \geqq 2$ に 2 解をもつ条件は
$$\begin{cases} f(2)=2a+b+2 \geqq 0, \\ -\dfrac{a}{2} \geqq 2, \quad D=a^2-4(b-2) \geqq 0. \end{cases}$$
よって,
$$\begin{cases} b \geqq -2a-2, \quad a \leqq -4, \\ b \leqq \dfrac{1}{4}a^2+2. \end{cases}$$

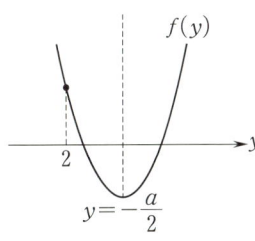

(iii) ② が $y \leqq -2$, $y \geqq 2$ に 1 つずつ解をもつ条件は
$$\begin{cases} f(-2)=-2a+b+2 \leqq 0, \\ f(2)=2a+b+2 \leqq 0. \end{cases}$$
よって,
$$b \leqq 2a-2, \quad b \leqq -2a-2.$$

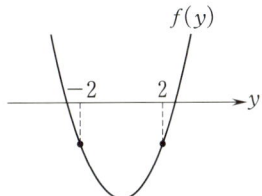

(i), (ii), (iii) より, 求める点 (a, b) の存在範囲は右図の斜線部分であり(境界も含む), a, b の満たすべき条件は

$$\begin{cases} b \geqq 2a-2, \\ b \geqq -2a-2, \\ b \leqq \dfrac{1}{4}a^2+2, \\ a \leqq -4 \text{ または } a \geqq 4. \end{cases} \quad \text{または,} \quad \begin{cases} b \leqq 2a-2, \\ b \leqq -2a-2. \end{cases}$$

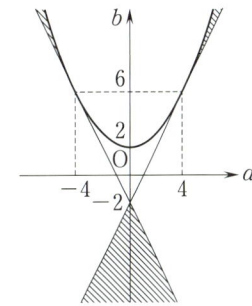

(解説)

(2)においては,

$\boxed{x^4+ax^3+bx^2+ax+1=0 \text{ から } x \text{ を求める}}$

↓ $x+\dfrac{1}{x}=y$ とおきかえて

$\boxed{y^2+ay+b-2=0 \text{ から } y \text{ を求める}}$

↓

$\boxed{y=x+\dfrac{1}{x} \text{ すなわち } x^2-yx+1=0 \text{ から } x \text{ を求める}}$

という手順を踏むことになり, (1)に注意すれば(*)の解 x がすべて実数となるための条件は,

「② が $y \leqq -2$ または $2 \leqq y$ の範囲に 2 解をもつ」……(☆) となります.

類題 2

6 次方程式 $4x^6-15x^4+ax^3+15x^2-4=0$ がある.

(1) $x-\dfrac{1}{x}=t$ とおくとき, t の満たす関係式を求めよ.

(2) 6 次方程式が相異なる 6 個の実数解をもつような実数 a の値の範囲を求めよ.

(東京慈恵会医科大 [医] 改)

問題 3　3次方程式の解と係数の関係

a, b は実数の定数であり，$b>0$ とする．3次方程式 $x^3+ax^2+(a^2-6)x+b=0$ が相異なる3つの解をもち，それぞれの逆数もこの方程式の解である．

a, b の値を求め，この方程式を解け．

(新潟大［医］改)

[考え方]

> [3次方程式の解と係数の関係]
> 3次方程式 $ax^3+bx^2+cx+d=0$ $(a\neq 0)$ の3解を，α, β, γ とすると
> $$\alpha+\beta+\gamma=-\frac{b}{a},\quad \alpha\beta+\beta\gamma+\gamma\alpha=\frac{c}{a},\quad \alpha\beta\gamma=-\frac{d}{a}.$$

の利用です．

【解答】
$$x^3+ax^2+(a^2-6)x+b=0 \quad \cdots\cdots(*)$$

の相異なる3解を α, β, γ とすると，$\dfrac{1}{\alpha}$, $\dfrac{1}{\beta}$, $\dfrac{1}{\gamma}$ も解 であるから，解と係数の関係より

⇐ $b>0$ より　$\alpha\beta\gamma\neq 0$

$$\begin{cases} \alpha+\beta+\gamma=-a=\dfrac{1}{\alpha}+\dfrac{1}{\beta}+\dfrac{1}{\gamma}, & \cdots\cdots① \\ \alpha\beta+\beta\gamma+\gamma\alpha=a^2-6=\dfrac{1}{\alpha\beta}+\dfrac{1}{\beta\gamma}+\dfrac{1}{\gamma\alpha}, & \cdots\cdots② \\ \alpha\beta\gamma=-b=\dfrac{1}{\alpha\beta\gamma}. & \cdots\cdots③ \end{cases}$$

③ と $b>0$ より
$$(\alpha\beta\gamma)^2=1 \text{ かつ } \alpha\beta\gamma<0$$
であり，
$$\alpha\beta\gamma=-1. \quad\cdots\cdots④$$
③，④ より
$$b=1.$$
また，① の右側の等式と ④ より
$$-a=\dfrac{1}{\alpha}+\dfrac{1}{\beta}+\dfrac{1}{\gamma}=\dfrac{\beta\gamma+\gamma\alpha+\alpha\beta}{\alpha\beta\gamma}=-(\alpha\beta+\beta\gamma+\gamma\alpha). \quad\cdots\cdots①'$$

①′ と ② の左側の等式より
$$a=a^2-6.\quad (a+2)(a-3)=0.$$

⇐ ② の右側の等式と①を用いても得られます．

よって，
$$a=-2 \text{ または } a=3.$$

⇐ a の値の必要条件です．

(i) $a=-2$, $b=1$ のとき，$(*)$ より
$$x^3-2x^2-2x+1=0.$$
$$(x+1)(x^2-3x+1)=0.$$
$$x=-1,\ \dfrac{3\pm\sqrt{5}}{2}.$$

(ii) $a=3$, $b=1$ のとき，(∗) より
$$x^3+3x^2+3x+1=0. \quad (x+1)^3=0.$$
よって，(∗) は 3 重解 $x=-1$ をもつことになり，不適．

以上により，
$$a=-2, \quad b=1$$
であり，方程式 (∗) の解は
$$x=-1, \quad \frac{3\pm\sqrt{5}}{2}.$$

【別解】（この問題は次のようにも考えることができます）

(∗) の両辺を x^3 で割ると
$$1+\frac{a}{x}+\frac{a^2-6}{x^2}+\frac{b}{x^3}=0.$$

⇐ α, β, γ を代入すれば成り立ちます．

$\dfrac{1}{x}=t$ とおくと，
$$1+at+(a^2-6)t^2+bt^3=0.$$

これは $\dfrac{1}{\alpha}$, $\dfrac{1}{\beta}$, $\dfrac{1}{\gamma}$ を解にもつから，逆数を解とする方程式は
$$bx^3+(a^2-6)x^2+ax+1=0$$
$$\iff x^3+\frac{a^2-6}{b}x^2+\frac{a}{b}x+\frac{1}{b}=0. \quad \cdots\cdots(**)$$

(∗) と (∗∗) は一致するから，
$$\begin{cases} a=\dfrac{a^2-6}{b}, \\ a^2-6=\dfrac{a}{b}, \\ b=\dfrac{1}{b}. \end{cases} \iff \begin{cases} a^2-6=ab, & \cdots\cdots⑤ \\ a=b(a^2-6), & \cdots\cdots⑥ \\ b^2=1. & \cdots\cdots⑦ \end{cases}$$

⑤，⑥，⑦ と $b>0$ より
$$b=1, \quad a=a^2-6.$$

（以下，**【解答】** と同様）

類題 3

3 次方程式 $x^3-3x+1=0$ の 3 つの実数解を α, β, γ $(\alpha<\beta<\gamma)$ とする．
(1) α^2-2, β^2-2, γ^2-2 を 3 つの解とする 3 次方程式を求めよ．
(2) 次の等式が成り立つことを示せ．
$$\alpha^2=\gamma+2, \quad \beta^2=\alpha+2, \quad \gamma^2=\beta+2.$$

（九州工業大，京都府立医科大（類））

問題 4　3次方程式の代数的解法◆

次の問に答えよ．

(1) x の3次式 Ax^3+Bx^2+Cx+D は適当な数 α に対し，$x=t-\alpha$ とおくことにより，$At^3+\beta t+\gamma$ という形に変形されることを示せ．また，定数 $\alpha,\ \beta,\ \gamma$ を $A,\ B,\ C,\ D$ を用いて示せ．

(2) $u^3-v^3=\dfrac{\gamma}{A}$ かつ $uv=\dfrac{\beta}{3A}$ を満たす $u,\ v$ に対して，$v-u$ は3次方程式 $At^3+\beta t+\gamma=0$ の1つの解であることを示せ．

(3) (1)，(2)の事実を用いて，次の3次方程式を解け．
$$x^3+3x^2+18x+140=0.$$

（順天堂大［医］）

[考え方]

(3) (2)に注意すれば，$u,\ v$ を求める必要があります．このとき

> $\alpha+\beta=p,\ \alpha\beta=q$ である2数 $\alpha,\ \beta$ は，2次方程式
> $$t^2-pt+q=0$$
> の2解である

を利用します．

【解答】

(1) $x=t-\alpha$ とおくと
$$Ax^3+Bx^2+Cx+D$$
$$=A(t-\alpha)^3+B(t-\alpha)^2+C(t-\alpha)+D$$
$$=At^3+(-3\alpha A+B)t^2+(3\alpha^2 A-2\alpha B+C)t+(-A\alpha^3+B\alpha^2-C\alpha+D)$$

よって，$\alpha=\dfrac{B}{3A}$ と定めると，
$$Ax^3+Bx^2+Cx+D$$
$$=At^3+\left(C-\dfrac{B^2}{3A}\right)t+\left(\dfrac{2B^3}{27A^2}-\dfrac{BC}{3A}+D\right)$$

すなわち，$At^3+\beta t+\gamma$ の形となり
$$\beta=C-\dfrac{B^2}{3A},\ \gamma=\dfrac{2B^3}{27A^2}-\dfrac{BC}{3A}+D.$$

(2) $u,\ v$ が，$u^3-v^3=\dfrac{\gamma}{A},\ uv=\dfrac{\beta}{3A}$ を満たすとき，
$$A(v-u)^3+\beta(v-u)+\gamma$$
$$=A(v^3-u^3)-3Auv(v-u)+\beta(v-u)+\gamma$$
$$=A\left(-\dfrac{\gamma}{A}\right)-\beta(v-u)+\beta(v-u)+\gamma$$
$$=0.$$

よって，$v-u$ は3次方程式 $At^3+\beta t+\gamma=0$ の解である．

(3) 　　　$x^3+3x^2+18x+140=0$ 　　　……(＊)

において，$x=t-1$ とおくと，(1)より
$$t^3+15t+124=0. \quad ……(＊＊)$$

ここで
$$\begin{cases} u^3-v^3=124, & ……① \\ uv=5 & ……② \end{cases}$$

を満たす u, v を求める．①，②より
$$u^3+(-v^3)=124, \quad u^3(-v^3)=-125$$

であるから，
$$u^3=125, \quad v^3=1$$

であり，ω を1の3乗根の虚数の1つとして
$$\begin{cases} u=5,\ 5\omega,\ 5\omega^2, \\ v=1,\ \omega,\ \omega^2. \end{cases}$$

これらのうち，①，②を満たすものは
$$(u, v)=(5, 1),\ (5\omega, \omega^2),\ (5\omega^2, \omega).$$

(2)より，これらの u, v に対して
$$v-u=-4,\ \omega^2-5\omega,\ \omega-5\omega^2.$$

は(＊＊)の解であり，これら3数は相異なる．

$x=t-1$ より，(＊)の解は
$$x=-5,\ -1-5\omega+\omega^2,\ -1+\omega-5\omega^2.$$

ここで，
$$(\omega, \omega^2)=\left(\frac{-1+\sqrt{3}\,i}{2},\ \frac{-1-\sqrt{3}\,i}{2}\right)\ \text{または}\ \left(\frac{-1-\sqrt{3}\,i}{2},\ \frac{-1+\sqrt{3}\,i}{2}\right)$$

であるから，
$$\boldsymbol{x=-5,\ 1\pm3\sqrt{3}\,i.}$$

⇐ $A=1$, $B=3$, $C=18$, $D=140$ の場合です．(1)より
　　$\alpha=1$, $\beta=15$, $\gamma=124$
となります．

⇐ u^3, $(-v^3)$ は
　　$t^2-124t-125=0$
　の2解です．

⇐ $\omega=\dfrac{-1\pm\sqrt{3}\,i}{2}$

（解説）

3次方程式は代数的に解くことができる（すなわち，3次方程式の解の公式が存在する）ことを保証する問題です．

(1), (2), (3)を通して

$$\boxed{Ax^3+Bx^2+Cx+D=0\ ……(＊)}$$

　　↓　$x=t-\dfrac{B}{3A}$ とおく

$$\boxed{At^3+\beta x+\gamma=0\ ……(＊＊)}$$

　　↓

$$\boxed{u^3-v^3=\dfrac{\gamma}{A}\ \text{かつ}\ uv=\dfrac{\beta}{3A}\ \text{から}\ u^3,\ v^3\ \text{の値}\ p,\ q\ \text{を求める}}$$

　　↓　$t=v-u$

$$\boxed{t=q^{\frac{1}{3}}-p^{\frac{1}{3}},\ q^{\frac{1}{3}}\omega-p^{\frac{1}{3}}\omega^2,\ q^{\frac{1}{3}}\omega^2-p^{\frac{1}{3}}\omega.}\ ((＊＊)\text{の解})$$

　　↓　$x=t-\dfrac{B}{3A}$

$$\boxed{x=-\dfrac{B}{3A}+q^{\frac{1}{3}}-p^{\frac{1}{3}},\ -\dfrac{B}{3A}+q^{\frac{1}{3}}\omega-p^{\frac{1}{3}}\omega^2,\ -\dfrac{B}{3A}+q^{\frac{1}{3}}\omega^2-p^{\frac{1}{3}}\omega}\ ((＊)\text{の解})$$

となります．

16　第1章　関数と方程式

(1)の α は，次のように考えても求められます．

【(1) の別解】

$f(x)=Ax^3+Bx^2+Cx+D$　$(A\neq 0)$ とおくと
$$f'(x)=3Ax^2+2Bx+C,\ f''(x)=6Ax+2B.$$
よって，曲線 $y=f(x)$ の変曲点の x 座標は $-\dfrac{B}{3A}$
であり，x 軸方向に $\dfrac{B}{3A}$ だけ平行移動すると

変曲点の x 座標は 0.

したがって，
$$f\left(t-\dfrac{B}{3A}\right)\text{ は，} At^3+\beta t+\gamma\text{ の形}$$
となり，$\alpha=\dfrac{B}{3A}$．

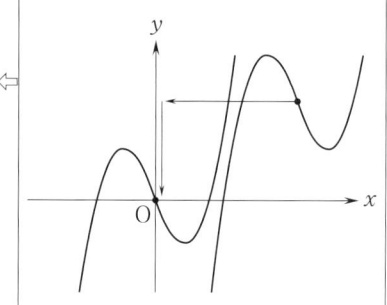

3次関数のグラフは変曲点に関して対称です．

よって，変曲点が原点になるように平行移動すると，奇関数の形です．

なお，1の虚数の3乗根 ω について次の性質が成り立ちますが，受験数学においては頻出事項であり，常識でしょう．

$$\omega^3=1,\ \omega^2+\omega+1=0,$$
$$\omega+\overline{\omega}=-1,\ \omega^2=\overline{\omega}.$$

$\left(\overline{\omega}\text{ は }\omega\text{ の共役複素数，}\omega=\dfrac{-1\pm\sqrt{3}\,i}{2}\right)$

類題 4

次の問に答えよ．
(1) x の3次方程式 $x^3+ax^2+bx+c=0$ ($a,\ b,\ c$ は実数の定数)は，適当な定数 d をとり $X=x+d$ により変数 x を変数 X に変換すれば，3次方程式 $X^3-3pX-q=0$ に変えることができる．このとき，定数 $d,\ p,\ q$ を $a,\ b,\ c$ を用いて表せ．
(2) $u,\ v$ は，$uv=p$ を満たすとする．$u+v$ が $X^3-3pX-q=0$ の解となるとき，$u^3,\ v^3$ を $p,\ q$ を用いて表せ．
(3) (1), (2)を利用して，3次方程式 $x^3+9x^2+15x-29=0$ を解け．

（日本医科大　改）

Note

問題 5 多変数関数の最大・最小

実数 x, y が $1 \leqq x+2y \leqq 2$ かつ $2 \leqq 2x+y \leqq 4$ を満たして変化するとき，x^2+xy+y^2 の最大値，最小値を求めよ．

[考え方]

$F = x^2+xy+y^2$ は x, y の2変数関数ですから，

「x または y を固定して，1つの変数に対する最大値 M，最小値 m を求め，さらに M の最大値，m の最小値を求める」

という方法をとります．この問題では，直ちに

$$\begin{cases} x\text{を固定すると，} \dfrac{2}{3} \leqq x \leqq 1,\ 1 \leqq x \leqq 2,\ 2 \leqq x \leqq \dfrac{7}{3} \\ y\text{を固定すると，} -\dfrac{2}{3} \leqq y \leqq 0,\ 0 \leqq y \leqq \dfrac{2}{3} \end{cases}$$

の場合分けが必要であり，処理が大変です．

そこで変数変換を実行して，処理しやすい形にします．

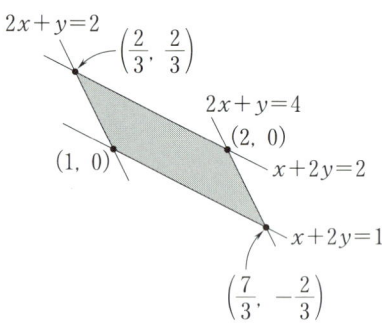

【解答】

$$F = x^2+xy+y^2$$

とおく．

$$s = x+2y,\ t = 2x+y \qquad \cdots\cdots①$$

とおくと

$$1 \leqq s \leqq 2,\ 2 \leqq t \leqq 4 \qquad \cdots\cdots②$$

である．① より

$$\begin{cases} x = \dfrac{1}{3}(-s+2t), \\ y = \dfrac{1}{3}(2s-t) \end{cases}$$

であるから

$$F = \dfrac{1}{9}\{(-s+2t)^2+(-s+2t)(2s-t)+(2s-t)^2\}$$
$$= \dfrac{1}{3}(s^2-st+t^2).$$

> s, t は独立に $1 \leqq s \leqq 2$, $2 \leqq t \leqq 4$ を変化でき，処理しやすい形ですね．

(I) t ($2 \leqq t \leqq 4$) を固定したとき，F は s の2次関数であり

$$F(s) = \dfrac{1}{3}\left(s-\dfrac{t}{2}\right)^2 + \dfrac{1}{4}t^2 \quad (1 \leqq s \leqq 2).$$

② より $1 \leqq \dfrac{t}{2} \leqq 2$ であるから $F(s)$ の最小値を m，最大値を M とすると，

(i) $2 \leqq t \leqq 3$ のとき

$$\begin{cases} m = F\left(\dfrac{t}{2}\right) = \dfrac{1}{4}t^2, \\ M = F(2) = \dfrac{1}{3}(t^2-2t+4). \end{cases}$$

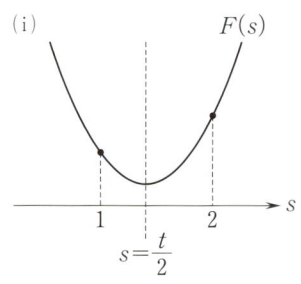

(ii) $3 < t \leq 4$ のとき

$$\begin{cases} m = F\left(\dfrac{t}{2}\right) = \dfrac{1}{4}t^2, \\ M = F(1) = \dfrac{1}{3}(t^2 - t + 1) \end{cases}$$

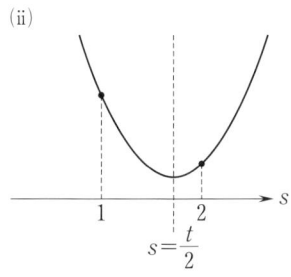

(II) t を $2 \leq t \leq 4$ で変化させると

$$1 \leq m = \dfrac{1}{4}t^2 \leq 4.$$

また,

(i) $2 \leq t \leq 3$ のとき

$$\dfrac{4}{3} \leq M = \dfrac{1}{3}(t-1)^2 + 1 \leq \dfrac{7}{3}.$$

(ii) $3 < t \leq 4$ のとき

$$\dfrac{7}{3} < M = \dfrac{1}{3}\left(t - \dfrac{1}{2}\right)^2 + \dfrac{1}{4} \leq \dfrac{13}{3}$$

であるから

$$\dfrac{4}{3} \leq M \leq \dfrac{13}{3}.$$

(I), (II) より, 求める $x^2 + xy + y^2$ の

最大値は $\dfrac{13}{3}$, 最小値は 1

である.

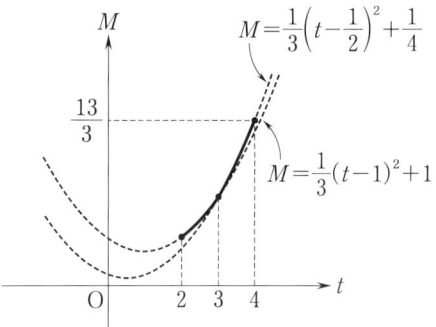

類題 5

平面上で定点 A$(0, 0)$, B$(3, 0)$ と曲線 $y = x(3-x)$ $(0 < x < 3)$ 上の 2 点 C, D を頂点とする四角形を考える.

このような四角形の面積の最大値を求めよ.

(横浜市立大 [医])

問題 6 三角関数の相互関係，加法定理，三角関数の恒等式

α, β は $0 \leqq \alpha \leqq \beta < 2\pi$ を満たす定数とする．すべての実数 x に対して
$$\sin x + \sin(x+\alpha) + \sin(x+\beta)$$
が一定の値となるように α, β の値を求めよ．

(信州大［医］，名古屋大 改)

[考え方]

x についての全称命題（x の恒等式）の問題ですから，次の(1), (2)いずれかの方法をとります．
(1) x に適当な値を代入して α, β の必要条件を求める．
(2) 変数 x を合成公式などを用いてまとめ，処理する．

【解答1】

$$\sin x + \sin(x+\alpha) + \sin(x+\beta) = k \quad (k \text{ は定数}) \quad \cdots\cdots(*)$$

とおく．($*$)で $x = 0, \dfrac{\pi}{2}, \pi$ とおくと

$$\begin{cases} \sin\alpha + \sin\beta = k, & \cdots\cdots① \\ 1 + \cos\alpha + \cos\beta = k, & \cdots\cdots② \\ -\sin\alpha - \sin\beta = k. & \cdots\cdots③ \end{cases}$$

⇐ $\sin\left(\dfrac{\pi}{2}+\theta\right) = \cos\theta$

⇐ $\sin(\pi+\theta) = -\sin\theta$

①＋③ より
$$k = 0$$
が必要であり，このとき ①, ② より
$$\begin{cases} \sin\alpha + \sin\beta = 0, & \cdots\cdots④ \\ \cos\alpha + \cos\beta = -1. & \cdots\cdots⑤ \end{cases}$$

④, ⑤ と $\sin^2\beta + \cos^2\beta = 1$ より
$$(-\sin\alpha)^2 + (-1-\cos\alpha)^2 = 1.$$
$$2 + 2\cos\alpha = 1. \quad \cdots\cdots⑥$$

⑤, ⑥ より
$$\cos\alpha = -\dfrac{1}{2}, \quad \cos\beta = -\dfrac{1}{2}. \quad \cdots\cdots⑦$$

$0 \leqq \alpha \leqq \beta < 2\pi$ であるから ④, ⑦ より
$$\alpha = \dfrac{2}{3}\pi, \quad \beta = \dfrac{4}{3}\pi. \quad (\leftarrow \text{必要条件})$$

逆に，このとき，
$$((*)\text{の左辺}) = \sin x + \sin\left(x + \dfrac{2}{3}\pi\right) + \sin\left(x + \dfrac{4}{3}\pi\right)$$
$$= \sin x + 2\sin(x+\pi)\cos\dfrac{\pi}{3}$$
$$= \sin x + 2(-\sin x) \cdot \dfrac{1}{2} = 0$$

⇐ 和→積の公式
$\sin A + \sin B$
$= 2\sin\dfrac{A+B}{2}\cos\dfrac{A-B}{2}$

となり，十分．
したがって，α, β は
$$\alpha = \dfrac{2}{3}\pi, \quad \beta = \dfrac{4}{3}\pi.$$

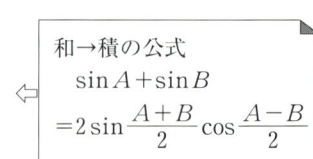

【解答２】

$$\sin x + \sin(x+\alpha) + \sin(x+\beta)$$
$$= (1+\cos\alpha+\cos\beta)\sin x + (\sin\alpha+\sin\beta)\cos x$$

⇐ 加法定理を用いました．

$p=1+\cos\alpha+\cos\beta$, $q=\sin\alpha+\sin\beta$ とおき, $p^2+q^2\neq 0$
と仮定すると

$$\text{与式} = p\sin x + q\cos x = \sqrt{p^2+q^2}\sin(x+r)$$
$$\left(\text{ただし } \cos r = \frac{p}{\sqrt{p^2+q^2}},\ \sin r = \frac{q}{\sqrt{p^2+q^2}}\right)$$

⇐ 与式は $-\sqrt{p^2+q^2}$ から $\sqrt{p^2+q^2}$ までの値をとります．

となり，与式は一定の値ではない．

よって，$p^2+q^2=0$ すなわち
$$\begin{cases} 1+\cos\alpha+\cos\beta=0, \\ \sin\alpha+\sin\beta=0. \end{cases}$$

このとき，与式は一定値 0 である．以下，【解答１】と同様にして
$$\alpha = \frac{2}{3}\pi,\ \beta = \frac{4}{3}\pi.$$

〈参考〉（図形的な解法）

$\alpha=0$, $\alpha=\beta$ とすると，$\sin x+\sin(x+\alpha)+\sin(x+\beta)$ は x に無関係に一定とはならない．よって，
$$0<\alpha<\beta<2\pi.$$

このとき
$$\overrightarrow{\text{OA}}=\begin{pmatrix}\cos x\\ \sin x\end{pmatrix},\ \overrightarrow{\text{OB}}=\begin{pmatrix}\cos(x+\alpha)\\ \sin(x+\alpha)\end{pmatrix},\ \overrightarrow{\text{OC}}=\begin{pmatrix}\cos(x+\beta)\\ \sin(x+\beta)\end{pmatrix}$$

とおき，三角形 ABC の重心を G とすると，
$$\overrightarrow{\text{OG}}=\frac{1}{3}(\overrightarrow{\text{OA}}+\overrightarrow{\text{OB}}+\overrightarrow{\text{OC}})=\frac{1}{3}\begin{pmatrix}\cos x+\cos(x+\alpha)+\cos(x+\beta)\\ \sin x+\sin(x+\alpha)+\sin(x+\beta)\end{pmatrix}.$$

任意の x に対して $\overrightarrow{\text{OG}}$ の y 成分が不変（一定）であるから，G は O と一致する．

O は三角形 ABC の外心であり，外心と重心が一致するから
$$\text{三角形 ABC は正三角形．}$$

よって
$$\alpha=\frac{2}{3}\pi,\ \beta=\frac{4}{3}\pi.$$

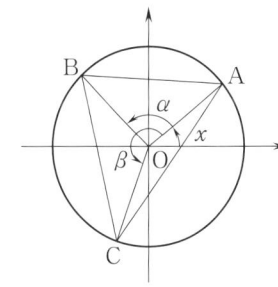

類題 6

α, β は定数であり $0\leq\alpha\leq\beta\leq\pi$ とする．
$$F(\theta)=\sin^2\theta+\sin^2(\theta+\alpha)+\sin^2(\theta+\beta)$$
が θ に無関係な一定値となるように，α, β の値を定めよ．

（お茶の水女子大）

問題 7 三角関数のとり得る値と存在条件

変数 x, y は任意の実数値をとるとする.
(1) $\sin x - \cos y$ の値がとり得る範囲を求めよ.
(2) $\sin x - \cos y = a$ のとき, $\cos x - \sin y$ の値がとり得る範囲を a を用いて表せ.
  ただし, 定数 a は(1)で求めた範囲の値とする.

(鳥取大[医])

[考え方]
(2)は三角方程式の解の存在条件に帰着させます.
 「$\sin x - \cos y = a$ のとき, $\cos x - \sin y = k$ となる」
$\iff$ 「$\begin{cases} \sin x - \cos y = a, \\ \cos x - \sin y = k \end{cases}$ を満たす実数 x, y が存在する」
です.

【解答】
(1) x, y が任意の実数値をとるとき,
$$-1 \leq \sin x \leq 1, \quad -1 \leq \cos y \leq 1.$$
よって,
$$-2 \leq \sin x - \cos y \leq 2.$$

⇐ $\sin x$, $\cos y$ は独立に変化.

(2) $\sin x - \cos y = a$ $(-2 \leq a \leq 2)$ のとき $\cos x - \sin y$ がとり得る値の範囲は,
$$\begin{cases} \sin x - \cos y = a, & \cdots\cdots① \\ \cos x - \sin y = k & \cdots\cdots② \end{cases}$$
を満たす実数 x, y が存在するような k の範囲に一致する. さらに
 「①, ② を満たす実数 x, y が存在する」 $\cdots\cdots(*)$
$\iff$ 「$(\cos y + a)^2 + (\sin y + k)^2 = 1$ $\cdots\cdots③$
  を満たす実数 y が存在する」. $\cdots\cdots(**)$

(i) $k^2 + a^2 = 0$ $(k = a = 0)$ のとき
  ③は任意の実数 y で成り立つ.

(ii) $k^2 + a^2 \neq 0$ のとき,
$$③ \iff a\cos y + k\sin y = -\frac{k^2 + a^2}{2}$$
$$\iff \sqrt{k^2 + a^2}\sin(y + \alpha) = -\frac{k^2 + a^2}{2}$$

⇐ 合成しました.

$$\iff \sin(y + \alpha) = -\frac{\sqrt{k^2 + a^2}}{2}.$$
$\left(\text{ただし, } \cos\alpha = \dfrac{k}{\sqrt{k^2+a^2}}, \sin\alpha = \dfrac{a}{\sqrt{k^2+a^2}}\right)$

よって, $(*)$ の成り立つ条件は
$$-1 \leq -\frac{\sqrt{k^2+a^2}}{2}$$

⇐ $-\dfrac{\sqrt{k^2+a^2}}{2} \leq 1$ は明らか.

であり
$$\sqrt{k^2+a^2} \leq 2 \quad \text{すなわち} \quad k^2 \leq 4 - a^2$$
より
$$-\sqrt{4-a^2} \leq k \leq \sqrt{4-a^2}.$$

(ⅰ), (ⅱ)より
$$-\sqrt{4-a^2} \leqq \cos x - \sin y \leqq \sqrt{4-a^2}.$$

(解説)

$(*) \Longrightarrow (**)$ が成り立つことは明らかですが, $(**) \Longrightarrow (*)$ が成り立つことは理解できていますか？

③ を満たす実数 $y = y_1$ が存在すれば
$$(\cos y_1 + a)^2 + (\sin y_1 + k)^2 = 1$$
が成り立ち,

　　点 $P(\sin y_1 + k, \cos y_1 + a)$ は単位円上の点

であるから, 右図のように x_1 を定めれば
$$\begin{cases} \cos x_1 = \sin y_1 + k, \\ \sin x_1 = \cos y_1 + a. \end{cases}$$
よって,

　　①, ② を満たす実数 $x (= x_1)$, $y (= y_1)$ が存在します.

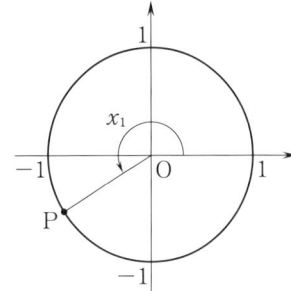

類題 7

実数 x, y が $\sin x + \sin y = 1$ を満たして変化するとき
$$\cos x + \cos y$$
のとり得る値の範囲を求めよ.

(名古屋市立大)

問題 8 2直線のなす角の最大値, 正接の加法定理

図のように，地面上の点 O の真上に長さ b の棒 AB が地面に垂直になるようにつるしてあり，その下端 A は地面から高さ a のところにある．ただし，$a>0$ とする．この棒を地面上を動く点 P から観測する．

このとき $\angle \mathrm{BPA}$ が最大になる点 P に対し OP の長さを求めよ．なお，地面は水平面とみなす．

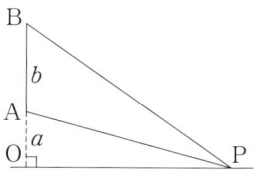

（信州大 [医]）

[考え方]

2直線のなす角については，**tangent の加法定理** を用います．

【解答】

$\angle \mathrm{BPA}=\theta$, $\angle \mathrm{OPA}=\alpha$, $\angle \mathrm{OPB}=\beta$ $\left(0<\alpha, \beta, \theta<\dfrac{\pi}{2}\right)$
とし，OP$=x$ $(x>0)$ とおく．このとき，
$$\tan\alpha=\dfrac{a}{x},\quad \tan\beta=\dfrac{a+b}{x} \quad \cdots\cdots ①$$ 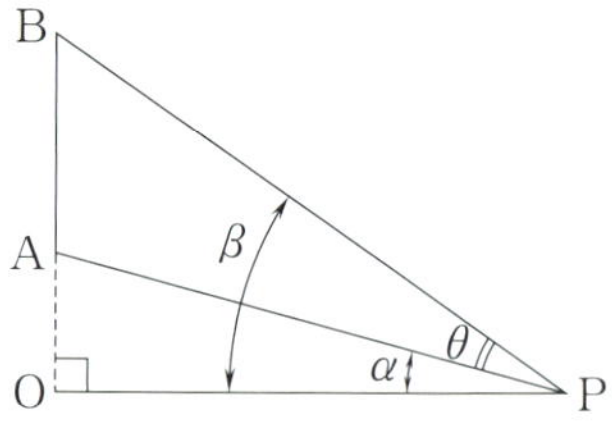
であり
$$\tan\theta=\tan(\beta-\alpha)=\dfrac{\tan\beta-\tan\alpha}{1+\tan\beta\tan\alpha}$$
$$=\dfrac{\dfrac{a+b}{x}-\dfrac{a}{x}}{1+\dfrac{a+b}{x}\cdot\dfrac{a}{x}} \quad (①より)$$
$$=\dfrac{bx}{x^2+a(a+b)}. \quad (x>0)$$

ここで，(相加平均)≧(相乗平均) より
$$\dfrac{bx}{x^2+a(a+b)}=\dfrac{b}{x+\dfrac{a(a+b)}{x}}$$
$$\leqq \dfrac{b}{2\sqrt{x\cdot\dfrac{a(a+b)}{x}}}$$
$$=\dfrac{b}{2\sqrt{a(a+b)}}.$$

等号成立は，
$$x=\dfrac{a(a+b)}{x} \text{ すなわち } x=\sqrt{a(a+b)}$$
のとき．

よって，OP$=\sqrt{a(a+b)}$ のとき $\tan\theta$ は最大であり，$0<\theta<\dfrac{\pi}{2}$ であるから，このとき $\theta=\angle\mathrm{BPA}$ も最大である．

求める OP の長さは $\boldsymbol{\sqrt{a(a+b)}}$．

⇐ $\dfrac{x+\dfrac{a(a+b)}{x}}{2}\geqq\sqrt{x\cdot\dfrac{a(a+b)}{x}}$

⇐ 数Ⅲの微分法を用いても解答できます．

（解説）

このような問題の処理には，ベクトルの内積 $\left(\cos\theta=\dfrac{\overrightarrow{PA}\cdot\overrightarrow{PB}}{|\overrightarrow{PA}||\overrightarrow{PB}|}\right)$ を用いる方法も考えられますが，この方法は繁雑になる場合が大半です．

一般に

傾きが m_1，m_2 である 2 直線 l_1，l_2 のなす角 θ $\left(0\leqq\theta<\dfrac{\pi}{2}\right)$ について，
$$\tan\theta=\left|\dfrac{m_1-m_2}{1+m_1m_2}\right|$$

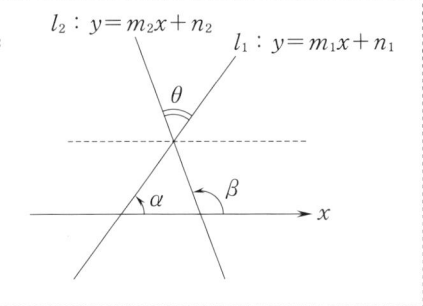

が成り立ちます．

なお，この問題は，次のように図形的にも処理できます．

【別解】

3 点 A，B，P を通る円 C_P を考えると，

∠BPA は弦 AB に対する円周角．

正弦定理より，∠BPA が最大となるのは円 C_P の半径が最小となる場合であり，円 C_P が水平面に接するときである．このとき

$$\begin{cases} AM=PM=OH=a+\dfrac{b}{2},\\ AH=\dfrac{b}{2}. \end{cases}$$

よって

$$OP=HM=\sqrt{AM^2-AH^2}=\sqrt{\left(a+\dfrac{b}{2}\right)^2-\left(\dfrac{b}{2}\right)^2}$$
$$=\sqrt{a(a+b)}.$$

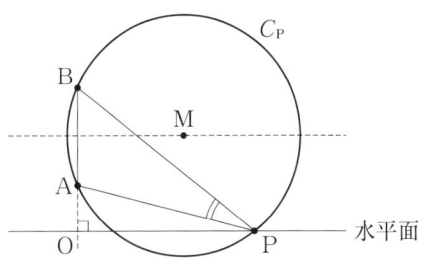

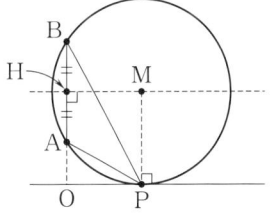

類題 8

2 点 A(0, 8)，B(0, 9) を結ぶ線分をゴールとして，直線 $y=x$ 上を移動している選手の位置を P(x, x) ($x>0$) とする．

この選手から見えるゴールの角度 ∠APB を θ とするとき，次の問に答えよ．

(1) $\tan\theta$ を x で表せ．
(2) θ が最大となるときにシュートするとして，そのときの選手の位置の座標を求めよ．

（防衛大）

問題 9 三角関数の多変数関数，和→積，積→和の公式

半径 $\frac{1}{2}$ の円に内接する三角形 ABC において，線分 BC，線分 CA，線分 AB の長さをそれぞれ a, b, c で表す．
(1) $\angle A = \alpha$, $\angle B = \beta$, $\angle C = \gamma$ とおくとき，a, b, c を α, β, γ を用いて表せ．
(2) $a^2 + b^2 + c^2$ の最大値を求めよ．
(3) abc の最大値を求めよ．

(岐阜大 [医] 改)

[考え方]

a, b, c は，角 α, β, γ の正弦（または余弦）で表すことができます．したがって，(2), (3) は三角関数の多変数関数の問題です．第 1 章でも述べましたが，α, β, γ のいずれかを固定して処理しましょう．

【解答】

(1) 三角形 ABC の外接円の半径が $\frac{1}{2}$ であるから，

正弦定理より
$$a = 2 \cdot \frac{1}{2} \sin \alpha = \sin \alpha,$$
$$b = 2 \cdot \frac{1}{2} \sin \beta = \sin \beta,$$
$$c = 2 \cdot \frac{1}{2} \sin \gamma = \sin \gamma.$$

(2) (1) の結果を用いると
$$a^2 + b^2 + c^2 = \sin^2 \alpha + \sin^2 \beta + \sin^2 \gamma$$
$$= \frac{3}{2} - \frac{1}{2}(\cos 2\alpha + \cos 2\beta + \cos 2\gamma).$$

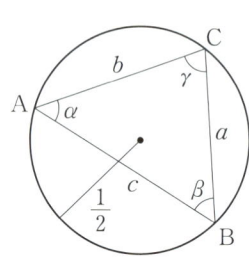

$\sin^2 \theta = \dfrac{1 - \cos 2\theta}{2}$ を用いました．

ただし，
$$\alpha > 0, \quad \beta > 0, \quad \gamma > 0, \quad \alpha + \beta + \gamma = \pi. \quad \cdots\cdots ①$$

① のもとで，
$$F = \cos 2\alpha + \cos 2\beta + \cos 2\gamma$$

の最小値を求める．

(I) $\alpha \ (0 < \alpha < \pi)$ を固定したとき
$$F = \cos 2\alpha + 2\cos(\beta + \gamma)\cos(\beta - \gamma)$$
$$= \cos 2\alpha + 2\cos(\pi - \alpha)\cos(\beta - \gamma)$$
$$= \cos 2\alpha - 2\cos \alpha \cos(\beta - \gamma).$$

$\begin{cases} \beta > 0, \ \gamma > 0, \\ \beta + \gamma = \pi - \alpha \end{cases}$
より
$-(\pi - \alpha) < \beta - \gamma < \pi - \alpha$

(i) $0 < \alpha \leqq \dfrac{\pi}{2}$ のとき

$\cos \alpha \geqq 0$, $\cos(\beta - \gamma) \leqq 1$ より
$$F \geqq \cos 2\alpha - 2\cos \alpha = 2\cos^2 \alpha - 2\cos \alpha - 1.$$

（等号成立は，$\beta = \gamma = \dfrac{\pi - \alpha}{2}$）

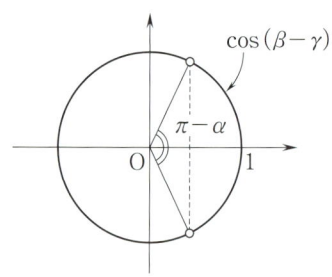

(ii) $\dfrac{\pi}{2}<\alpha<\pi$ のとき

$\cos\alpha<0$, $\cos(\beta-\gamma)>\cos(\pi-\alpha)=-\cos\alpha$ より

$$F>\cos 2\alpha-2\cos\alpha(-\cos\alpha)=4\cos^2\alpha-1.$$

(II) α を $0<\alpha<\pi$ で変化させると

(i) $0<\alpha\leqq\dfrac{\pi}{2}$ のとき

$$F\geqq 2\left(\cos\alpha-\dfrac{1}{2}\right)^2-\dfrac{3}{2}\geqq-\dfrac{3}{2}.$$

(等号成立は, $\cos\alpha=\dfrac{1}{2}$ すなわち $\alpha=\dfrac{\pi}{3}$)

(ii) $\dfrac{\pi}{2}<\alpha<\pi$ のとき

$$F>4\cos^2\alpha-1>-1.$$

⇐ $\cos^2\alpha>0$ より

(I), (II) より

$$F\geqq-\dfrac{3}{2}.\quad(\text{等号成立は, }\alpha=\dfrac{\pi}{3}\text{ かつ }\beta=\gamma=\dfrac{\pi-\alpha}{2})$$

よって,

$$a^2+b^2+c^2=\dfrac{3}{2}-\dfrac{1}{2}F\leqq\dfrac{9}{4}$$

であり, 等号成立は $\alpha=\beta=\gamma=\dfrac{\pi}{3}$ のとき.

⇐ 確認が必要です.

$a^2+b^2+c^2$ の最大値は, $\dfrac{9}{4}$.

(3) (2)の結果と, (相加平均)≧(相乗平均) より

$$\sqrt[3]{a^2b^2c^2}\leqq\dfrac{a^2+b^2+c^2}{3}\leqq\dfrac{3}{4}.$$

よって

$$abc\leqq\left(\dfrac{3}{4}\right)^{\frac{3}{2}}=\dfrac{3\sqrt{3}}{8}$$

であり, 等号成立は $a=b=c$ かつ $\alpha=\beta=\gamma=\dfrac{\pi}{3}$ のとき.

⇐ 確認が必要です.

したがって,

abc の最大値は, $\dfrac{3\sqrt{3}}{8}$.

【(3)の別解】(数学Ⅲの微分法を用いる)

(I) α $(0<\alpha<\pi)$ を固定すると

$$abc=\sin\alpha\sin\beta\sin\gamma=\dfrac{1}{2}\sin\alpha\{\cos(\beta-\gamma)-\cos(\beta+\gamma)\}$$

$$\leqq\dfrac{1}{2}\sin\alpha\{1-\cos(\pi-\alpha)\}\quad(\alpha+\beta+\gamma=\pi\text{ より})$$

$$=\dfrac{1}{2}\sin\alpha(1+\cos\alpha).$$

(II) α を $0<\alpha<\pi$ で変化させて

$$f(\alpha)=\dfrac{1}{2}\sin\alpha(1+\cos\alpha)$$

の最大値を求める

$$f'(\alpha)=\frac{1}{2}\{\cos\alpha(1+\cos\alpha)+\sin\alpha(-\sin\alpha)\}$$
$$=\frac{1}{2}(2\cos^2\alpha+\cos\alpha-1)$$
$$=\frac{1}{2}(\cos\alpha+1)(2\cos\alpha-1)$$

であるから，増減表を書くと，

α	(0)		$\dfrac{\pi}{3}$		(π)
$f'(\alpha)$		$+$	0	$-$	
$f(\alpha)$		↗		↘	

よって，
$$f(\alpha)\leqq f\left(\frac{\pi}{3}\right)=\frac{3\sqrt{3}}{8}.$$

(I), (II) より，
$$abc=\sin\alpha\sin\beta\sin\gamma\leqq\frac{3\sqrt{3}}{8}. \quad\left(\text{等号成立は，}\alpha=\beta=\gamma=\frac{\pi}{3}\text{ のとき}\right)$$

〈参考〉

$\alpha>0,\ \beta>0,\ \gamma>0$ より，$\sin\alpha>0,\ \sin\beta>0,\ \sin\gamma>0$
であり，(相加平均)≧(相乗平均) より
$$\frac{\sin\alpha+\sin\beta+\sin\gamma}{3}\geqq\sqrt[3]{\sin\alpha\sin\beta\sin\gamma}.$$

よって，
$$\sin\alpha\sin\beta\sin\gamma\leqq\left(\frac{\sin\alpha+\sin\beta+\sin\gamma}{3}\right)^3. \qquad\cdots\cdots①$$

また，$y=\sin x\ (0<x<\pi)$ のグラフは上に凸であるから，
$$\frac{\sin\alpha+\sin\beta+\sin\gamma}{3}\leqq\sin\frac{\alpha+\beta+\gamma}{3}. \qquad\cdots\cdots②$$

①，② より
$$\sin\alpha\sin\beta\sin\gamma\leqq\left(\sin\frac{\alpha+\beta+\gamma}{3}\right)^3=\left(\sin\frac{\pi}{3}\right)^3=\frac{3\sqrt{3}}{8}.$$

(等号成立は $\alpha=\beta=\gamma=\dfrac{\pi}{3}$ のとき)

類題 9

三角形 ABC に対して，次の問に答えよ．
(1) $\cos A+\cos B+\cos C$ のとり得る値の範囲を求めよ．
(2) $\cos A\cos B\cos C$ のとり得る値の範囲を求めよ．

ただし，$A=\angle\mathrm{BAC},\ B=\angle\mathrm{CBA},\ C=\angle\mathrm{ACB}$ である．

(名古屋市立大 [医] 改, 京都大 (類))

Note

30　第3章　数　列

> **問題 10　等差数列，等比数列の定義**
>
> 異なる3つの実数 a, b, c があり，a, b, c はこの順で等差数列をなし，適当な順序に並べると等比数列になる．3数の積を k とするとき，a, b, c を k を用いて表せ．
>
> （久留米大［医］）

[考え方]

> 3数 a, b, c がこの順で等差数列をなす
> $\iff 2b = a+c$

⇐ b を等差中項といいます．

> 3数 a, b, c がこの順で等比数列をなす
> $\iff b^2 = ac$　　（ただし，$abc \neq 0$）

⇐ b を等比中項といいます．

の利用です．

【解答】

a, b, c はこの順で等差数列をなすから
$$2b = a+c. \quad \cdots\cdots ①$$
また，条件より
$$abc = k. \quad \cdots\cdots ②$$

(i) a, b, c （または c, b, a）がこの順で等比数列をなすとすると
$$b^2 = ac. \quad \cdots\cdots ③$$

②，③より
$$b^3 = k \text{ すなわち } b = k^{\frac{1}{3}}$$

であり，①，③に代入して
$$\begin{cases} a+c = 2k^{\frac{1}{3}}, \\ ac = k^{\frac{2}{3}}. \end{cases}$$

⇐ a, c は2次方程式
$t^2 - 2k^{\frac{1}{3}}t + k^{\frac{2}{3}} = 0$
の2解です．

よって
$$a = c = k^{\frac{1}{3}}.$$

これは，a, b, c が相異なることに反する．

(ii) b, a, c （または c, a, b）がこの順で等比数列をなすとき
$$a^2 = bc. \quad \cdots\cdots ④$$

②，④より
$$a^3 = k \text{ すなわち } a = k^{\frac{1}{3}}$$

であり，①，④に代入して
$$\begin{cases} 2b = k^{\frac{1}{3}} + c, \\ bc = k^{\frac{2}{3}}. \end{cases}$$

c を消去すると
$$2b^2 - k^{\frac{1}{3}}b = k^{\frac{2}{3}}.$$
$$(2b + k^{\frac{1}{3}})(b - k^{\frac{1}{3}}) = 0.$$

$b \neq a = k^{\frac{1}{3}}$ より

$$b = -\frac{1}{2}k^{\frac{1}{3}}, \ c = -2k^{\frac{1}{3}}.$$

(iii) b, c, a (または a, c, b) がこの順で等比数列をなすとき

$$c^2 = ab. \qquad \cdots\cdots ⑤$$

(ii)と同様に考えて, ①, ②, ⑤ より

$$c = k^{\frac{1}{3}}, \ b = -\frac{1}{2}k^{\frac{1}{3}}, \ a = -2k^{\frac{1}{3}}.$$

(i), (ii), (iii) より

$$(a, b, c) = \left(k^{\frac{1}{3}}, -\frac{1}{2}k^{\frac{1}{3}}, -2k^{\frac{1}{3}}\right), \ \left(-2k^{\frac{1}{3}}, -\frac{1}{2}k^{\frac{1}{3}}, k^{\frac{1}{3}}\right).$$

(解説)

1) $\{a_n\}$ が等差数列であることの定義は,
$$a_{n+1} - a_n = (一定) \quad (n=1, 2, 3, \cdots).$$
よって,
「3数 a, b, c がこの順で等差数列をなす」
$$\iff b-a = c-b \iff 2b = a+c.$$

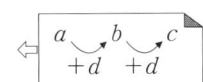

2) 数列 $\{b_n\}$ が等比数列であることの定義は,
$$\frac{b_{n+1}}{b_n} = (一定) \quad (n=1, 2, 3, \cdots).$$
よって,
「3数 $a, b, c \ (abc \neq 0)$ がこの順で等比数列をなす」
$$\iff \frac{b}{a} = \frac{c}{b} \iff b^2 = ac.$$

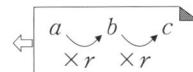

類題 10

3数 $\alpha, \beta, \alpha\beta$ (ただし, $\alpha < 0 < \beta$) は適当に並べると等差数列になり, 適当に並べると等比数列にもなるという. α, β を求めよ.

(群馬大 [医])

問題 11 格子点の個数の求め方

x, y, z を整数とするとき，xy 平面上の点 (x, y) を 2 次元格子点，xyz 空間内の点 (x, y, z) を 3 次元格子点という．

m, n は 0 以上の整数とする．

(1) $x \geqq 0$, $y \geqq 0$ かつ $\dfrac{1}{3}x + \dfrac{1}{5}y \leqq m$ を満たす 2 次元格子点 (x, y) の総数を求めよ．

(2) $x \geqq 0$, $y \geqq 0$, $z \geqq 0$ かつ $\dfrac{1}{3}x + \dfrac{1}{5}y + z \leqq n$ を満たす 3 次元格子点 (x, y, z) の総数を求めよ．

(名古屋市立大[医])

[考え方]

(1) xy 平面上の格子点については，存在領域を図示し，直線 $x=k$ (k は整数) 上または直線 $y=l$ (l は整数) 上の個数を調べて和をとります．

(2) (1)を利用することを考え，平面 $z=k$ (k は整数) 上の格子点の個数を求めるのがよいでしょう．

【解答】

(1) $x \geqq 0$, $y \geqq 0$, $\dfrac{1}{3}x + \dfrac{1}{5}y \leqq m$ の表す領域 D は，下図の網かけ部分である．

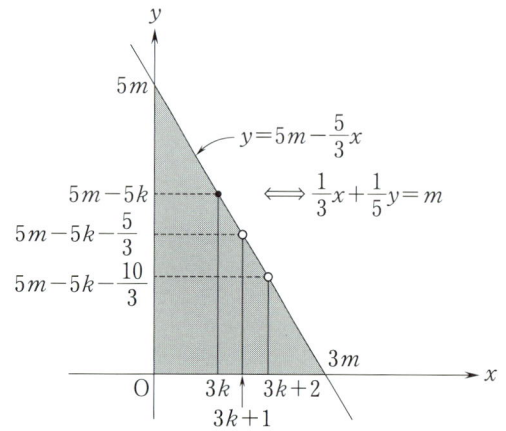

直線 $x=l$ (l は整数) と，直線 $\dfrac{1}{3}x + \dfrac{1}{5}y = m$ の交点は $\left(l, \ 5m - \dfrac{5}{3}l\right)$ ですが，$l=3k$ (k は整数) のときのみ格子点になります．
よって，(i), (ii), (iii) の場合分けが必要です．

$m \geqq 1$ のとき，領域 D 内にあり

(i) 直線 $x=3k$ ($k=0, 1, 2, \cdots, m$) 上の格子点について
  y 座標は $0, 1, \cdots, 5m-5k$ であり，$5m-5k+1$ 個．

(ii) 直線 $x=3k+1$ ($k=0, 1, 2, \cdots, m-1$) 上の格子点について
  y 座標は $0, 1, \cdots, 5m-5k-2$ であり，$5m-5k-1$ 個．

(iii) 直線 $x=3k+2$ ($k=0, 1, 2, \cdots, m-1$) 上の格子点について
  y 座標は $0, 1, \cdots, 5m-5k-4$ であり，$5m-5k-3$ 個．

よって，求める総数は，

$$\sum_{k=0}^{m}(5m-5k+1) + \sum_{k=0}^{m-1}(5m-5k-1) + \sum_{k=0}^{m-1}(5m-5k-3)$$

$$= \dfrac{m+1}{2}(5m+1+1) + \dfrac{m}{2}(5m-1+4) + \dfrac{m}{2}(5m-3+2)$$

← 等差数列の和の公式を用いました．

$$= \frac{1}{2}(15m^2+9m+2). \quad (m \geq 1)$$

これは $m=0$ のときも適する.

(2) $x \geq 0$, $y \geq 0$, $z \geq 0$, $\frac{1}{3}x + \frac{1}{5}y + z \leq n$ の表す領域内の3次元格子点 (x, y, z) について, $0 \leq z \leq n$.

$z = k$ ($k = 0, 1, 2, \cdots, n$) のとき, x, y は

$$x \geq 0, \quad y \geq 0, \quad \frac{1}{3}x + \frac{1}{5}y \leq n - k$$

を満たすから, 3次元格子点 (x, y, k) の個数は, (1) より

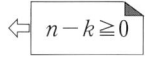

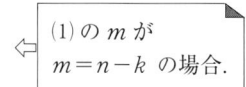

$$\frac{1}{2}\{15(n-k)^2 + 9(n-k) + 2\}.$$

よって, 求める個数は

$$\sum_{k=0}^{n} \frac{1}{2}\{15(n-k)^2 + 9(n-k) + 2\}$$

$$= \frac{1}{2}\sum_{l=0}^{n}(15l^2 + 9l + 2)$$

⇐ $n - k = l$ とおきました.

$$= \frac{1}{2}\left\{\frac{15}{6}n(n+1)(2n+1) + \frac{9}{2}n(n+1) + 2(n+1)\right\}$$

$$= \frac{1}{2}(n+1)^2(5n+2).$$

【(1)の別解】 (領域 D の境界が直線であるから, 次のように考えることもできます)

$m \geq 1$ のとき, $O(0, 0)$, $A(3m, 0)$, $B(0, 5m)$, $C(3m, 5m)$ とすると, 対称性より

$\begin{cases} \text{三角形 OAB 内の2次元格子点 }(x, y)\text{ の個数,} \\ \text{三角形 CBA 内の2次元格子点 }(x, y)\text{ の個数} \end{cases}$

は等しく,

$\begin{cases} \text{線分 AB 上の2次元格子点は } m+1 \text{ 個,} \\ \text{長方形 OACB 内の2次元格子点は }(3m+1)(5m+1)\text{ 個} \end{cases}$

よって, 三角形 OAB 内の2次元格子点の個数 N について

$$N + N - (m+1) = (3m+1)(5m+1).$$

よって,

$$N = \frac{1}{2}(15m^2 + 9m + 2).$$

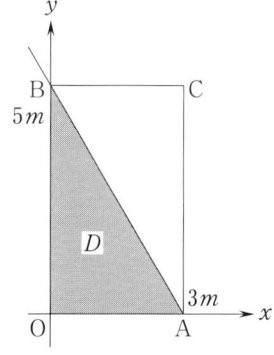

類題 11

n を自然数とする.
(1) $|x| + |y| \leq n$ となる2つの整数の組 (x, y) の個数を求めよ.
(2) $|x| + |y| + |z| \leq n$ となる3つの整数の組 (x, y, z) の個数を求めよ.

(熊本大)

問題 12 群数列

二項係数を次のように順番に並べて数列 $\{a_n\}$ を定める.
$$_0C_0,\ _1C_0,\ _1C_1,\ _2C_0,\ _2C_1,\ _2C_2,\ _3C_0,\ \cdots\cdots$$
すなわち
$$a_1={_0C_0}=1,\ a_2={_1C_0},\ a_3={_1C_1},\ a_4={_2C_0},\ a_5={_2C_1},\ \cdots\cdots$$
である.

(1) a_{18} の値を求めよ.
(2) $_NC_k$ は第何項であるか.
(3) $\sum_{n=1}^{50} a_n$ の値を求めよ.

(岐阜大 [医] 改)

[考え方]

第1群	第2群	第3群	第4群
$_0C_0$	$_1C_0,\ _1C_1$	$_2C_0,\ _2C_1,\ _2C_2$	$_3C_0,\ _3C_1,\ \cdots\cdots$
(1個)	(2個)	(3個)	

のように群に分けて考えます. 群数列の問題は, 第 m 群の項数をもとに, 初項から第 m 群の末項までの項数を求めることが解決のポイントとなるものが大半です.

【解答】

m を 1 以上の整数とし, m 個の数
$$_{m-1}C_0,\ _{m-1}C_1,\ _{m-1}C_2,\ \cdots\cdots,\ _{m-1}C_{m-1}$$
を 1 つの群と考え, 第 m 群と呼ぶ. このとき第 m 群の末項までの項数は
$$1+2+3+\cdots\cdots+m=\frac{1}{2}m(m+1)$$
である.

(1) a_{18} が第 m 群に属するとすれば
$$\frac{1}{2}(m-1)m<18\leq\frac{1}{2}m(m+1) \quad \cdots\cdots(*)$$
が成り立つから $m=6$ であり, 第 5 群までの項数は 15 である.
したがって, a_{18} は第 6 群の 3 番目の項であり,
$$a_{18}={_5C_2}=10.$$

⇐ $\begin{cases}\frac{1}{2}\cdot5\cdot6=15,\\ \frac{1}{2}\cdot6\cdot7=21\end{cases}$
より, $(*)$ を満たす m は 6.

(2) $_NC_k$ は第 $N+1$ 群の $k+1$ 番目の項である.

第 N 群の末項までの項数は $\frac{1}{2}N(N+1)$ であるから, $_NC_k$ は数列 $\{a_n\}$ の

第 $\frac{1}{2}N(N+1)+k+1$ 項.

(3) a_{50} が第 m 群に属するとすれば, (1) と同様に
$$\frac{1}{2}(m-1)m<50\leq\frac{1}{2}m(m+1)$$
が成り立つから $m=10$ であり, 第 9 群までの項数は 45 である.

⇐ $\frac{1}{2}\cdot9\cdot10=45,$
$\frac{1}{2}\cdot10\cdot11=55$

よって，a_{50} は第 10 群の 5 番目の項であり，
$$a_{50} = {}_9C_4.$$
また，第 m 群に含まれる m 個の項の和 S_m は
$$S_m = {}_{m-1}C_0 + {}_{m-1}C_1 + {}_{m-1}C_2 + \cdots\cdots + {}_{m-1}C_{m-1}$$
$$= \sum_{k=0}^{m-1} {}_{m-1}C_k = (1+1)^{m-1} = 2^{m-1}.$$

⇐ 二項定理を用いました．

よって，
$$\sum_{n=1}^{50} a_n = \sum_{m=1}^{9} S_m + (a_{46} + a_{47} + a_{48} + a_{49} + a_{50})$$
$$= \sum_{m=1}^{9} 2^{m-1} + ({}_9C_0 + {}_9C_1 + {}_9C_2 + {}_9C_3 + {}_9C_4)$$
$$= \frac{1(2^9 - 1)}{2-1} + (1 + 9 + 36 + 84 + 126)$$
$$= \mathbf{767}.$$

(解説)

(3) では，

```
 1  2 3  4 5 6  7 8 9 10       37 38        45 46 47 48 49 50
 S₁  S₂   S₃    S₄              S₉           第10群
```

という構造把握が重要です．二項定理を用いれば
$$S_m = \sum_{k=0}^{m-1} {}_{m-1}C_k = \sum_{k=0}^{m-1} {}_{m-1}C_k \cdot 1^{m-1-k} \cdot 1^k = (1+1)^{m-1}$$

⇐ $(a+b)^N = \sum_{k=0}^{N} {}_NC_k\, a^{N-k}b^k$

で，$a = b = 1$，$N = m - 1$ の場合

となり，和が求められます．

類題 12

座標平面上において，x, y が整数であり，$0 \leq y \leq \sqrt{x}$ を満たす点 (x, y) 全体を L とする．L の各点に次の規則 (i), (ii) に従って番号をつけ，k 番目の点を P_k ($k = 1, 2, 3, \cdots\cdots$) とする．

(i) 原点 $(0, 0)$ を P_1 とする．

(ii) P_k の座標が (m, n) のとき，
$\begin{cases} 点 (m, n+1) が L に属しているときは，点 (m, n+1) を P_{k+1} とする． \\ 点 (m, n+1) が L に属していないときは，点 (m+1, 0) を P_{k+1} とする． \end{cases}$

(1) 正の数 n に対して，点 (n^2, n) は L の何番目の点であるか．
(2) P_{200} の座標を求めよ．

問題 13 漸化式の作成，3項間漸化式の解法

先頭車両から順に 1 から n までの番号のついた n 両編成の列車がある．ただし，$n \geq 2$ とする．

各車両を赤色，青色，黄色のいずれか一色で塗るとき，隣り合った車両の少なくとも一方が赤色となるような塗り方の数を x_n とする．

(1) x_{n+2} を x_n, x_{n+1} を用いて表せ．
(2) x_n を n を用いて表せ．

（京都大［医］改）

[考え方]

n 個の車両，$n+1$ 個の車両を条件を満たすように塗った後，$n+2$ 個の車両に塗り方を延長しようと考えても解答できますが，このような問題では「先頭（または最後尾）が赤色か赤以外の色かで場合分けをする」のが定法です．

【解答】

(1) $n+2$ 両編成の列車の塗り方において，先頭車両に赤色を塗る場合と赤色以外を塗る場合がある．

(i) 先頭車両に赤色を塗る場合

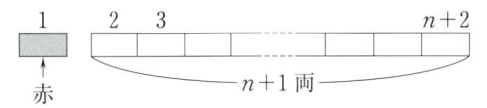

2両目から $n+2$ 両目までの $n+1$ 両は，条件を満たすように 3 色で塗ればよく，この塗り方は x_{n+1} 通り．

(ii) 先頭車両に青色または黄色を塗る場合

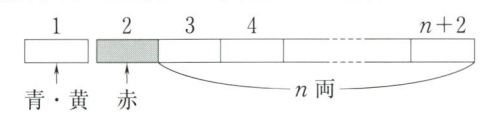

2両目には赤色を塗る必要があり，3両目から $n+2$ 両目までの n 両は，条件を満たすように 3 色で塗ればよく，この塗り方は $2 \times 1 \times x_n$ 通り．

(i)，(ii) は排反であるから，

$$x_{n+2} = x_{n+1} + 2x_n \quad (n \geq 2). \quad \cdots\cdots(*)$$

(2) 車両に塗った色が赤色，青色，黄色であることを R, B, Y で表すと，

・2両編成の塗り方は

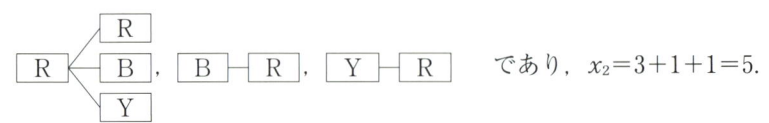

であり，$x_2 = 3 + 1 + 1 = 5$．

・3両編成の塗り方は

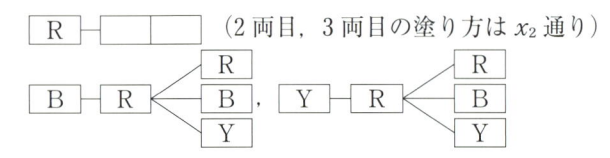

(2両目，3両目の塗り方は x_2 通り)

であり
$$x_3 = 1 \times x_2 + 3 + 3 = 11.$$
さて，（＊）より
$$\begin{cases} x_{n+2} + x_{n+1} = 2(x_{n+1} + x_n), & \cdots\cdots① \\ x_{n+2} - 2x_{n+1} = -(x_{n+1} - 2x_n). & \cdots\cdots② \end{cases}$$

> 漸化式 $x_{n+2} = x_{n+1} + 2x_n$ の特性方程式
> $$x^2 = x + 2$$
> を解くと，$x = -1, 2$.

① より
$$x_{n+1} + x_n = (x_3 + x_2)2^{n-2} = 16 \cdot 2^{n-2}. \quad \cdots\cdots③$$
② より
$$x_{n+1} - 2x_n = (x_3 - 2x_2)(-1)^{n-2} = (-1)^{n-2}. \quad \cdots\cdots④$$
③－④ より
$$3x_n = 16 \cdot 2^{n-2} - (-1)^{n-2} = 2^{n+2} - (-1)^n.$$
よって
$$\boldsymbol{x_n = \frac{1}{3}\{2^{n+2} - (-1)^n\}} \quad (n \geq 2).$$

【(1)の別解】

n 両編成の列車を条件を満たすように塗ったとき，
$$\begin{cases} \text{最後尾が赤色である塗り方の数を } y_n, \\ \text{最後尾が赤以外の色である塗り方の数を } w_n \end{cases} (n = 2, 3, 4, \cdots\cdots)$$
とすると，　　$x_n = y_n + w_n, \quad (n = 2, 3, 4, \cdots\cdots)$

$n+2$ 両編成の列車を条件を満たすように塗るのは，

(i) $n+1$ 両を条件を満たすように塗ったとき最後尾が赤色の場合 $n+2$ 両目の塗り方は 3 通り．

(ii) $n+1$ 両を条件を満たすように塗ったとき最後尾が赤以外の色である場合，$n+2$ 両目は赤色を塗る必要があり，塗り方は 1 通り．

(i), (ii) は排反であるから，
$$x_{n+2} = 3y_{n+1} + w_{n+1}. \quad \cdots\cdots⑤$$

また，$n+1$ 両を条件を満たすように塗ったとき，最後尾が赤色となる塗り方は，1 両目から n 両目までを条件を満たすように塗ったそれぞれの場合から 1 通りずつ得られるから，
$$y_{n+1} = x_n. \quad \cdots\cdots⑥$$

⑤，⑥ と $x_{n+1} = y_{n+1} + w_{n+1}$ より
$$\boldsymbol{x_{n+2} = (y_{n+1} + w_{n+1}) + 2y_{n+1} = x_{n+1} + 2x_n.}$$

類題 13

同じ大きさの正方形のタイルが白，黒 2 種類ある．これらを合わせて n 個用いて横に並べるときの場合の数を a_n とする．左端は白で，かつ黒のタイルは隣り合わないこととする．

例えば，右の図より $a_1 = 1, a_2 = 2, a_3 = 3$ である．

(1) a_4, a_5 を求めよ．
(2) a_{n+2} を a_{n+1}, a_n を用いて表せ．
(3) a_n を n を用いて表せ．

(高知大　改)

問題 14 漸化式を利用した論証 (ペル方程式)

正の整数 n に対して,
$$(1+\sqrt{2})^n = x_n + y_n\sqrt{2}$$
が成り立つように整数 x_n, y_n を定める.

(1) x_{n+1}, y_{n+1} をそれぞれ x_n, y_n で表せ.

(2) $x_n^2 - 2y_n^2 = (-1)^n$ $(n=1, 2, 3, \cdots)$ であることを示せ.

(3) n に対する $\dfrac{x_n}{y_n}, \dfrac{x_{n+1}}{y_{n+1}}, \sqrt{2}$ の大小を調べよ.

(昭和大 [医] 改)

【解答】

(1) x_n, y_n $(n \geq 1)$ の定め方より,
$$\begin{aligned} x_{n+1} + y_{n+1}\sqrt{2} &= (1+\sqrt{2})^{n+1} = (1+\sqrt{2})(1+\sqrt{2})^n \\ &= (1+\sqrt{2})(x_n + y_n\sqrt{2}) \\ &= (x_n + 2y_n) + (x_n + y_n)\sqrt{2}. \end{aligned}$$
$x_n, y_n, x_{n+1}, y_{n+1}$ は整数 (有理数), $\sqrt{2}$ は無理数だから
$$\begin{cases} \boldsymbol{x_{n+1} = x_n + 2y_n,} \\ \boldsymbol{y_{n+1} = x_n + y_n.} \end{cases} \quad \cdots\cdots (*)$$
ただし, $x_1 + y_1\sqrt{2} = (1+\sqrt{2})^1$ より
$$x_1 = 1, \quad y_1 = 1.$$

> p, q, p', q' が有理数, $\sqrt{r}$ が無理数のとき
> $p + q\sqrt{r} = p' + q'\sqrt{r}$
> $\iff p = p', \ q = q'$

(2) $(*)$ を用いると
$$\begin{aligned} x_{n+1}^2 - 2y_{n+1}^2 &= (x_n + 2y_n)^2 - 2(x_n + y_n)^2 \\ &= -(x_n^2 - 2y_n^2) \quad (n \geq 1). \end{aligned}$$
よって数列 $\{x_n^2 - 2y_n^2\}$ は公比 -1 の等比数列であり,
$$x_n^2 - 2y_n^2 = (x_1^2 - 2y_1^2)(-1)^{n-1} = (-1)^n.$$

⇐ $x_1 = y_1 = 1$ より

(3) $x_1 > 0, y_1 > 0$ であり, $x_n > 0, y_n > 0$ とすると $(*)$ より
$$x_{n+1} > 0, \quad y_{n+1} > 0.$$
よって, 数学的帰納法により
$$x_n > 0, \quad y_n > 0 \quad (n=1, 2, 3, \cdots).$$
すなわち
x_n, y_n $(n \geq 1)$ は正の整数である.

さて,

(i) n が偶数のとき, (2) より
$$\begin{cases} x_n^2 - 2y_n^2 = 1, \\ x_{n+1}^2 - 2y_{n+1}^2 = -1. \end{cases} \therefore \begin{cases} \dfrac{x_n^2}{y_n^2} = 2 + \dfrac{1}{y_n^2} > 2, \\ \dfrac{x_{n+1}^2}{y_{n+1}^2} = 2 - \dfrac{1}{y_{n+1}^2} < 2. \end{cases}$$
よって,
$$\frac{x_{n+1}}{y_{n+1}} < \sqrt{2} < \frac{x_n}{y_n}.$$

(ii) n が奇数のとき, (2) より
$$\begin{cases} x_n^2 - 2y_n^2 = -1, \\ x_{n+1}^2 - 2y_{n+1}^2 = 1. \end{cases}$$

同様に考えて
$$\frac{x_n}{y_n} < \sqrt{2} < \frac{x_{n+1}}{y_{n+1}}.$$

(i), (ii) より,

$$\frac{x_{n+1}}{y_{n+1}} < \sqrt{2} < \frac{x_n}{y_n} \quad (n \text{ は偶数}),$$

$$\frac{x_n}{y_n} < \sqrt{2} < \frac{x_{n+1}}{y_{n+1}} \quad (n \text{ は奇数}).$$

〔解説〕

この問題は,
$$\text{方程式 } x^2 - 2y^2 = 1, \quad x^2 - 2y^2 = -1$$
を満たす正の整数 x, y の組 (x, y) が, この問題で定めた x_n, y_n $(x_n > 0, y_n > 0)$ をとれば,
$$(x, y) = (x_n, y_n) \quad (n = 1, 2, 3, \cdots\cdots)$$
に限られ, 双曲線 $x^2 - 2y^2 = \pm 1$ の漸近線が $y = \pm \dfrac{1}{\sqrt{2}} x$ であるから,

⇐ $x^2 - ay^2 = \pm 1$ (a は平方整数ではない正の整数) の形の方程式を **ペル方程式** といいます.

$\displaystyle\lim_{n \to \infty} \frac{x_n}{y_n} = \sqrt{2}$ であることを背景としています.

(x_n, y_n) $(n = 1, 2, 3, \cdots\cdots)$ が方程式 $x^2 - 2y^2 = 1$, $x^2 - 2y^2 = -1$ の正の整数解の組であることは (2) より明らかですが,

方程式の正の整数解の組が (x_n, y_n) $(n = 1, 2, 3, \cdots\cdots)$ に限られる

ことの証明は簡単ではありません. 受験数学としては難問のひとつと言ってよいでしょう. しかし, その証明を要求する問題が, 近年では滋賀医科大, 岡山大医学部で出題されています.

ところで,
$$(1 + \sqrt{2})^n = x_n + y_n \sqrt{2}$$
を満たす正の整数 x_n, y_n が存在することは, 次のように確認できます.

二項定理を用いると
$$(1 + \sqrt{2})^n = \sum_{k=0}^{n} {}_n\mathrm{C}_k (\sqrt{2})^k = \sum_{k:\text{偶}} {}_n\mathrm{C}_k 2^{\frac{k}{2}} + \sum_{k:\text{奇}} {}_n\mathrm{C}_k 2^{\frac{k-1}{2}} \cdot \sqrt{2}$$

⇐ $\displaystyle\sum_{k:\text{偶}}$ は, $k = 0, 2, 4, \cdots\cdots$ である項の和を表します. $\displaystyle\sum_{k:\text{奇}}$ も同様です.

であり, $\displaystyle\sum_{k:\text{偶}} {}_n\mathrm{C}_k 2^{\frac{k}{2}}$, $\displaystyle\sum_{k:\text{奇}} {}_n\mathrm{C}_k 2^{\frac{k-1}{2}}$ はそれぞれ整数であるから, 確かに
$$(1 + \sqrt{2})^n = x_n + y_n \sqrt{2}$$
が成り立つように (正の) 整数 $x_n \left(= \displaystyle\sum_{k:\text{偶}} {}_n\mathrm{C}_k 2^{\frac{k}{2}} \right)$, $y_n \left(= \displaystyle\sum_{k:\text{奇}} {}_n\mathrm{C}_k 2^{\frac{k-1}{2}} \right)$ を定めることができます.

なお,
$$(1 - \sqrt{2})^n = \sum_{k=0}^{n} {}_n\mathrm{C}_k (-\sqrt{2})^k$$
$$= \sum_{k:\text{偶}} {}_n\mathrm{C}_k 2^{\frac{k}{2}} + \sum_{k:\text{奇}} {}_n\mathrm{C}_k 2^{\frac{k-1}{2}} (-\sqrt{2})$$
$$= x_n - y_n \sqrt{2}$$
ですから, これを利用して

$$x_n{}^2-2y_n{}^2=(x_n+y_n\sqrt{2})(x_n-y_n\sqrt{2})=\{(1+\sqrt{2})^n(1-\sqrt{2})^n\}=(-1)^n$$
を導くこともできます.

〈参考〉

(∗) より
$$\frac{x_{n+1}}{y_{n+1}}=\frac{x_n+2y_n}{x_n+y_n}=\frac{\frac{x_n}{y_n}+2}{\frac{x_n}{y_n}+1}.$$

$u_n=\dfrac{x_n}{y_n}$ とおくと,
$$u_{n+1}=\frac{u_n+2}{u_n+1}=f(u_n).$$
$\left(\text{ただし, } f(x)=\dfrac{x+2}{x+1}\right)$

右図より,帰納的に,
$$\begin{cases} u_1<u_3<u_5<\cdots<\sqrt{2}, \\ u_2>u_4>u_6>\cdots>\sqrt{2}. \end{cases}$$
よって,

(i) n が偶数のとき
$$\frac{x_{n+1}}{y_{n+1}}<\sqrt{2}<\frac{x_n}{y_n}.$$

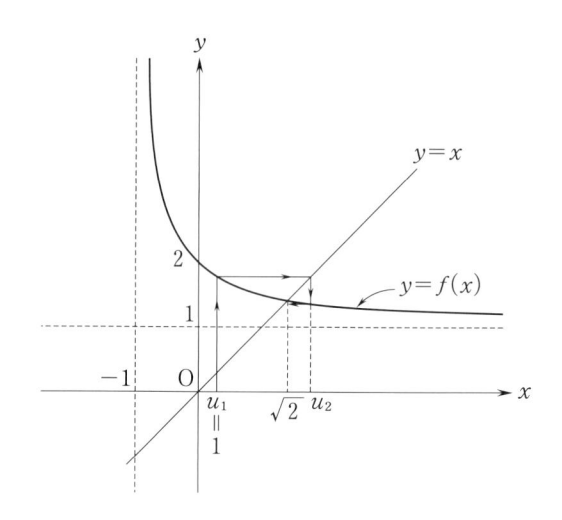

(ii) n が奇数のとき
$$\frac{x_n}{y_n}<\sqrt{2}<\frac{x_{n+1}}{y_{n+1}}.$$

類題 14

正の整数 n に対して,正の整数 a_n, b_n を次の式で定める.
$$(2+\sqrt{3})^n=a_n+b_n\sqrt{3}$$
(1) $(2-\sqrt{3})^n=a_n-b_n\sqrt{3}$ であることを示せ.
(2) $(2+\sqrt{3})^n$ の小数展開の整数部分が奇数であることを示せ.

(京都府立医科大)

Note

問題 15 数学的帰納法（1）

数列 $\{a_n\}$ は条件
$$a_1 = 7, \quad a_{n+1} = (a_n)^6 \quad (n = 1, 2, 3, \cdots\cdots)$$
によって定められるとする.
n を自然数とするとき, a_n を 6^n で割ったときの余りが 1 になることを証明せよ.

(神戸大［医］改)

[考え方]

漸化式を解き a_n の一般項を求めてから証明することも可能ですが, 数学的帰納法

(Ⅰ) $P(1)$ の成立を示す.
(Ⅱ) $P(k)$ の成立を仮定し, $P(k+1)$ の成立を示す.

を用いて証明するのがよいでしょう.

【解答】

「$a_n = 6^n l_n + 1$ （l_n は整数）と表せる」 ……(∗)

を数学的帰納法を用いて証明する.

(Ⅰ) $n = 1$ のとき
$a_1 = 7$ であるから, $l_1 = 1$ （整数）とすれば
$$a_1 = 6^1 \times 1 + 1$$
であり, (∗) は成り立つ.

(Ⅱ) $n = k$ のとき, (∗) が成り立つ, つまり
$$a_k = 6^k l_k + 1 \quad (l_k \text{ は整数})$$
と表せると仮定する. このとき
$$\begin{aligned}
a_{k+1} &= (a_k)^6 = (6^k l_k + 1)^6 \\
&= (6^k l_k)^6 + {}_6C_1(6^k l_k)^5 + {}_6C_2(6^k l_k)^4 \\
&\quad + {}_6C_3(6^k l_k)^3 + {}_6C_4(6^k l_k)^2 + {}_6C_5(6^k l_k) + 1 \\
&= (6^k)^2 M + 6 \cdot 6^k l_k + 1 \quad (M \text{ は整数}) \\
&= 6^{k+1}(6^{k-1}M + l_k) + 1
\end{aligned}$$
であり, $l_{k+1} = 6^{k-1}M + l_k$ とすれば
$$a_{k+1} = 6^{k+1} l_{k+1} + 1 \quad (l_{k+1} \text{ は整数})$$
と表せる.

よって, $n = k+1$ のときも (∗) は成り立つ.

(Ⅰ), (Ⅱ) よりすべての自然数 n に対して (∗) は成り立ち,

a_n を 6^n で割ったときの余りは 1 である.

⇐ 二項定理
$(a+b)^n = \sum_{k=0}^{n} {}_nC_k a^{n-k} b^k$
を用いて展開しました.

(解説)

数列 $\{a_n\}$ の一般項は, 次のように求めることができます.

まず, $a_1 = 7$, $a_{n+1} = (a_n)^6$ $(n = 1, 2, 3, \cdots)$ より帰納的に $a_n > 0$ である.
$b_n = \log_7 a_n$ で定まる数列 $\{b_n\}$ について
$$\begin{cases} b_1 = \log_7 a_1 = \log_7 7 = 1, \\ b_{n+1} = \log_7 a_{n+1} = \log_7 (a_n)^6 = 6 b_n \quad (n \geq 1). \end{cases}$$
よって
$$b_n = 6^{n-1} b_1 = 6^{n-1} \quad (b_1 = 1 \text{ より})$$

であり
$$a_n = 7^{b_n} = 7^{6^{n-1}} \quad (n \geq 1).$$

⇐ 推定もできますね．

〈参考〉

$N = 1, 2, 3, \cdots$ に対して
$$7^N - 1 = (7-1)(7^{N-1} + 7^{N-2} + \cdots + 7 + 1)$$
であるから
$$7^N = 6p_N + 1 \quad (p_N \text{ は負でない整数})$$

⇐ 7^N は，(6の倍数)+1

とかける．よって，$n = 1, 2, 3, \cdots$ に対して
$$\frac{a_{n+1} - 1}{a_n - 1} = \frac{a_n^6 - 1}{a_n - 1} = a_n^5 + a_n^4 + a_n^3 + a_n^2 + a_n^1 + 1$$
$$= 7^{5b_n} + 7^{4b_n} + 7^{3b_n} + 7^{2b_n} + 7^{b_n} + 1$$
$$= 6q_n \quad (q_n \text{ は整数})$$

とかける．したがって，
$$a_n - 1 = \frac{a_n - 1}{a_{n-1} - 1} \cdot \frac{a_{n-1} - 1}{a_{n-2} - 1} \cdot \frac{a_{n-2} - 1}{a_{n-3} - 1} \cdots \cdots \frac{a_2 - 1}{a_1 - 1} \cdot (a_1 - 1)$$
$$= (6q_{n-1}) \cdot (6q_{n-2}) \cdot (6q_{n-3}) \cdots \cdots (6q_1) \cdot 6$$
$$= 6^n Q \quad (Q \text{ は整数})$$

となり
$$a_n = 6^n Q + 1 \quad (Q \text{ は整数})$$
と表せる．

よって，a_n を 6^n で割った余りは1である．

類題 15

$f(x) = x + x^3$ とする．x_0 は整数であり，数列 $\{x_n\}$ を次のように定める．
$$x_{n+1} = f(x_n) \quad (n = 0, 1, 2, \cdots\cdots)$$
このとき，すべての正の整数 n について，$x_n - (-1)^n x_0$ は3で割り切れることを証明せよ．

(京都府立医科大)

問題 16 数学的帰納法 (2)

n は 0 以上の整数とし
$$S_n = (\sqrt{3}+\sqrt{2})^{2n} + (\sqrt{3}-\sqrt{2})^{2n}$$
で S_n を定める.

(1) S_{n+2}, S_{n+1}, S_n の間に成り立つ関係式を求めよ.
(2) 任意の n に対して S_n は整数であることを示せ.
(3) $(\sqrt{3}+\sqrt{2})^{4010}$ の整数部分の 1 の位の数を求めよ.

(横浜国立大 (類))

[考え方]

(1) $\alpha = \sqrt{3}+\sqrt{2}$, $\beta = \sqrt{3}-\sqrt{2}$ (あるいは, $\alpha = (\sqrt{3}+\sqrt{2})^2$, $\beta = (\sqrt{3}-\sqrt{2})^2$) とおき, 対称式の形で処理します.

(2) 二項定理を用いても証明できますが, ここでは, 数学的帰納法

> (Ⅰ) $P(1)$, $P(2)$ の成立を示す.
> (Ⅱ) $P(k)$, $P(k+1)$ の成立を仮定し, $P(k+2)$ の成立を示す.

を用いて証明します.

【解答】

(1) $\alpha = \sqrt{3}+\sqrt{2}$, $\beta = \sqrt{3}-\sqrt{2}$ とおくと, $\alpha^2 = 5+2\sqrt{6}$, $\beta^2 = 5-2\sqrt{6}$ であり,
$$\alpha^2 + \beta^2 = 10, \quad \alpha^2\beta^2 = 1. \quad \cdots\cdots ①$$
このとき,
$$\begin{aligned} S_{n+2} &= \alpha^{2(n+2)} + \beta^{2(n+2)} \\ &= (\alpha^2+\beta^2)(\alpha^{2(n+1)}+\beta^{2(n+1)}) - \alpha^2\beta^2(\alpha^{2n}+\beta^{2n}) \\ &= 10(\alpha^{2(n+1)}+\beta^{2(n+1)}) - (\alpha^{2n}+\beta^{2n}) \quad (① より) \end{aligned}$$
であるから
$$S_{n+2} = 10 S_{n+1} - S_n \quad (n \geq 0). \quad \cdots\cdots (*)$$

> この変形が
> ポイントです.

(2) (Ⅰ) $S_0 = \alpha^0 + \beta^0 = 2$, $S_1 = \alpha^2 + \beta^2 = 10$ であるから, S_0, S_1 は整数である.

(Ⅱ) S_n, S_{n+1} は整数と仮定すると, $S_{n+2} = 10S_{n+1} - S_n$ より, S_{n+2} は整数である.

(Ⅰ), (Ⅱ) より, すべての n に対して S_n は整数である.

> この程度の記述
> でも十分です.

(3) $S_{2005} = (\sqrt{3}+\sqrt{2})^{4010} + (\sqrt{3}-\sqrt{2})^{4010}$
であるから
$$(\sqrt{3}+\sqrt{2})^{4010} = S_{2005} - (\sqrt{3}-\sqrt{2})^{4010}. \quad \cdots\cdots ②$$
ここで, $0 < \sqrt{3}-\sqrt{2} < 1$ であるから
$$0 < (\sqrt{3}-\sqrt{2})^{4010} < 1 \quad \cdots\cdots ③$$
であり, ②, ③ より
$$S_{2005} - 1 < (\sqrt{3}+\sqrt{2})^{4010} < S_{2005}.$$
S_{2005} は整数であるから,
$$(\sqrt{3}+\sqrt{2})^{4010} \text{ の整数部分は } S_{2005} - 1.$$

ところで，$S_1=10$ であり，S_n が 10 の倍数とすると（*）より
$$S_{n+2}=10S_{n+1}-S_n$$
であるから S_{n+2} は 10 の倍数である．よって，帰納的に
$$S_1, S_3, S_5, \cdots, S_{2n-1}, \cdots\cdots \text{ は } 10 \text{ の倍数である．}$$
したがって，$S_{2005}-1$ の 10 の位は 9 である．
すなわち
$$(\sqrt{3}+\sqrt{2})^{4010} \text{ の整数部分の 1 の位の数は 9 である．}$$

> 厳密には，数学的帰納法を用いて証明します．

（解説）

(1) は，次のように考えることもできます．

【(1) の別解】

① より，α^2, β^2 は，$t^2-10t+1=0$ の 2 解であり，
$$\begin{cases} (\alpha^2)^2=10\alpha^2-1, \\ (\beta^2)^2=10\beta^2-1. \end{cases} \text{よって，} \begin{cases} (\alpha^2)^{n+2}=10(\alpha^2)^{n+1}-(\alpha^2)^n, & \cdots\cdots ③ \\ (\beta^2)^{n+2}=10(\beta^2)^{n+1}-(\beta^2)^n. & \cdots\cdots ④ \end{cases}$$
③ と ④ より
$$\alpha^{2(n+2)}+\beta^{2(n+2)}=10\{\alpha^{2(n+1)}+\beta^{2(n+1)}\}-\{(\alpha^2)^n+(\beta^2)^n\}$$
すなわち
$$S_{n+2}=10S_{n+1}-S_n.$$

(2) 二項定理を用いると
$$\begin{aligned}
S_n &= (\sqrt{3}+\sqrt{2})^{2n}+(\sqrt{3}-\sqrt{2})^{2n} \\
&= \sum_{k=0}^{2n} {}_{2n}C_k(\sqrt{3})^{2n-k}(\sqrt{2})^k + \sum_{k=0}^{2n} {}_{2n}C_k(\sqrt{3})^{2n-k}(-\sqrt{2})^k \\
&= 2\{{}_{2n}C_0(\sqrt{3})^{2n}+{}_{2n}C_2(\sqrt{3})^{2n-2}(\sqrt{2})^2+{}_{2n}C_4(\sqrt{3})^{2n-4}(\sqrt{2})^4 \\
&\qquad +\cdots\cdots+{}_{2n}C_{2n-2}(\sqrt{3})^2(\sqrt{2})^{2n-2}+{}_{2n}C_{2n}(\sqrt{2})^{2n}\} \\
&= 2\{{}_{2n}C_0 3^n+{}_{2n}C_2 3^{n-1}\cdot 2+{}_{2n}C_4 3^{n-2}\cdot 2^2+\cdots\cdots+{}_{2n}C_{2n-2}3\cdot 2^{n-1}+{}_{2n}C_{2n}2^n\}
\end{aligned}$$
であり，S_n は整数であることがわかります．

類題 16

2 次方程式 $x^2-4x-1=0$ の 2 つの実数解のうちで大きいものを α，小さいものを β とする．$n=1, 2, 3, \cdots\cdots$ に対して
$$S_n=\alpha^n+\beta^n$$
とおく．

(1) S_1, S_2, S_3 を求めよ．また，$n\geqq 3$ に対して，S_n を S_{n-1} と S_{n-2} で表せ．

(2) β^3 以下の最大の整数を求めよ．

(3) α^{2003} 以下の最大の整数の 1 の位の数を求めよ．

（東京大 [理類]）

問題 17 数学的帰納法（３）

正の項からなる数列 $\{a_n\}$ があり，すべての自然数 n に対して
$$a_1{}^3 + a_2{}^3 + \cdots\cdots + a_n{}^3 = (a_1 + a_2 + \cdots\cdots + a_n)^2$$
を満たしている．

(1) a_1, a_2, a_3 を求めよ．
(2) 一般項 a_n を求めよ．

(山口大 [医])

[考え方]

(1)から一般項 a_n を推定し，これを数学的帰納法

> (I) $P(1)$ の成立を示す．
> (II) $P(1)$, $P(2)$, $P(3)$, ……, $P(k)$ の成立を仮定し，$P(k+1)$ の成立を示す．

で証明します．

【解答】

(1) 与式において

(i) $n=1$ とすると，$a_1{}^3 = a_1{}^2$.
   $a_1 > 0$ より $\boldsymbol{a_1 = 1}$.

(ii) $n=2$ とすると，$a_1{}^3 + a_2{}^3 = (a_1 + a_2)^2$.
   $a_1 = 1$ であるから
   $a_2{}^3 - a_2{}^2 - 2a_2 = 0$. $a_2(a_2+1)(a_2-2) = 0$.
   $a_2 > 0$ より $\boldsymbol{a_2 = 2}$.

(iii) $n=3$ とすると，$a_1{}^3 + a_2{}^3 + a_3{}^3 = (a_1 + a_2 + a_3)^2$.
   $a_1 = 1$, $a_2 = 2$ であるから
   $a_3{}^3 - a_3{}^2 - 6a_3 = 0$. $a_3(a_3+2)(a_3-3) = 0$.
   $a_3 > 0$ より $\boldsymbol{a_3 = 3}$.

⇐ 同様に考えて，$a_4 = 4$, $a_5 = 5$, ……

(2) (1)より
$$\lceil a_n = n \quad (n \geq 1) \rfloor \quad \cdots\cdots (*)$$
と推定される．これを数学的帰納法で証明する．

(I) $n=1$ のとき
   $a_1 = 1$ であるから，$(*)$ は成り立つ．

(II) $n=1, 2, 3, \cdots\cdots, k$ のとき $(*)$ が成り立つ，つまり
   $$a_1 = 1, a_2 = 2, a_3 = 3, \cdots\cdots, a_k = k$$
   と仮定する．このとき，与式より
   $$a_1{}^3 + a_2{}^3 + \cdots\cdots + a_k{}^3 + a_{k+1}{}^3 = (a_1 + a_2 + \cdots\cdots + a_k + a_{k+1})^2.$$
   仮定を用いると
   $$1^3 + 2^3 + \cdots\cdots + k^3 + a_{k+1}{}^3 = (1 + 2 + \cdots\cdots + k + a_{k+1})^2.$$
   よって
   $$\frac{1}{4}k^2(k+1)^2 + a_{k+1}{}^3 = \left\{\frac{1}{2}k(k+1) + a_{k+1}\right\}^2.$$
   $$a_{k+1}{}^3 - a_{k+1}{}^2 - k(k+1)a_{k+1} = 0.$$

⇐ a_{k+1} を求めるには $a_1, a_2, \cdots, a_k$ すべての値が必要です．

$$a_{k+1}(a_{k+1}+k)\{a_{k+1}-(k+1)\}=0.$$
$a_{k+1}>0$ より，$a_{k+1}=k+1$.
よって，$n=k+1$ のときも（∗）は成り立つ．
(I), (II) よりすべての自然数 n に対して（∗）は成り立ち，
$$\boldsymbol{a_n=n} \quad (\boldsymbol{n=1, 2, 3, \cdots \cdots}).$$

【(2) の別解】
$$S_n=a_1+a_2+\cdots\cdots+a_n \quad (n=1, 2, 3, \cdots\cdots)$$
とおくと，与式より
$$S_n{}^2=a_1{}^3+a_2{}^3+\cdots\cdots+a_n{}^3 \quad (n\geqq 1). \quad \cdots\cdots ①$$
n を $n+1$ として
$$S_{n+1}{}^2=a_1{}^3+a_2{}^3+\cdots\cdots+a_n{}^3+a_{n+1}{}^3 \quad (n\geqq 0). \quad \cdots\cdots ②$$
② - ① より
$$S_{n+1}{}^2-S_n{}^2=a_{n+1}{}^3.$$
$$(S_{n+1}+S_n)(S_{n+1}-S_n)=a_{n+1}{}^3.$$
$$(a_{n+1}+2S_n)a_{n+1}=a_{n+1}{}^3.$$
$a_{n+1}>0$ より
$$2S_n+a_{n+1}=a_{n+1}{}^2 \quad (n\geqq 1). \quad \cdots\cdots ③$$
n を $n-1$ として
$$2S_{n-1}+a_n=a_n{}^2 \quad (n\geqq 2). \quad \cdots\cdots ④$$
③ - ④ より
$$2(S_n-S_{n-1})+a_{n+1}-a_n=a_{n+1}{}^2-a_n{}^2 \quad (n\geqq 2).$$
$$a_{n+1}+a_n=a_{n+1}{}^2-a_n{}^2.$$
$$(a_{n+1}+a_n)(a_{n+1}-a_n-1)=0.$$

⇐ $S_n-S_{n-1}=a_n$ より

$a_{n+1}+a_n>0$ より
$$a_{n+1}-a_n=1 \quad (n\geqq 2).$$

⇐ $n\geqq 2$ のときに成り立ちます．

【解答】と同様にして $a_1=1$, $a_2=2$ であるから
$$a_2-a_1=1.$$
よって，
$$a_{n+1}-a_n=1 \quad (n\geqq 1)$$
であり
$$\boldsymbol{a_n=a_1+(n-1)\times 1=n}.$$

類題 17

数列 $\{a_n\}$ は次の関係式 (i), (ii) を満たしている．

(i) $a_1=1$,

(ii) $a_1a_2+a_2a_3+\cdots\cdots+a_na_{n+1}=2(a_1a_n+a_2a_{n-1}+\cdots\cdots+a_na_1)$
$$(n=1, 2, 3, \cdots\cdots).$$

この数列の一般項 a_n を求めよ．

(大阪市立大［医］ 改)

問題 18 素数・剰余系

2以上の自然数 n に対し，n と n^2+2 がともに素数になるのは $n=3$ の場合に限ることを示せ．

(京都大 [医])

[考え方]

n を $3k$, $3k+1$, $3k+2$ (k は自然数) と分けて，n^2+2 が素数かどうかを調べます．

【解答】

(i) $n=2$ のとき $n^2+2=6$ は素数ではない．

(ii) $n=3k$ (k は整数) のとき

n が素数となるのは $k=1$ のときであり，このとき，$n^2+2=3^2+2=11$ も素数である．

(iii) $n=3k+1$ のとき
$$n^2+2=(3k+1)^2+2=3(3k^2+2k+1)$$
であり，さらに $3k^2+2k+1 \geqq 6$ であるから，n^2+2 は素数ではない．

(iv) $n=3k+2$ のとき
$$n^2+2=(3k+2)^2+2=3(3k^2+4k+2)$$
であり，さらに $3k^2+4k+2 \geqq 9$ であるから，n^2+2 は素数ではない．

(i)～(iv) より，n と n^2+2 がともに素数となるのは $n=3$ の場合に限る．

⇐ 素数は2以上の整数で約数が1と自分自身だけとなるものです．

【別解】

n が素数のとき小さい方から順に考えていくと，

$n=2$ のとき，$n^2+2=6$ は素数ではない．

$n=3$ のとき，$n^2+2=11$ は素数である．

$n \geqq 5$ のとき，$n=6k \pm 1$ (k は自然数) と表せるが，
$$n^2+2=(6k \pm 1)^2+2=3(12k^2 \pm 4k+1)$$ は，

$12k^2 \pm 4k+1 = 4k(3k \pm 1)+1 \geqq 9$ であるから素数ではない．

以上より，n と n^2+2 がともに素数になるのは $n=3$ の場合に限る．

⇐ 素数 n の候補は $2, 3, 5, 7, 11, \cdots$．

⇐ 整数を $6k$, $6k \pm 1$, $6k \pm 2$, $6k+3$ と分類すると，$6k$, $6k \pm 2$, $6k+3$ は2または3の倍数となります．

類題 18

4個の整数 $n+1$, n^3+3, n^5+5, n^7+7
がすべて素数となるような正の整数 n は存在しない．これを証明せよ．

(大阪大 [医])

50　第4章　整数・整式

問題 19 互いに素

n を自然数とし，整式 x^n を整式 x^2-2x-1 で割った余りを $ax+b$ とする．このとき a と b は整数であり，さらにそれらをともに割り切る素数は存在しないことを示せ．

(京都大 [医])

[考え方]
$$x^n=(x^2-2x-1)Q_n(x)+a_nx+b_n$$
において，a_n と b_n が互いに素な整数であることを数学的帰納法と背理法を組み合せて示します．

⇐ 整数 a と b の最大公約数が 1 のとき，a と b は**互いに素**といいます．

【解答】
整式 x^n を整式 x^2-2x-1 で割った商を $Q_n(x)$，余りを a_nx+b_n とすると
$$x^n=(x^2-2x-1)Q_n(x)+a_nx+b_n$$
と書け，
$$\begin{aligned}x^{n+1}&=x^n\cdot x\\&=(x^2-2x-1)xQ_n(x)+a_nx^2+b_nx\\&=(x^2-2x-1)(xQ_n(x)+a_n)+(2a_n+b_n)x+a_n\end{aligned}$$
となる．
よって，
$$a_{n+1}=2a_n+b_n,\ b_{n+1}=a_n,\ a_1=1,\ b_1=0.$$
次に，
　　　「a_n, b_n が互いに素な整数である」　……(∗)
を数学的帰納法で示す．

(I)　$n=1$ のとき，$a_1=1$, $b_1=0$ より成り立つ．
(II)　$n=k$ のとき (∗) が成り立つと仮定する．このとき，a_{k+1} と b_{k+1} が互いに素でない，すなわち，a_{k+1} と b_{k+1} が 2 以上の公約数 d をもつと仮定すると，$a_{k+1}=da_{k+1}'$, $b_{k+1}=db_{k+1}'$ （a_{k+1}', b_{k+1}' は整数）と書ける．
$a_{k+1}=2a_k+b_k$, $b_{k+1}=a_k$ より
$$a_k=b_{k+1}=db_{k+1}',$$
$$b_k=a_{k+1}-2a_k=a_{k+1}-2b_{k+1}=d(a_{k+1}'-2b_{k+1}')$$

⇐ 数学的帰納法の仮定と背理法の仮定を区別しましょう．

となり，a_k と b_k は 2 以上の公約数 d をもち，帰納法の仮定に矛盾する．
よって，a_{k+1} と b_{k+1} は互いに素であり，$n=k+1$ でも (∗) は成り立つ．

(I), (II) より，すべての自然数 n に対して (∗) は成り立つ．
よって，整式 x^n を整式 x^2-2x-1 で割った余り $ax+b$ に対して，a と b は整数であり，さらにそれらをともに割り切る素数は存在しない．

(解説)

漸化式
$$a_n = 2a_{n-1} + b_{n-1}, \quad b_n = a_{n-1}, \quad a_1 = 1, \quad b_1 = 0$$
で定められる数列 $\{a_n\}$, $\{b_n\}$ において，帰納的に a_n と b_n は整数です．

さらに，ある n で a_n と b_n をともに割り切る素数 p が存在すると仮定すると，
$$a_{n-1} = b_n, \quad b_{n-1} = a_n - 2a_{n-1} = a_n - 2b_n$$
より，a_{n-1} と b_{n-1} も p で割り切れ，帰納的に a_1 と b_1 も p で割り切れますが，$a_1 = 1$, $b_1 = 0$ なのでこれは矛盾です．

したがって，a_n と b_n をともに割り切る素数は存在しません．

⇐ 仮に a_{10}, b_{10} が素数 p で割り切れると
$$\begin{cases} a_9 \\ b_9 \end{cases} \to \begin{cases} a_8 \\ b_8 \end{cases} \to \begin{cases} a_7 \\ b_7 \end{cases} \to \cdots \to \begin{cases} a_1 \\ b_1 \end{cases}$$
が p で割り切れます．

類題 19

2つの数列 $\{a_n\}$, $\{b_n\}$ は，$a_1 = b_1 = 1$ および，関係式
$$a_{n+1} = 2a_n b_n \quad b_{n+1} = 2a_n^2 + b_n^2$$
を満たすものとする．
(1) $n \geq 3$ のとき，a_n は 3 で割り切れるが，b_n は 3 で割り切れないことを示せ．
(2) $n \geq 2$ のとき，a_n と b_n は互いに素であることを示せ．

(九州大 [医])

問題 20 平方剰余・ピタゴラス数

a, b, c はどの2つも1以外の共通な約数をもたない正の整数とし，$a^2+b^2=c^2$ を満たしている．

(1) c は奇数であることを示せ．
(2) a, b の1つは3の倍数であることを示せ．
(3) a, b の1つは4の倍数であることを示せ．

(旭川医科大)

[考え方]

整数 n を2や3を法とする剰余で分類して，n^2 を3で割った余り，4で割った余り（これらを平方剰余といいます）を求め，処理します．

【解答】

(1) a, b は互いに素であるから
   (i) a, b がともに奇数，
   (ii) a, b の一方が奇数，他方が偶数

の場合について調べればよい．また，
$$\begin{cases} n=2k \implies n^2=4k^2, \\ n=2k+1 \implies n^2=4(k^2+k)+1. \end{cases} \quad (k \text{ は整数})$$

⇐ $\begin{cases}(偶数)^2 は，4の倍数, \\ (奇数)^2 は，(4の倍数)+1\end{cases}$

(i) a, b がともに奇数のとき
$$(a^2+b^2 を4で割った余り)=2,\ (c^2 を4で割った余り)=0 \text{ または } 1$$
であるから，$a^2+b^2 \neq c^2$．

よって，a, b がともに奇数の場合は起こり得ない．

(ii) a, b の一方が奇数，他方が偶数のとき
$$(a^2+b^2 を4で割った余り)=1$$
であり，$c^2=a^2+b^2$ は奇数である．

よって，c は奇数である．

(2) a, b のいずれもが3の倍数ではないと仮定すると

⇐ 背理法を用います．

$$\begin{cases} n=3k \implies n^2=3(3k^2), \\ n=3k\pm 1 \implies n^2=3(3k^2\pm 2k)+1 \end{cases} \quad (k \text{ は整数})$$

より，
$$(a^2+b^2 を3で割った余り)=2,\ (c^2 を3で割った余り)=0 \text{ または } 1$$
であるから，$a^2+b^2 \neq c^2$．

これは $a^2+b^2=c^2$ に矛盾し，a, b の1つは3の倍数である．

(3) (1)より a, c を奇数，b を偶数として一般性を失わない．
このとき
$$\begin{cases} a=2a_1+1, \\ c=2c_1+1 \end{cases} \quad (a_1,\ c_1 \text{ は整数})$$
とおけ，
$$b^2=c^2-a^2=4c_1(c_1+1)-4a_1(a_1+1).$$

$c_1(c_1+1),\ a_1(a_1+1)$ は連続した2整数の積であり2の倍数であるから

b^2 は 8 の倍数である．　　　……①
ここで，b が 4 の倍数ではないと仮定すると
$$b = 4b_1 + 2 \quad (b_1 \text{ は整数})$$
とおけ，$b^2 = 8(2b_1^2 + 2b_1) + 4$ より，
b^2 は 8 の倍数ではない．　　　……②
①，② は矛盾であり，b は 4 の倍数である．

⇐ 背理法を用います．

(解説)

(1)，(2) は基本的な分類に従って，それぞれ 4 による平方剰余，3 による平方剰余を考えれば解決します．しかし，(3) は 4 による平方剰余ではなく 8 による平方剰余を考える必要があります．

なお，(3) は最初から a，b，c を 4 で割った余りで分類し，a^2，b^2，c^2 を 8 で割った余りを調べることでも解決しますが，少々面倒です．

〈参考〉
剰余類が関連する問題は，次のように **合同式** を用いて解答してもよいでしょう．

> 整数 m と整数 n を整数 p $(p>0)$ で割ったときの余りが等しいことを
> $$m \equiv n \pmod{p}$$
> で表す．

このとき，
$$n \equiv r \ (r \text{ は整数}, \ 0 \leq r \leq p-1) \pmod{p}$$
は，n を p で割ったときの余りが r であることを示しています．

⇐ 問題 21 も参照．

なお，次のような合同式が成り立ちます．

> a，b，c，d を整数，p を正の整数とし，
> $$a \equiv b, \ c \equiv d \pmod{p}$$
> とする．このとき，
> (i) $a + c \equiv b + d \pmod{p}$．
> (ii) $a - c \equiv b - d \pmod{p}$．
> (iii) $ac \equiv bd \pmod{p}$．
> (iv) $n = 1, 2, 3, \cdots\cdots$ に対して
> $$a^n \equiv b^n \pmod{p}.$$

【解答例】

(2) $a \not\equiv 0$ かつ $b \not\equiv 0 \pmod{3}$ と仮定すると
$$a \equiv 1 \text{ または } a \equiv 2, \ b \equiv 1 \text{ または } b \equiv 2 \pmod{3}$$
であり，
$$a^2 + b^2 \equiv 1+1 \text{ または } 1+4 \text{ または } 4+4 \pmod{3}.$$
すなわち，
$$a^2 + b^2 \equiv 2 \pmod{3}.$$
一方，
$$\begin{cases} c \equiv 0 \text{ ならば } c^2 \equiv 0 \pmod{3}, \\ c \not\equiv 0 \text{ ならば } c^2 \equiv 1 \pmod{3} \end{cases}$$

⇐ (1) は略します．

であり，$a^2+b^2 \not\equiv c^2$．

これは，$a^2+b^2=c^2$ に矛盾し，
$$a \equiv 0 \text{ または } b \equiv 0 \pmod{3}.$$

(3) (1)より，$a \equiv 1$, $c \equiv 1$, $b \equiv 0 \pmod{2}$ として一般性を失わない．このとき
$$a \equiv \pm 1 \text{ または } \pm 3 \pmod{8}, \quad c \equiv \pm 1 \text{ または } \pm 3 \pmod{8}$$
とおけ，
$$b^2 = c^2 - a^2 \equiv 1-1 \text{ または } 1-9 \text{ または } 9-1 \text{ または } 9-9 \pmod{8}$$
であるから，
$$b^2 \equiv 0 \pmod{8}. \qquad \cdots\cdots ①$$

ここで，偶数 b が 4 の倍数ではないと仮定すると，$b \equiv \pm 2 \pmod 8$ とおけ
$$b^2 \equiv 4 \pmod{8}. \qquad \cdots\cdots ②$$

①，② は矛盾であり，b は 4 の倍数である．

類題 20

k は 0 または正の整数とする．方程式 $x^2 - y^2 = k$ の解 (x, y) で，x, y がともに奇数であるものを奇数解とよぶ．

(1) 方程式 $x^2 - y^2 = k$ が奇数解をもてば，k は 8 の倍数であることを示せ．

(2) 方程式 $x^2 - y^2 = k$ が奇数解をもつための k についての必要十分条件を求めよ．

(京都大)

Note

問題 21 合同式

正の整数 n を 9 で割ったときの余りを $r(n)$ $(0 \leq r(n) < 9)$ で表すことにする．とくに，$0 \leq n < 9$ のとき，$r(n) = n$ である．

(1) b, c を正の整数とする．$r(b) = 1$ ならば $r(bc) = r(c)$ が成り立つことを示せ．

(2) a, b, c を正の整数とする．$r(a) = r(b)$ ならば $r(ac) = r(bc)$ が成り立つことを示せ．

(3) $r(5^4)$, $r(5^5)$, $r(5^6)$ を求めよ．

(4) すべての正の整数 n に対して $r(5^{6n}) = 1$ が成り立つことを示し，$r(5^{2003})$ を求めよ．

(札幌医科大)

[考え方]

> [除法の原理]
> 整数 n に対して，$r(n) = t$ $(t = 0, 1, 2, \cdots, 8)$ ならば
> $$n = 9q + t \quad (q \text{ は整数})$$
> とかける

を用います．

【解答】

(1) $r(b) = 1$ ならば
$$b = 9q_1 + 1 \quad (q_1 \text{ は整数})$$
とおける．このとき
$$bc = 9q_1 c + c$$
であり，
$$r(bc) = r(c).$$

⇐ $bc - c = $ (9 の倍数) です．

(2) $r(a) = r(b) = t$ $(0 \leq t < 9)$ とすると
$$\begin{cases} a = 9q_2 + t, \\ b = 9q_3 + t \end{cases} \quad (q_2, q_3 \text{ は整数})$$
とおける．このとき
$$\begin{cases} ac = 9q_2 c + tc, \\ bc = 9q_3 c + tc \end{cases}$$
であるから
$$\begin{cases} r(ac) = r(tc), \\ r(bc) = r(tc). \end{cases}$$
よって，
$$r(ac) = r(bc).$$

⇐ $ac - bc = $ (9 の倍数) です．

(3) $r(5^3) = r(125) = 8$ であるから，(2)を用いると
$$r(5^4) = r(5^3 \cdot 5) = r(8 \cdot 5) \quad (r(5^3) = 8 = r(8) \text{ より})$$
$$= r(40) = 4,$$
$$r(5^5) = r(5^4 \cdot 5) = r(4 \cdot 5) \quad (r(5^4) = 4 = r(4) \text{ より})$$
$$= r(20) = 2,$$

$$r(5^6) = r(5^5 \cdot 5) = r(2 \cdot 5) \quad (r(5^5) = 2 = r(2) \text{ より})$$
$$= r(10) = 1.$$

(4) $r(5^6) = 1$ であるから，(1)を繰り返し用いると
$$r(5^{6n}) = r(5^6 \cdot 5^{6(n-1)}) = r(5^{6(n-1)})$$
$$= r(5^6 \cdot 5^{6(n-2)}) = r(5^{6(n-2)})$$
$$= \cdots\cdots$$
$$= r(5^{12}) = r(5^6 \cdot 5^6)$$
$$= r(5^6) = 1.$$

すなわち，
$$r(5^{6n}) = 1 \quad (n = 1, 2, 3, \cdots).$$

次に
$$r(5^{2003}) = r(5^{6 \times 333} \cdot 5^5)$$
$$= r(5^5) \quad (r(5^{6 \times 333}) = 1 \text{ と (1) より})$$
$$= 2.$$

(解説)

合同式を用いると，(1), (2) は
(1) $b \equiv 1$ ならば $bc \equiv c \pmod{9}$,
(2) $a \equiv b$ ならば $ac \equiv bc \pmod{9}$

という表現となり，(3) は $5^3 \equiv 8 \pmod{9}$ より
$$5^4 \equiv 8 \cdot 5 = 40 \equiv 4 \pmod{9},$$
$$5^5 \equiv 4 \cdot 5 = 20 \equiv 2 \pmod{9},$$
$$5^6 \equiv 2 \cdot 5 = 10 \equiv 1 \pmod{9}$$

という表現となります．合同式をウマク扱えると得ですネ！

⇐ 問題20の〈参考〉を参照

類題 21

自然数 n を 7 で割ったときの余りを $R(n)$ で表す．
(1) n_1, n_2 は自然数とする．$R(n_1 \cdot n_2) = R(R(n_1) \cdot R(n_2))$ を示せ．
(2) $R(3^{10})$, $R(3^{100})$ の値をそれぞれ求めよ．

(京都府立医科大)

問題 22　1次不定方程式の整数解

xy 平面上の点で，x 座標，y 座標がともに整数である点を格子点という．N を整数とし，直線 l の方程式を　$3x+10y=N$　とする．

(1) l 上の格子点をすべて求めよ．

(2) $N>30$ ならば，$x>0$，$y>0$ の領域に l 上の格子点が存在することを示せ．

(京都大 [医] 改)

【解答】

(1)
$$3x+10y=N \quad \cdots\cdots ①$$

とおく．l 上の格子点の 1 つに $(7N, -2N)$ があり

$$3(7N)+10(-2N)=N. \quad \cdots\cdots ②$$

① − ② より

$$3(x-7N)+10(y+2N)=0.$$

$$3(x-7N)=-10(y+2N). \quad \cdots\cdots ①'$$

3 と 10 は互いに素であるから，x，y が整数のとき

$$\begin{cases} x-7N=-10k, \\ y+2N=3k. \end{cases} \quad (k \text{ は整数})$$

よって，l 上の格子点 (x, y) は，その座標が

$$(7N-10k,\ -2N+3k) \quad (k=0,\ \pm1,\ \pm2,\ \cdots)$$

で表される点(全体)である．

⇐ $(-3N, N)$ など代入して成り立つものならどの格子点をとってもよい．

⇐ $x-7N=-10k$ を ①' に代入すると $3(-10k)=-10(y+2N).$ よって，$y+2N=3k.$

(2) l 上の格子点 (x, y) について

$$\begin{cases} x=7N-10k, \\ y=-2N+3k \end{cases} \quad (k \text{ は整数}) \quad \cdots\cdots ③$$

であるが，領域 $x>0$，$y>0$ に存在する条件は，

$$7N-10k>0 \text{ かつ } -2N+3k>0$$

すなわち

$$\frac{2}{3}N<k<\frac{7}{10}N \quad \cdots\cdots (*)$$

を満たす整数 k が存在することである．

$N>30$ のとき

$$\frac{7}{10}N-\frac{2}{3}N=\frac{N}{30}>1$$

であるから，$(*)$ を満たす整数 k は確かに存在する．

よって，領域 $x>0$，$y>0$ に l 上の格子点が存在する．

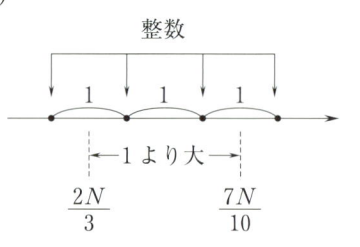

（解説）

(1) ① を ①′ の形に変形できれば，x, y の整数条件（および，3 と 10 が互いに素）を用いて ① を満たす整数 x, y を限定することができます．そのためには，解答のように ① を満たす格子点を 1 つ発見すればよいのですが，
$$3x + 10y = 1 \quad \cdots\cdots ④$$
を満たす整数 x, y の組 (x_0, y_0) に対して
$$3(x_0 N) + 10(y_0 N) = N$$
が成り立ちますから，結局，④ を満たす整数 x, y を 1 つ発見することに帰着されます．

⇐ $3x_0 + 10y_0 = 1$

また，④ を満たす整数 x, y が
$$1 \leqq x \leqq 9 \text{ または } 1 \leqq y \leqq 2$$
の範囲に存在することが，類題 22 の (4) から保証されます．

(2) ③ からわかるように，l 上の格子点は
$$\text{等間隔 } d = \sqrt{10^2 + 3^2} = \sqrt{109}$$
で現れます．

右図から，$N = 30$ の場合，$x > 0$, $y > 0$ の領域に格子点は存在しませんが，$N > 30$ の場合は直観的には明らかに存在します．これを厳密に論証したものが【解答】です．

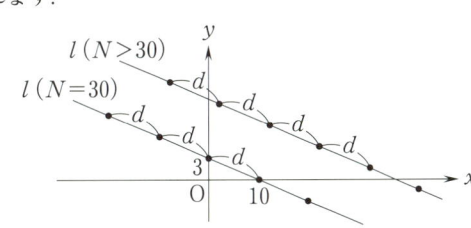

〈参考〉

$$27x + 22y = 1 \quad \cdots\cdots ⑤$$

のように ⑤ を満たす整数の組 (x, y) が見つけにくいときは，**ユークリッドの互除法**を用いて，27 と 22 の最大公約数 1 を求める計算を利用するとよいです．

⇐ 27 と 22 は互いに素なので最大公約数は 1 となります．

$$\begin{cases} 27 = 22 + 5, \\ 22 = 5 \times 4 + 2, \\ 5 = 2 \times 2 + 1 \end{cases} \text{ より } \begin{cases} 1 = 5 - 2 \times 2, \\ 2 = 22 - 5 \times 4, \\ 5 = 27 - 22. \end{cases}$$

よって，
$$1 = 5 - 2 \times 2 = 5 - (22 - 5 \times 4) \times 2 = 5(1 + 4 \times 2) - 22 \times 2$$
$$= (27 - 22)(1 + 4 \times 2) - 22 \times 2 = 27(1 + 4 \times 2) - 22(3 + 4 \times 2)$$
$$= 27 \times 9 + 22 \times (-11).$$

よって，⑤ を満たす整数の組 (x, y) の 1 つは $(9, -11)$ です．

類題 22

a, b は互いに素な正の整数とする．

(1) $4m + 6n = 7$ を満たす整数 m, n は存在しないことを示せ．
(2) $3m + 5n = 2$ を満たすすべての整数 m, n の組 (m, n) を求めよ．
(3) k を整数とするとき，ak を b で割ったときの余りを $r(k)$ で表す．
   i, j を $b-1$ 以下の正の整数とするとき，$i \neq j$ ならば $r(i) \neq r(j)$ であることを示せ．
(4) $am + bn = 1$ を満たす整数 m, n が存在することを示せ．

(大阪府立大)

問題 23 方程式の整数解，整数解の限定方法

x, y, z は自然数であり，$x \leq y \leq z$ を満たすとする．

(1) $\dfrac{1}{x}+\dfrac{1}{y}+\dfrac{1}{z}=1$ を満たす，x, y, z の値を求めよ．

(2) $\dfrac{1}{x}+\dfrac{1}{y}+\dfrac{1}{z}<1$ を満たして x, y, z が変化するとき，$\dfrac{1}{x}+\dfrac{1}{y}+\dfrac{1}{z}$ の最大値および最大値を与える x, y, z を求めよ．

（首都大学東京　改）

[考え方]

(1) 最小の自然数 x が 4 以上であれば，$4 \leq x \leq y \leq z$ であり，

$$\dfrac{1}{x}+\dfrac{1}{y}+\dfrac{1}{z} \leq \dfrac{1}{4}+\dfrac{1}{4}+\dfrac{1}{4} < 1$$

となり不適．よって，$x \leq 3$ と限定できます．

(2) (1) の結果を横目で見ながら，x の値で場合を分けて x, y, z を探します．

【解答】

(1) $0 < x \leq y \leq z$ より，$\dfrac{1}{x} \geq \dfrac{1}{y} \geq \dfrac{1}{z} > 0$ であり，

$$1 = \dfrac{1}{x}+\dfrac{1}{y}+\dfrac{1}{z} \leq \dfrac{3}{x}. \quad \cdots\cdots ①$$

また，

$$1 = \dfrac{1}{x}+\dfrac{1}{y}+\dfrac{1}{z} > \dfrac{1}{x}. \quad \cdots\cdots ②$$

①，② より，$1 < x \leq 3$ であり，x は自然数だから，

$$x = 2 \text{ または } 3. \quad (\leftarrow 必要条件)$$

(i) $x = 2$ のとき

$$\dfrac{1}{y}+\dfrac{1}{z} = 1 - \dfrac{1}{x} = \dfrac{1}{2}.$$

$2 \leq y \leq z$ より，$\dfrac{1}{y} \geq \dfrac{1}{z} > 0$ であり

$$\dfrac{1}{2} = \dfrac{1}{y}+\dfrac{1}{z} \leq \dfrac{2}{y}. \quad \cdots\cdots ③$$

また，

$$\dfrac{1}{2} = \dfrac{1}{y}+\dfrac{1}{z} > \dfrac{1}{y}. \quad \cdots\cdots ④$$

③，④ より　$2 < y \leq 4$ であり，y は自然数だから

$$y = 3 \text{ または } 4. \quad (\leftarrow 必要条件)$$

よって，$\dfrac{1}{z} = \dfrac{1}{2} - \dfrac{1}{y}$ ($y \leq z$) より

$$(y, z) = (3, 6), (4, 4).$$

(ii) $x = 3$ のとき

$$\dfrac{1}{y}+\dfrac{1}{z} = 1 - \dfrac{1}{x} = \dfrac{2}{3}.$$

$3 \leq y \leq z$ より，$\dfrac{1}{y} \geq \dfrac{1}{z} > 0$ であり

⇐ ポイント

⇐ 1つの未知数の値を限定することが重要です．

⇐ $2z + 2y = yz$，$(y-2)(z-2) = 4$
と変形でき，$2 \leq y \leq z$ より，

$y-2$	1	2
$z-2$	4	2

としてもよいですね．

⇐ $3y + 3z = 2yz$，$(2y-3)(2z-3) = 9$
と変形でき，$3 \leq y \leq z$ より，

$2y-3$	3
$2z-3$	3

としてもよいですね．

$$\frac{2}{3} = \frac{1}{y} + \frac{1}{z} \leqq \frac{2}{y}.$$

よって，$0 < y \leqq 3$ であり $3 \leqq y \leqq z$ と合わせ
$$y = 3. \quad (\leftarrow 必要条件)$$

このとき
$$\frac{1}{z} = \frac{2}{3} - \frac{1}{y} = \frac{1}{3}$$

より $z = 3$. (これらは, $3 \leqq y \leqq z$ を満たす).

(i), (ii) より
$$(x, y, z) = (2, 3, 6), (2, 4, 4), (3, 3, 3).$$

(2) $F = \dfrac{1}{x} + \dfrac{1}{y} + \dfrac{1}{z}$ とおく.

(I) $x \geqq 4$ のとき, $4 \leqq y \leqq z$ より
$$F \leqq \frac{1}{4} + \frac{1}{4} + \frac{1}{4} = \frac{3}{4}.$$

(II) $x = 3$ のとき, $3 \leqq y \leqq z$ であり,

(i) $y \geqq 4$ のとき, $4 \leqq z$ より
$$F \leqq \frac{1}{3} + \frac{1}{4} + \frac{1}{4} = \frac{5}{6}.$$

(ii) $y = 3$ のとき,

$F < 1$ となるためには $4 \leqq z$ が必要であり,
このとき

$$F \leqq \frac{1}{3} + \frac{1}{3} + \frac{1}{4} = \frac{11}{12}.$$

$\Leftarrow F = \dfrac{1}{3} + \dfrac{1}{3} + \dfrac{1}{z}$

(III) $x = 2$ のとき

$F < 1$ となるためには $3 \leqq y$ が必要である.

$\Leftarrow F = \dfrac{1}{2} + \dfrac{1}{y} + \dfrac{1}{z}$

(i) $y \geqq 5$ のとき, $5 \leqq y \leqq z$ であり
$$F \leqq \frac{1}{2} + \frac{1}{5} + \frac{1}{5} = \frac{9}{10}.$$

(ii) $y = 4$ のとき

$F < 1$ となるためには $5 \leqq z$ が必要であり,
このとき
$$F \leqq \frac{1}{2} + \frac{1}{4} + \frac{1}{5} \leqq \frac{19}{20}.$$

$\Leftarrow F = \dfrac{1}{2} + \dfrac{1}{4} + \dfrac{1}{z}$

(iii) $y = 3$ のとき

$F < 1$ となるためには $7 \leqq z$ が必要であり,
このとき
$$F \leqq \frac{1}{2} + \frac{1}{3} + \frac{1}{7} \leqq \frac{41}{42}.$$

$\Leftarrow F = \dfrac{1}{2} + \dfrac{1}{3} + \dfrac{1}{z}$

以上 (I), (II), (III) より

F の最大値は, $\dfrac{41}{42}$.

このとき
$$(x, y, z) = (2, 3, 7).$$

(解説)

(1) 未知数の多い整数解の問題は，何らかの方法で未知数のとり得る値を限定することが解決のポイントです．このとき，この問題のように「条件を用いて評価する」，「実数条件を用いて範囲を絞る」など1つ1つの問題に対して工夫が必要であり，整数問題が難しく感じられる原因です．

(2) (1)の結果から，直観的に
$$(x, y, z) = (2, 3, 7) \text{ の場合が最大}$$
と思える人はセンスが良いと言えます．

しかし，数学では，誰からも文句をつけられない論証が要求されます．
$k = 4, 5, 6, \cdots\cdots$ に対して
$$F \leq \frac{1}{k} + \frac{1}{k} + \frac{1}{k} = \frac{3}{k} \leq \frac{3}{4} \quad (<1)$$
ですから，$x = 2, 3$ の場合 すなわち

$$F = \frac{1}{3} + \begin{cases} \dfrac{1}{3} + \dfrac{1}{z} & (y=3), \\ \dfrac{1}{y} + \dfrac{1}{z} & (y \geq 4), \end{cases}$$

$$F = \frac{1}{2} + \begin{cases} \dfrac{1}{3} + \dfrac{1}{z} & (y=3), \\ \dfrac{1}{4} + \dfrac{1}{z} & (y=4), \\ \dfrac{1}{y} + \dfrac{1}{z} & (y \geq 5) \end{cases}$$

について，$F < 1$ となる場合を詳しく調べることになります．

この問題のように，処理能力，論証力が要求される問題が医学部入試では多数出題されています．

本書で本質を理解し，対処法を身につけ，真の実力を養成して下さい．

類題 23

方程式
$$\frac{1}{x} + \frac{1}{2y} + \frac{1}{3z} = \frac{4}{3} \quad \cdots\cdots (*)$$
を満たす正の整数の組 (x, y, z) について考える．
(1) $x = 1$ のとき，正の整数 y, z の組をすべて求めよ．
(2) x のとり得る値の範囲を求めよ．
(3) 方程式 $(*)$ を解け．

(早稲田大 [理工])

Note

問題 24 $n!$ に含まれる素因数 p の個数

n を 2 以上の自然数として，階乗 $n!$ を素数の積で表すときに現れる 2 の個数を a_n とおく．すなわち $\dfrac{n!}{2^{a_n}}$ は奇数である．

(1) $n=2^k$ (k は自然数) のとき，a_n を n を用いて表せ．

(2) $a_n < n$ を示せ．

(3) $\sqrt[n]{n!}$ は無理数であることを示せ．

(滋賀医科大　改)

[考え方]

$10!$ に含まれる素因数 2 の個数 a_{10} を考えてみると，
$$10! = 10 \cdot 9 \cdot 8 \cdot 7 \cdot 6 \cdot 5 \cdot 4 \cdot 3 \cdot 2 \cdot 1$$
の各因数 $1, 2, 3, \cdots, 10$ の中に，

2 の倍数は $\left[\dfrac{10}{2}\right]$ 個，

2^2 の倍数は $\left[\dfrac{10}{2^2}\right]$ 個，　　($[x]$ は x 以下の最大の整数を表す)

2^3 の倍数は $\left[\dfrac{10}{2^3}\right]$ 個

含まれているので，
$$a_{10} = \left[\dfrac{10}{2}\right] + \left[\dfrac{10}{2^2}\right] + \left[\dfrac{10}{2^3}\right] = 5+2+1 = 8.$$

$2^4 = 16$ なので 2^4 の倍数はありません．

【解答】

(1) $n=2^k$ のとき，$n! = (2^k)! = 2^k \cdot (2^k-1) \cdot (2^k-2) \cdots 3 \cdot 2 \cdot 1$ の各因数 $1, 2, 3, \cdots, (2^k-1), 2^k$ の中に

2 の倍数は $\dfrac{2^k}{2} = 2^{k-1}$ 個，

2^2 の倍数は $\dfrac{2^k}{2^2} = 2^{k-2}$ 個，

$\vdots$

2^k の倍数は $\dfrac{2^k}{2^k} = 1$ 個

含まれているので，
$$\begin{aligned}a_n &= 2^{k-1} + 2^{k-2} + \cdots + 1 \\ &= 1 + 2 + \cdots + 2^{k-1} \\ &= \dfrac{2^k-1}{2-1} = 2^k - 1 = \boldsymbol{n-1}.\end{aligned}$$

(2) $2^k \le n < 2^{k+1}$ を満たす自然数 k が存在する．
$$n! = n \cdot (n-1) \cdot (n-2) \cdots 3 \cdot 2 \cdot 1$$
の各因数 $1, 2, 3, \cdots, n$ の中に，

2 の倍数は $\left[\dfrac{n}{2}\right]$ 個，

2^2 の倍数は $\left[\dfrac{n}{2^2}\right]$ 個，　　($[x]$ は x 以下の最大の整数を表す)

$\vdots$

2^k の倍数は $\left[\dfrac{n}{2^k}\right]$ 個

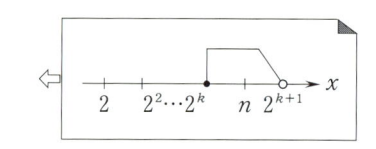

含まれているので,
$$a_n = \left[\frac{n}{2}\right] + \left[\frac{n}{2^2}\right] + \cdots + \left[\frac{n}{2^k}\right] \quad \cdots\cdots(*)$$

ここで, $[x] \leqq x$ であるから,
$$a_n \leqq \frac{n}{2} + \frac{n}{2^2} + \cdots + \frac{n}{2^k}$$
$$= n \cdot \frac{\frac{1}{2}\left\{1-\left(\frac{1}{2}\right)^k\right\}}{1-\frac{1}{2}} = n\left\{1-\left(\frac{1}{2}\right)^k\right\}$$
$$< n.$$

(3) $\sqrt[n]{n!}$ は無理数ではない, すなわち $\sqrt[n]{n!}$ は有理数であると仮定すると, ⇐ 背理法です.
$$\sqrt[n]{n!} = \frac{q}{p} \quad (p \text{ と } q \text{ は互いに素な正の整数})$$
と書ける.
$$q^n = p^n n! \quad \cdots\cdots ①$$

ここで, ① の右辺は $n \geqq 2$ より偶数なので ① の左辺 q^n も偶数, すなわち q も偶数. p と q は互いに素なので, p は奇数. ⇐ q^n が偶数のとき q が奇数と仮定すると q^n も奇数となり矛盾します.
$q = 2q'$ (q' は整数), $n! = 2^{a_n} N$ (N は奇数) とかける.
① より,
$$(2q')^n = p^n \cdot 2^{a_n} N.$$
$$2^n q'^n = 2^{a_n} p^n N.$$

p, N は奇数であるから, $a_n \geqq n$ であるがこれは (2) の結果に矛盾する.

よって, $\sqrt[n]{n!}$ は無理数である.

(解説)

一般に「自然数 n に対して, $n!$ に含まれる素因数 p の個数 b_n」は, $(*)$ と同様に考えて,
$$b_n = \left[\frac{n}{p}\right] + \left[\frac{n}{p^2}\right] + \cdots + \left[\frac{n}{p^k}\right] \quad (k \text{ は } p^k \leqq n < p^{k+1} \text{ を満たす整数})$$
となります. ($[x]$ は x 以下の最大の整数を表す)

これは, 次のように説明することもできます.
$$n! = n \cdot (n-1) \cdot (n-2) \cdot \cdots \cdot 3 \cdot 2 \cdot 1$$
の各因数 1, 2, 3, $\cdots$, n の中でちょうど p で m 回割れるものの個数は, $\left[\frac{n}{p^m}\right] - \left[\frac{n}{p^{m+1}}\right]$ です.

よって, k を $p^k \leqq n < p^{k+1}$ を満たす整数とすると
$$b_n = 1\left\{\left[\frac{n}{p}\right] - \left[\frac{n}{p^2}\right]\right\} + 2\left\{\left[\frac{n}{p^2}\right] - \left[\frac{n}{p^3}\right]\right\} + \cdots + (k-1)\left\{\left[\frac{n}{p^{k-1}}\right] - \left[\frac{n}{p^k}\right]\right\} + k\left[\frac{n}{p^k}\right]$$
$$= \left[\frac{n}{p}\right] + \left[\frac{n}{p^2}\right] + \cdots + \left[\frac{n}{p^k}\right].$$

類題 24

30 の階乗 30! について，以下の問に答えよ．

(1) 2^k が 30! を割り切るような最大の自然数 k を求めよ．

(2) 30! の一の位は 0 である．ここから始めて十の位，百の位と順に左に見ていく．最初に 0 でない数字が現れるまでに，連続していくつの 0 が並ぶかを答えよ．

(3) (2)において，最初に現れる 0 でない数字は何であるかを理由とともに答えよ．

(千葉大)

Note

問題 25 無限降下法

以下の問に答えよ.
(1) 任意の自然数 a に対し, a^2 を 3 で割った余りは 0 か 1 であることを証明せよ.
(2) 自然数 a, b, c が $a^2+b^2=3c^2$ を満たすと仮定すると, a, b, c はすべて 3 で割り切れなければならないことを証明せよ.
(3) $a^2+b^2=3c^2$ を満たす自然数 a, b, c は存在しないことを証明せよ.

(九州大 [医])

[考え方]
(3) 3 で何度でも割り切れる自然数は存在しないことを利用します.

【解答】
(1) $a=3k$, または $a=3k\pm1$ (k は整数) と書ける.
$a^2=(3k)^2=3\cdot 3k^2$ または $a^2=(3k\pm1)^2=3(3k^2\pm2k)+1$
となるから, a^2 を 3 で割った余りは 0 か 1 である.

(2) $a^2+b^2=3c^2$ において右辺は 3 で割り切れるから, a^2+b^2 も 3 で割り切れる.

ここで, (1)より a^2+b^2 を 3 で割った余りは 0, 1, 2 のいずれかであるが, 余りが 0 となるのは a, b ともに 3 で割り切れるときである.

このとき, $a=3a'$, $b=3b'$ (a', b' は整数) と書け, $a^2+b^2=3c^2$ に代入すると
$$(3a')^2+(3b')^2=3c^2.$$
よって,
$$c^2=3(a'^2+b'^2)$$
となり, c^2 も 3 で割り切れる. よって c も 3 で割り切れる.
以上より, a, b, c はすべて 3 で割り切れる.

(3) $a^2+b^2=3c^2$ を満たす自然数 a, b, c が存在すると仮定すると, (2)より, $a=3a'$, $b=3b'$, $c=3c'$ (a', b', c' は自然数) と書ける.
$a^2+b^2=3c^2$ に代入すると $(3a')^2+(3b')^2=3(3c')^2$ となり,
$$a'^2+b'^2=3c'^2$$
が成り立つ.

よって, (2)より $a'=3a''$, $b'=3b''$, $c'=3c''$ (a'', b'', c'' は自然数) と書ける. 以下, 同様に続けると, 自然数 a, b, c は 3 で何度でも割り切れることになるが, そのような自然数は存在しないので矛盾.

よって, $a^2+b^2=3c^2$ を満たす自然数 a, b, c は存在しない.

(解説)
(2)を用いると, ある自然数 a, b, c に対して
$$a^2+b^2=3c^2 \quad \cdots\cdots ①$$
が成り立つと,
$$a=3a',\ b=3b',\ c=3c'\ (a',\ b',\ c'\text{ は自然数}) \quad \cdots\cdots ②$$

となり，②を①に代入することで
$$a'^2+b'^2=3c'^2 \quad \cdots\cdots ③$$
が成り立ち，
$$a'=3a'',\ b'=3b'',\ c=3c''\ (a'',\ b'',\ c''\text{は自然数}) \quad \cdots\cdots ④$$
となります．

　①と③は同型ですので，この操作はこの後，無限に続きます．その過程で②，④のように，a, b は 3 で割られていくらでも小さくなっていきます．

　しかし，自然数の最小値は 1 なのでこれは不合理です．そこでこのような証明方法を**無限降下法**と呼びます．

⇐ $a>a'>a''>\cdots,$
　$b>b'>b''>\cdots$

類題 25

　平面上のベクトル $\vec{a}$, $\vec{b}$ は，その大きさがともに $\sqrt{2}$ であり，なす角が $120°$ である．このとき，次の問に答えよ．
(1) 内積 $(\vec{a}+\vec{b})\cdot(\vec{a}+\vec{b})$ を求めよ．
(2) k, l を整数とするとき，$|k\vec{a}+l\vec{b}|^2$ は偶数であることを示せ．
(3) (2)で，k または l が奇数のとき，$|k\vec{a}+l\vec{b}|^2$ は 4 の倍数ではないことを示せ．
(4) m, n が整数であり，$m=n=0$ ではないならば，$|m\vec{a}+n\vec{b}|$ は整数ではないことを示せ．

(広島大 [医])

問題 26 ガウス記号

$x>0$ とし，$f(x)=\log x^{100}$ とおく．

(1) 次の不等式を証明せよ． $\dfrac{100}{x+1}<f(x+1)-f(x)<\dfrac{100}{x}$ （数Ⅲ）

(2) 実数 a の整数部分（$k\leqq a<k+1$ となる整数 k）を $[a]$ で表す．整数 $[f(1)]$，$[f(2)]$，$[f(3)]$，……，$[f(1000)]$ のうちで異なるものの個数を求めよ．必要ならば $\log 10=2.3026$ として計算せよ．

(名古屋大 [医])

[考え方]

(1) 平均値の定理 （数Ⅲ）

> 関数 $f(x)$ が閉区間 $[a, b]$ で連続で，開区間 (a, b) で微分可能ならば
> $$\frac{f(b)-f(a)}{b-a}=f'(c),\ a<c<b$$
> を満たす c が少なくとも1つ存在する．

を用います．

(2) (1)の不等式に $x=1, 2, \cdots, 999$ を代入して考えます．

【解答】

(1) $f(x)=\log x^{100}$ は $x>0$ で連続で，微分可能であるから，平均値の定理より，
$$\frac{f(x+1)-f(x)}{(x+1)-x}=f'(c),\ x<c<x+1$$
を満たす c が存在する．
$$f'(x)=\frac{100}{x}$$
より，
$$\frac{100}{x+1}<f'(c)<\frac{100}{x}.$$
よって，
$$\frac{100}{x+1}<f(x+1)-f(x)<\frac{100}{x}$$
が成り立つ．

(2) (1)より，$1\leqq x\leqq 99$ のとき
$$f(x+1)-f(x)>1$$
であるから，
$$[f(1)],\ [f(2)],\ \cdots,\ [f(100)]$$
はすべて異なる．

また，$100\leqq x\leqq 999$ のとき
$$f(x+1)-f(x)<1$$
であるから，
$$[f(x+1)]=[f(x)]\ \text{または}\ [f(x+1)]=[f(x)]+1$$
である．

さらに,
$$[f(100)] = [200 \log 10] = [460.52] = 460,$$
$$[f(1000)] = [300 \log 10] = [690.78] = 690$$
であるから,
$$[f(100)], [f(101)], \cdots, [f(1000)]$$
は, 460 から 690 までのすべての整数値をとる.

したがって, 求める個数は
$$99 + (690 - 460 + 1) = \mathbf{330}.$$

(解説)
$$a_1 < a_2 < a_3 < \cdots < a_n$$
において,
$$[a_1], [a_2], [a_3], \cdots, [a_n]$$
の取る値の個数を調べるときには

$a_{n+1} - a_n \geq 1$ ならば $[a_{n+1}] > [a_n]$,

$a_{n+1} - a_n < 1$ ならば
$$[a_{n+1}] = [a_n] \text{ または } [a_{n+1}] = [a_n] + 1$$
という具合に分けて考えればよいです.

〈参考〉

x を超えない最大の整数を記号 $[x]$（ガウス x と読みます）と書きます.

x 以下の最大整数や，$x > 0$ ならば x の整数部分と考えた方がわかり易いかもしれません．その定義によって次の不等式が成り立ちます.
$$x - 1 < [x] \leq x, \quad [x] \leq x < [x] + 1.$$
また，$y = [x]$ のグラフは次のようになります.

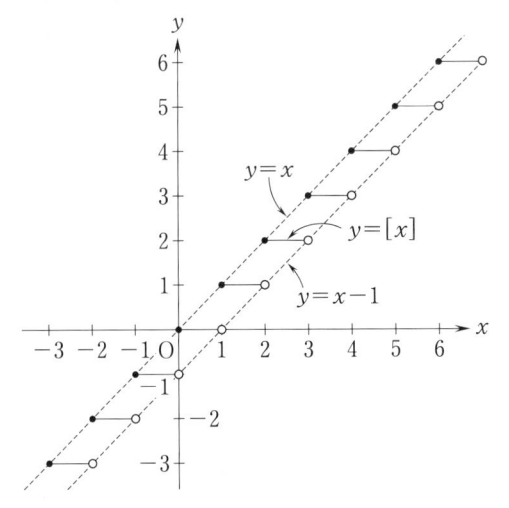

⇐ 数Ⅲの極限で使うことがよくあります.

類題 26

実数 t に対し，t を超えない最大の整数を記号 $[t]$ で表す．次の問に答えよ．

(1) 任意の実数 x に対して，次の等式 ① が成り立つことを示したい．
$$[x]+\left[x+\frac{1}{2}\right]=[2x] \quad \cdots\cdots ①$$
いま，実数 x を，整数 m と $0\leqq\alpha<1$ を満たす実数 α により，$x=m+\alpha$ と表す．

(i) $0\leqq\alpha<\dfrac{1}{2}$ とする．このとき，等式 ① が成り立つことを証明せよ．

(ii) $\dfrac{1}{2}\leqq\alpha<1$ とする．このとき，等式 ① が成り立つことを証明せよ．

(2) 任意の実数 x，および $n\geqq 2$ を満たす任意の整数 n に対して，次の等式 ② が成り立つことを証明せよ．
$$[x]+\left[x+\frac{1}{n}\right]+\cdots\cdots+\left[x+\frac{n-1}{n}\right]=[nx] \quad \cdots\cdots ②$$

(昭和大 [医])

Note

問題 27 フェルマーの小定理

p を素数とするとき,次の問に答えよ.
(1) 自然数 k が $1 \leq k \leq p-1$ を満たすとき,${}_p C_k$ は p で割り切れることを示せ.ただし,${}_p C_k$ は p 個のものから k 個取った組合せの総数である.
(2) n を自然数とするとき,n に関する数学的帰納法を用いて,$n^p - n$ は p で割り切れることを示せ.
(3) n が p の倍数でないとき,$n^{p-1} - 1$ は p で割り切れることを示せ.

(富山大)

[考え方]

(1),(3) 整数 a, b, c に対して,a と b が互いに素のとき,bc が a で割り切れるならば c が a で割り切れる.

(2) $n = k+1$ のとき,二項定理より
$$(k+1)^p = \sum_{l=0}^{p} {}_p C_l k^{p-l} = k^p + \sum_{l=1}^{p-1} {}_p C_l k^{p-l} + 1$$
となることを利用する.

【解答】

(1) $1 \leq k \leq p-1$ において,
$$k \cdot {}_p C_k = p \cdot {}_{p-1} C_{k-1}.$$
右辺は p で割り切れるから,左辺も p で割り切れる.
ここで,k は p で割り切れないから,${}_p C_k$ が p で割り切れる.

(2) 「n を自然数とするとき,$n^p - n$ は p で割り切れる」 ……(∗)

が成り立つことを数学的帰納法で示す.
(I) $n = 1$ のとき $1^p - 1 = 0$ であるから (∗) は成り立つ.
(II) $n = k$ のとき,(∗) が成り立つ,すなわち,
$$k^p - k \text{ は } p \text{ で割り切れる} \quad \cdots\cdots ①$$
と仮定する.このとき,二項定理より
$$(k+1)^p - (k+1) = \sum_{l=0}^{p} {}_p C_l k^{p-l} - (k+1)$$
$$= \left(k^p + \sum_{l=1}^{p-1} {}_p C_l k^{p-l} + 1 \right) - (k+1)$$
$$= \sum_{l=1}^{p-1} {}_p C_l k^{p-l} + (k^p - k).$$
(1) と ① より $(k+1)^p - (k+1)$ も p で割り切れ,$n = k+1$ でも (∗) は成り立つ.
(I), (II) より,n を自然数とするとき,$n^p - n$ は p で割り切れる.

(3) (2) より $n^p - n = n(n^{p-1} - 1)$ は p で割り切れる.さらに n は p の倍数でないから,$n^{p-1} - 1$ が p で割り切れる.

> 0 は任意の整数の倍数です.

（解説）

(1)
> $1 \leqq k \leqq p-1$ において
> $$k{}_pC_k = p{}_{p-1}C_{k-1}$$

であることは，次のように示されます．
$$k{}_pC_k = k \cdot \frac{p!}{(p-k)!k!} = \frac{p!}{(p-k)!(k-1)!}$$
$$= \frac{p(p-1)!}{\{(p-1)-(k-1)\}!(k-1)!} = p{}_{p-1}C_{k-1}.$$

(2), (3)
> p を素数，n を p の倍数でない整数とするとき
> $$n^{p-1} \equiv 1 \pmod{p}$$

これを**フェルマーの小定理**といいます．

← $n^{p-1}-1$ は p で割り切れるということです．

これは整数の性質を用いて，次のように示すこともできます．

（証明）

まず，$n, 2n, 3n, \cdots, (p-1)n$ を p で割った余りは，1 から $p-1$ までがすべて 1 回ずつ現れることを示す．

$n, 2n, 3n, \cdots, (p-1)n$ $(p \geqq 3)$ の中に p で割った余りの等しいものがあると仮定すると
$$jn - in = (j-i)n \text{ が } p \text{ で割り切れる}$$
自然数 i, j $(1 \leqq i < j \leqq p-1)$ が存在する．

ところが，n は p の倍数でなく，$0 < j-i \leqq p-2$ であるから，$j-i$ も p の倍数でないから矛盾である．

よって，$n, 2n, 3n, \cdots, (p-1)n$ を p で割った余りはすべて異なる．

さらに，$n, 2n, 3n, \cdots, (p-1)n$ はどれも p で割り切れないから，この $p-1$ 個の整数を p で割った余りは，1 から $p-1$ までがすべて 1 回ずつ現れる．

よって，
$$n \cdot 2n \cdot 3n \cdots (p-1)n \equiv 1 \cdot 2 \cdot 3 \cdots (p-1) \pmod{p}$$
$$(p-1)! n^{p-1} \equiv (p-1)! \pmod{p}$$
p と $(p-1)!$ は互いに素であるから
$$n^{p-1} \equiv 1 \pmod{p}.$$

← $p=2$ のときは明らかです．

← 自然数を p で割った余りは，割り切れないとき，$1, 2, \cdots, p-1$ の $p-1$ 個あります．

類題 27

自然数 $m \geqq 2$ に対し，$m-1$ 個の二項係数
$${}_mC_1, {}_mC_2, \cdots, {}_mC_{m-1}$$
を考え，これらすべての最大公約数を d_m とする．すなわち d_m はこれらすべてを割り切る最大の自然数である．

(1) m が素数ならば，$d_m = m$ であることを示せ．
(2) すべての自然数 k に対し，$k^m - k$ が d_m で割り切れることを，k に関する数学的帰納法によって示せ．
(3) m が偶数のとき d_m は 1 または 2 であることを示せ．

（東京大）

問題 28 整式が整数値をとる条件

$$f(x) = ax^3 + bx^2 + cx \quad (a, b, c \text{ は実数})$$

とする．$f(x)$ が $x=1, -1, -2$ で整数値をとるとき，すべての整数 n について $f(n)$ は整数になることを示せ．

(岡山大 [医] 改)

[考え方]

a, b, c を整数 $f(1), f(-1), f(-2)$ で表して，

> （連続した 2 整数の積）は 2 の倍数，
> （連続した 3 整数の積）は 6 の倍数

であることを利用しましょう．

【解答】

$$\begin{cases} f(1) = a+b+c, & \cdots\cdots ① \\ f(-1) = -a+b-c, & \cdots\cdots ② \\ f(-2) = -8a+4b-2c & \cdots\cdots ③ \end{cases}$$

とおく．
① + ②，① - ② より

$$b = \frac{f(1)+f(-1)}{2},$$

$$a+c = \frac{f(1)-f(-1)}{2}. \quad \cdots\cdots ④$$

また，② × 4 - ③ より

$$2a - c = \frac{4f(-1)-f(-2)}{2}. \quad \cdots\cdots ⑤$$

④，⑤ より

$$a = \frac{f(1)+3f(-1)-f(-2)}{6},$$

$$c = \frac{2f(1)-6f(-1)+f(-2)}{6}.$$

よって
$$\begin{aligned}
f(n) &= an^3 + bn^2 + cn \\
&= \frac{f(1)+3f(-1)-f(-2)}{6} n^3 + \frac{f(1)+f(-1)}{2} n^2 \\
&\quad + \frac{2f(1)-6f(-1)+f(-2)}{6} n \\
&= f(1) \cdot \frac{1}{6}(n^3+3n^2+2n) + f(-1) \cdot \frac{1}{2}(n^3+n^2-2n) \\
&\quad - f(-2) \cdot \frac{1}{6}(n^3-n) \\
&= f(1) \cdot \frac{1}{6} n(n+1)(n+2) + f(-1) \cdot \frac{1}{2} n(n-1)(n+2) \\
&\quad - f(-2) \cdot \frac{1}{6}(n-1)n(n+1)
\end{aligned}$$

⇐ $f(1), f(-1), f(-2)$ が整数であることが利用できるような変形を考えましょう！

ここで，任意の整数 n に対して，
$$\begin{cases} n(n+1)(n+2), \ (n-1)n(n+1) \text{ は } 6 \text{ の倍数,} \\ n(n-1) \text{ は } 2 \text{ の倍数} \end{cases}$$
であり，$f(1)$, $f(-1)$, $f(-2)$ は整数であるから
$$f(n) \text{ は整数である.}$$

⇐ 連続した 3 整数の積
連続した 2 整数の積

（解説）
$$a = \frac{f(1) + 3f(-1) - f(-2)}{6},$$
$$b = \frac{f(1) + f(-1)}{2},$$
$$c = \frac{2f(1) - 6f(-1) + f(-2)}{6}$$

を求めた後，
$$n \equiv 0, \ 1, \ 2, \ 3, \ 4, \ 5 \pmod 6$$

⇐ 剰余による場合分け

の場合に分け，$f(n)$ が整数となることを示すこともできますが，この問題では繁雑であり得策ではありません．

類題 28

多項式 $f(x) = x^3 + ax^2 + bx + c$ （a, b, c は実数）を考える．

(1) $f(-1)$, $f(0)$, $f(1)$ がすべて整数ならば，すべての整数 n に対して $f(n)$ は整数であることを示せ．

(2) $f(1996)$, $f(1997)$, $f(1998)$ がすべて整数の場合はどうか．

(名古屋大 [医])

問題 29 整式の一致の定理

(1) 恒等的に $h(x+1)=h(x)$ が成り立つような整式 $h(x)$ をすべて求めよ．

(2) 恒等的に $f(x+1)-2f(x)+f(x-1)=0$ が成り立つような整式 $f(x)$ をすべて求めよ．

(3) $f(x)=x^2$, x^3 のとき，$f(x+1)-2f(x)+f(x-1)$ をそれぞれ求めよ．

(4) $f(x+1)-2f(x)+f(x-1)=6x+4$ を恒等的に満たし，$f(0)=1$, $f(1)=2$ を満たす整式 $f(x)$ を1つ求めよ．

(京都府立医科大)

[考え方]

1)
> $F(x)$ が n 次式 $(n \geq 1)$ のとき
> $F(x+1)-F(x)$ は $n-1$ 次式 $(F(x)-F(x-1)$ は $n-1$ 次式$)$

を利用する．

2) [整式の一致の定理]
> $f(x)$, $g(x)$ は高々 n 次の整式であるとする．相異なる $n+1$ 個の x の値 α_1, α_2, $\cdots$, α_{n+1} に対して
> $f(\alpha_1)=g(\alpha_1)$, $f(\alpha_2)=g(\alpha_2)$, $\cdots$, $f(\alpha_n)=g(\alpha_n)$, $f(\alpha_{n+1})=g(\alpha_{n+1})$
> が成り立てば，恒等的に $f(x)=g(x)$ である．

を利用する．[1) は【解答】の中で，2) は（解説）で証明します]

【解答】

(i) $F(x)$ が定数のとき，$F(x)=C$（定数）とおけ
$$F(x+1)-F(x)=0.$$

⇐ 0次式．ただし，定数0は次数を定めません．

(ii) $F(x)$ が n 次式 $(n \geq 1)$ のとき，
$$F(x)=a_0 x^n + a_1 x^{n-1} + \cdots\cdots + a_{n-1} x + a_n \quad (a_0 \neq 0)$$
とおけ
$$F(x+1)-F(x)$$
$$=a_0\{(x+1)^n - x^n\} + a_1\{(x+1)^{n-1} - x^{n-1}\} + \cdots\cdots + a_{n-1}\{(x+1)-x\}$$
$$=a_0\{{}_n C_1 x^{n-1} + {}_n C_2 x^{n-2} + \cdots + 1\}$$
$$\quad + a_1\{{}_{n-1} C_1 x^{n-2} + {}_{n-1} C_2 x^{n-3} + \cdots + 1\}$$
$$\quad\quad + \cdots + a_{n-2}({}_2 C_1 x + 1) + a_{n-1}$$
$$=n a_0 x^{n-1} + (\text{高々 } n-2 \text{ 次式})$$

⇐ 二項定理を用いて計算．

であり，$F(x+1)-F(x)$ は $n-1$ 次式．
同様にして，$F(x)-F(x-1)$ は $n-1$ 次式．

⇐ $n=1$ のときは，$F(x+1)-F(x)=a_0$ を表現すると考えて下さい．

(1) $h(x+1)-h(x)=0$ となるのは，$h(x)$ が定数の場合であり，
$$h(x)=C \quad (C \text{ は定数}).$$

(2) $h(x)=f(x)-f(x-1)$ とおくと，条件より
$$h(x+1)-h(x)=0.$$
(1)より，$h(x)=C$ であるから
$$f(x)-f(x-1)=C.$$
よって，$f(x)$ は高々1次式であり

$$f(x)=ax+b \quad (a,\ b \text{ は定数}).$$

(3) $f(x)=x^2$ のとき
$$f(x+1)-2f(x)+f(x-1)$$
$$=(x+1)^2-2x^2+(x-1)^2=2.$$

$f(x)=x^3$ のとき
$$f(x+1)-2f(x)+f(x-1)$$
$$=(x+1)^3-2x^3+(x-1)^3=6x.$$

(4) (2), (3) より
$$f(x)=x^3+2x^2+ax+b \quad (a,\ b \text{ は定数})$$
は，$f(x+1)-2f(x)+f(x-1)=6x+4$ を満たす．
$f(0)=1,\ f(1)=2$ より
$$\begin{cases} b=1, \\ a+b+3=2. \end{cases} \quad \therefore \quad \begin{cases} a=-2, \\ b=1. \end{cases}$$
したがって，整式 $f(x)$ の 1 つとして
$$f(x)=x^3+2x^2-2x+1.$$

⇐ $f(x)=2x^2$ ならば
$f(x+1)-2f(x)+f(x-1)=4.$

(解説)

[考え方] の 1) は，差分型の条件式から整式の次数を決定する場合に用いられる重要な考え方です．
これを利用すれば(1), (2)は容易に解答できます．
(1)については，[一致の定理] の利用も考えられます．

【(1)の別解】

$$h(x+1)=h(x) \quad (x \text{ は任意})$$
が成り立つから，
$$h(0)=h(1)=h(2)=h(3)=\cdots\cdots. \qquad \cdots\cdots ①$$
$h(x)$ が高々 n 次の整式とし，
$$H(x)=h(x)-h(0)$$
とおくと，$H(x)$ も高々 n 次の整式である．① より
$$H(0)=H(1)=H(2)=\cdots=H(n)=0$$
であるから，[一致の定理] より恒等的に
$$H(x)=0.$$
よって，$h(x)=C$（C は定数）である．
（$h(x)=C$ は，確かに $h(x+1)=h(x)$ を満たす）

⇐ 考え方の 2)で
$\begin{cases} f(x)=H(x), \\ g(x)=0 \end{cases}$
の場合です．

ここで，[一致の定理] の証明をしておきます．

(証明)
$$F(x)=f(x)-g(x)$$
とおくと，$F(x)$ は高々 n 次式であり，条件より
$$F(\alpha_i)=f(\alpha_i)-g(\alpha_i)=0 \quad (i=1,\ 2,\ \cdots,\ n).$$
よって，因数定理より，$F(x)$ は
$x-\alpha_1,\ x-\alpha_2,\ x-\alpha_3,\ \cdots,\ x-\alpha_n$ を因数にもち，これらは相異なるので

$$F(x)=a(x-\alpha_1)(x-\alpha_2)(x-\alpha_3)\cdots(x-\alpha_n) \quad (a \text{ は定数})$$
とおける.

さらに，$F(\alpha_{n+1})=0$ より
$$a(\alpha_{n+1}-\alpha_1)(\alpha_{n+1}-\alpha_2)(\alpha_{n+1}-\alpha_3)\cdots(\alpha_{n+1}-\alpha_n)=0.$$
$\alpha_{n+1}\neq\alpha_i\ (i=1,\ 2,\ \cdots,\ n)$ であるから
$$a=0.$$
したがって，恒等的に
$$F(x)=0 \text{ すなわち } f(x)=g(x).$$

この問題では
$$f(x+1)-2f(x)+f(x-1)=6x+4 \qquad\cdots\cdots(*)$$
を満たす整式 $f(x)$ の1つとして
$$f(x)=x^3+2x^2-2x+1$$
を求めましたが，実は「($*$) を満たし，$f(0)=1$，$f(1)=2$ である $f(x)$ はただ1つである」ことが［一致の定理］により示されます．

〈参考〉

$f(x)$ の次数を $n\ (n\geqq 2)$ とすると，
$$f(x+1)-2f(x)+f(x-1)=\{f(x+1)-f(x)\}-\{f(x)-f(x-1)\} \text{ は } n-2 \text{ 次式}$$
である（【解答】参照）．

($*$) が成り立つとき，
$$f(x) \text{ は3次式である．}$$
また，$f(0)=1$，$f(1)=2$ と ($*$) より
$$f(2)=13,\ f(3)=40.$$
ここで
$$F(x)=f(x)-(x^3+2x^2-2x+1)$$
← この $f(x)$ は未知の式．

とおくと，$F(x)$ は高々3次式であり
$$F(0)=F(1)=F(2)=F(3)=0.$$
よって［一致の定理］より，恒等的に
$$F(x)=0 \text{ すなわち } f(x)=x^3+2x^2-2x+1.$$
← $f(x)$ がただ1つ決定しました．

このように，［一致の定理］は整式の決定問題において本質的な役割を担っています．

類題 29

n を自然数とする．n 次多項式 $P_n(x)$ は $n+1$ 個の整数 $k=0,\ 1,\ 2,\ \cdots,\ n$ に対して
$$P_n(k)=2^k-1$$
を満たす．

(1) $P_2(x)-P_1(x)$ および $P_3(x)-P_2(x)$ を因数分解せよ．

(2) $P_n(x)=\sum_{m=1}^{n}\dfrac{1}{m!}x(x-1)(x-2)\cdots(x-(m-1))$ を示せ．

(千葉大［医］改)

82　第4章　整数・整式

問題 30 方程式の有理数解◆

整数を係数とする5次式 $f(x)=x^5+ax^4+bx^3+cx^2+dx+e$ がある．
(1) 方程式 $f(x)=0$ が有理数の解 α をもてば，α は整数であることを示せ．
(2) $f(0)$, $f(1)$, $f(2)$ のいずれもが3で割り切れなければ，方程式 $f(x)=0$ は有理数の解をもたないことを示せ．

(九州大［医］改，大阪大・神戸大（類））

[考え方]

(1) 有理数が関連する問題は，有理数を，
$$\frac{q}{p} \quad (p, q \text{ は互いに素な整数}, p>0)$$
とおき，p と q が互いに素が利用できる形に変形．

(2) (1)の利用を考えて"背理法"を用います．（この問題では，対偶を示すことと同等です）

【解答】
(1) 有理数 α は
$$\alpha=\frac{q}{p} \quad (p, q \text{ は互いに素な整数}, p>0)$$
とおけ，$f(\alpha)=0$ より，
$$\left(\frac{q}{p}\right)^5+a\left(\frac{q}{p}\right)^4+b\left(\frac{q}{p}\right)^3+c\left(\frac{q}{p}\right)^2+d\left(\frac{q}{p}\right)+e=0.$$
$$q^5+aq^4p+bq^3p^2+cq^2p^3+dqp^4+ep^5=0. \quad \cdots\cdots(*)$$
よって，
$$\frac{q^5}{p}=-(aq^4+bq^3p+cq^2p^2+dqp^3+ep^4). \quad \cdots\cdots①$$

①の右辺は整数であるから，左辺 $\dfrac{q^5}{p}$ も整数であり，p と q は互いに素であるから，
$$p=1$$
したがって，$\alpha=q$ であり，α は整数である． ⇐ $q \neq 0$, $q=0$ いずれにしても，$p=1$

(2) 方程式 $f(x)=0$ が有理数の解 α をもつと仮定する ⇐ 背理法です！
と，(1)より α は整数である．よって
$$\alpha=3k+r \quad (k \text{ は整数}, r \text{ は } 0, 1, 2 \text{ のいずれか}) \quad \cdots\cdots②$$ ⇐ r は余りです．
とおける．
$f(\alpha)=0$ であるから，因数定理，組立除法により，
$$f(x)=(x-\alpha)Q(x) \quad (Q(x) \text{ は整数係数の4次式})$$
と表せる．$x=r$ とおくと
$$f(r)=(r-\alpha)Q(r)=(-3k)Q(r) \quad (② \text{ より})$$
であり，$Q(r)$ は整数であるから
$f(r)$ (r は0, 1, 2のいずれか) は3の倍数である． ⇐ 対偶が証明されています．
これは条件に反する．
したがって，$f(x)=0$ は有理数の解をもたない．

(解説)

(1) (＊)を,
$$q^5 = -p(aq^4 + bq^3p + cq^2p^2 + dqp^3 + ep^4) \quad \cdots\cdots ②$$
と変形して考えてもよいでしょう.

②の右辺は p の倍数だから,「q^5 は p の倍数」すなわち「q は p の倍数」であり, p と q は互いに素だから $p=1$ となります.

⇐ p が素因数 $g(>1)$ をもつとすれば, q も素因数 g をもつ. これは矛盾!

(2) 次のような解法もあります.

【(2)の別解】

$f(x)=0$ が有理数解 α をもてば, (1)より α は整数であり, α を 3 で割った商を k, 余りを r とすると,

$$f(r) = f(\alpha-3k) = (\alpha-3k)^5 + a(\alpha-3k)^4 + \cdots\cdots + d(\alpha-3k) + e$$
$$\equiv \alpha^5 + a\alpha^4 + b\alpha^3 + c\alpha^2 + d\alpha + e = f(\alpha) \equiv 0. \pmod{3}$$

⇐ $\alpha = 3k+r$

すなわち

$f(0) \equiv 0$ または $f(1) \equiv 0$ または $f(2) \equiv 0 \pmod{3}$.

よって, 対偶が証明されたので, 題意は成り立つ.

この問題は一般化でき,

整数係数の n 次式 $f(x) = x^n + a_1x^{n-1} + a_2x^{n-2} + \cdots\cdots + a_{n-1}x + a_n$

に対して,

「$f(x)=0$ の有理数解は整数である」,

「k 個の整数 $f(1), f(2), \cdots\cdots, f(k)$ のいずれもが k で割り切れなければ $f(x)=0$ は有理数解をもたない」

ことが示されます.

なお,

> 整数係数の n 次方程式
> $$a_0x^n + a_1x^{n-1} + \cdots\cdots + a_{n-1}x + a_n = 0$$
> が有理数 $\dfrac{q}{p}$ (p, q は互いに素な整数, $p \neq 0$) を解にもてば,
> (1) 分母 p は, 最高次の係数 a_0 の約数,
> (2) 分子 q は, 定数項 a_n の約数

であることも, この問題と同様の手法で証明できます.

類題 30

複素数 $z = \cos 20° + i\sin 20°$ と z の共役複素数 $\overline{z}$ に対し, $\alpha = z + \overline{z}$ とする.

(1) α は整数を係数とする 3 次方程式の解となることを示せ.
(2) (1)の 3 次方程式は 3 個の実数解をもち, そのいずれもが有理数ではないことを示せ.
(3) 有理数を係数とする 2 次方程式で, α を解とするものは存在しないことを示せ.

(九州大[医])

84　第4章　整数・整式

問題 31 チェビシェフの多項式◆

次の問に答えよ.
(1) すべての自然数 n について，$\cos n\theta$ は $\cos\theta$ の多項式として表されることを示せ．
(2) すべての自然数 n について，多項式 $f_n(x)$ を
$$\cos n\theta = f_n(\cos\theta)$$
で定める．このとき，x に関する2つの方程式 $f_{n+1}(x)=0$，$f_n(x)=0$ は共通の解をもたないことを示せ．

(信州大［医］　改)

［考え方］

(1) 例えば，$n=3$ のとき $\cos 3\theta = 4\cos^3\theta - 3\cos\theta$ であり，確かに $\cos 3\theta$ は $\cos\theta$ の3次式として表されます．

一般には，数学的帰納法を用いて $\cos n\theta$ を表す多項式の存在を保証します．このとき
$$2\cos(k+1)\theta\cos\theta = \cos(k+2)\theta + \cos k\theta \quad (積\to和)$$
を利用することを知っていないと解答しづらいです．

【解答】

(1) 「$\cos n\theta = f_n(\cos\theta)$ となる多項式 $f_n(x)$ が存在する」……(＊)
を数学的帰納法で証明すればよい．

⇐ $f_n(x)$ は(2)の先取りです．

(I) $n=1$，2 のとき
$$f_1(x)=x,\ f_2(x)=2x^2-1 \text{ をとれば}$$
$$\begin{cases} f_1(\cos\theta)=\cos\theta, \\ f_2(\cos\theta)=2\cos^2\theta-1=\cos 2\theta \end{cases}$$
であり (＊) は成り立つ．

⇐ 倍角公式の形を考えて．

(II) $n=k$，$k+1$ のとき，(＊) が成り立つ．つまり
$$\begin{cases} \cos k\theta = f_k(\cos\theta), \\ \cos(k+1)\theta = f_{k+1}(\cos\theta) \end{cases}$$
となる多項式 $f_k(x)$，$f_{k+1}(x)$ が存在すると仮定する．
このとき
$$f_{k+2}(x) = 2xf_{k+1}(x) - f_k(x)$$
で定まる $f_{k+2}(x)$ をとれば，
$$\begin{aligned}f_{k+2}(\cos\theta) &= 2\cos\theta f_{k+1}(\cos\theta) - f_k(\cos\theta) \\ &= 2\cos\theta\cos(k+1)\theta - \cos k\theta \\ &= \{\cos(k+2)\theta + \cos k\theta\} - \cos k\theta \\ &= \cos(k+2)\theta \end{aligned}$$
となり，$n=k+2$ のときも (＊) は成り立つ．

⇐ $\cos(k+2)\theta = 2\cos(k+1)\theta\cos\theta - \cos k\theta$ に注意して形を定めます．

(I), (II) より，すべての自然数 n に対して (＊) は成り立ち，
$\cos n\theta$ は $\cos\theta$ の多項式として表される．

(2) (1)より，$f_n(x)$ を $\cos n\theta = f_n(\cos\theta)$ で定めるとき，
$$f_{n+1}(x) = 2xf_n(x) - f_{n-1}(x) \quad (n\geq 2). \quad \cdots\cdots ①$$
方程式 $f_{n+1}(x)=0$，$f_n(x)=0$ が共通解 α をもつとすると
$$f_{n+1}(\alpha) = f_n(\alpha) = 0.$$

①で $x=\alpha$ とおくと
$$f_{n-1}(\alpha)=2\alpha f_n(\alpha)-f_{n+1}(\alpha)=0.$$
よって，方程式 $f_n(x)=0$, $f_{n-1}(x)=0$ も共通解 α をもつ．
帰納的に，方程式 $f_2(x)=0$, $f_1(x)=0$ も共通解 α をもつことになるが，このとき
$$2\alpha^2-1=0 \text{ かつ } \alpha=0 \text{ であり，不合理．}$$
よって，$f_{n+1}(x)=0$, $f_n(x)=0$ は共通解をもたない．

(解説)

(1)は，$\cos n\theta = f_n(\cos\theta)$ となる多項式 $f_n(x)$ が
$$f_{n+2}(x)=2xf_{n+1}(x)-f_n(x) \quad \cdots\cdots(*)$$
で定められることを把握する部分がポイントです．$(*)$ の形から数学的帰納法は，「$n=k$, $k+1$ を仮定し，$n=k+2$ を示す」タイプを用いることになります（問題16参照）．

(2)

> $f_n(x)$ は，$\cos n\theta = f_n(\cos\theta)$ が成り立つ多項式であり，cosine の n 倍角の公式の形を与えます．

$(*)$ と $f_1(x)=x$, $f_2(x)=2x^2-1$ より帰納的に
 "$f_n(x)$ は最高次の係数が 2^{n-1} の n 次式"
であることがわかります．

同様に，$\sin n\theta = g_n(\cos\theta)\sin\theta$ が成り立つ多項式 $g_n(x)$ が存在し，
 "$g_n(x)$ は，最高次の係数が 2^{n-1} の $n-1$ 次式"
です．

⇐ $\begin{cases} g_{n+2}(x)=2xg_{n+1}(x)-g_n(x), \\ g_1(x)=1, \ g_2(x)=2x \end{cases}$
より導かれます．

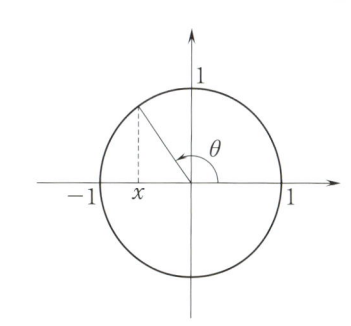

"$f_n(x)$, $g_n(x)$ を **チェビシェフの多項式**"
といいますが，医学部入試に頻出しています．

ところで，
「n 次方程式 $f_n(x)=0$ を満たす x は，
$$x_k=\cos\frac{(2k-1)\pi}{2n} \quad (k=1, \ 2, \ 3, \ \cdots, \ n)$$
として，$x=x_1, \ x_2, \ x_3, \ \cdots, \ x_n$ である」
ことが次のように示されます．

方程式 $f_n(x)=0$ の区間 $-1<x<1$ における解 x は
$$x=\cos\theta \quad (0<\theta<\pi)$$
とおけ，$f_n(\cos\theta)=0$ と (2) より
$$\cos n\theta = 0.$$
$0<n\theta<n\pi$ より
$$n\theta = \frac{\pi}{2}, \ \frac{3\pi}{2}, \ \frac{5\pi}{2}, \ \cdots, \ \frac{(2n-1)\pi}{2}$$
であり，
$$\theta = \frac{\pi}{2n}, \ \frac{3\pi}{2n}, \ \frac{5\pi}{2n}, \ \cdots, \ \frac{(2n-1)\pi}{2n}.$$
よって，$-1<x<1$ における解 x は
$$x=x_k=\cos\frac{(2k-1)\pi}{2n} \quad (k=1, \ 2, \ 3, \ \cdots, \ n)$$

⇐ $f_n(\cos\theta)=\cos n\theta$ です．

であり，
$$1 > x_1 > x_2 > x_3 > \cdots > x_n > -1.$$

また，$f_n(x)=0$ は n 次方程式であるから解は高々 n 個であり，$-1<x<1$ に相異なる n 個の実数解 $x_1, x_2, \cdots, x_n$ をもつから，これらが解のすべてです．このように， ⇐ 相異なっています．

$$\begin{cases} f_n(x)=0 \text{ の解，} x = \cos\dfrac{(2k-1)\pi}{2n} \quad (k=1, 2, 3, \cdots, n), \\ f_{n+1}(x)=0 \text{ の解，} x = \cos\dfrac{(2k-1)\pi}{2(n+1)} \quad (k=1, 2, 3, \cdots, n+1) \end{cases}$$

を求めてしまえば，共通解がないことは明らかです．

なお，
$$\begin{cases} \cos n\theta = f_n(\cos\theta), \\ \sin n\theta = g_n(\cos\theta)\sin\theta \end{cases}$$

を満たす n 次式 $f_n(x)$，$n-1$ 次式 $g_n(x)$ が存在することは，
$$\begin{cases} \cos(k+1)\theta = \cos\theta\cos k\theta - \sin\theta\sin k\theta, \\ \sin(k+1)\theta = \sin\theta\cos k\theta + \cos\theta\sin k\theta \end{cases}$$

に注意すれば，「$n=k$ を仮定し $n=k+1$ を示す」タイプの数学的帰納法を用いること（ただし，$f_n(x)$，$g_n(x)$ の存在を同時に示すことになります）でも証明できます．

〈参考〉
$$\cos n\theta = f_n(\cos\theta)$$

の両辺を θ で微分すると
$$-n\sin n\theta = f_n'(\cos\theta)(-\sin\theta)$$

すなわち
$$n\sin n\theta = f_n'(\cos\theta)\sin\theta. \quad \cdots\cdots ③$$

一方
$$n\sin n\theta = ng_n(\cos\theta)\sin\theta \quad \cdots\cdots ④$$

であるから，③，④ より
$$f_n'(\cos\theta)\sin\theta = ng_n(\cos\theta)\sin\theta.$$

よって

$0<\theta<\pi$ を満たす任意の θ に対して　$f_n'(\cos\theta) = ng_n(\cos\theta)$

すなわち

　$-1<x<1$ を満たす任意の x に対して $f_n'(x) = ng_n(x)$.

$f_n'(x)$，$g_n(x)$ は $n-1$ 次式であるから [一致の定理] より

すべての実数 x に対して $f_n'(x) = ng_n(x)$.

類題 31

$$f_1(x)=1, \quad f_2(x)=x,$$
$$f_{n+2}(x)=xf_{n+1}(x)-f_n(x) \quad (n=1, 2, 3, \cdots)$$

で定められる関数の列 $\{f_n(x)\}$ がある.

(1) $f_n(x)$ は $n-1$ 次の整式であることを数学的帰納法を用いて示せ.

(2) θ は $0<\theta<\pi$ を満たす定数とする.
$$f_n(2\cos\theta)=\frac{\sin n\theta}{\sin\theta} \quad (n=1, 2, 3, \cdots)$$

が成り立つことを示せ.

(3) $f_n(x)=0$ を満たす x $(-2<x<2)$ をすべてあげよ.

(お茶の水女子大 [理])

問題 32 対称式のとり得る値と3次関数のグラフ

実数 x, y, z が
$$x+y+z=9, \quad x^2+y^2+z^2=51, \quad x\geq 0, \quad y\geq 0, \quad z\geq 0$$
のすべてを満たして変化する.
(1) xyz のとり得る値の範囲を求めよ.
(2) $x\leq y\leq z$ のとき, x のとり得る値の範囲を求めよ.

(学習院大 改)

[考え方]

「実数 x, y, z が, $x+y+z=p$, $xy+yz+zx=q$ (p, q は定数) を満たすとき, $xyz=k$ となる」
$\iff$「3次方程式 $t^3-pt^2+qt-k=0$ が実数解をもつ」

に着目しましょう. x, y, z は $t^3-pt^2+qt-k=0$ の3解ですね.

「$\begin{cases} x+y+z=p, \\ xy+yz+zx=q, \\ xyz=k \end{cases}$ を満たす実数 x, y, z が存在する」ということです.

【解答】

(1) $\begin{cases} x+y+z=9, & \cdots\cdots① \\ x^2+y^2+z^2=51 & \cdots\cdots② \end{cases}$

とおく. ①, ② より
$$xy+yz+zx=\frac{1}{2}\{(x+y+z)^2-(x^2+y^2+z^2)\}=15. \quad\cdots\cdots③$$

「実数 x, y, z が ①, ②, $x\geq 0, y\geq 0, z\geq 0$ を満たして変化するとき, $xyz=k$ となる」
$\iff$「①, ③, $xyz=k$ を満たす負でない実数 x, y, z が存在する」
$\iff$「3次方程式 $t^3-9t^2+15t-k=0$ が負でない3解(重解は2個に数える)をもつ」

「①かつ②」 $\iff$ 「①かつ③」です.

であり, $f(t)=t^3-9t^2+15t$ とおくと,
「$Y=f(t)$ のグラフと $Y=k$ のグラフが $t\geq 0$ の範囲で3つの共有点をもつ(接する場合も含める)」ような k の範囲を求めればよい.
$$f'(t)=3t^2-18t+15=3(t-1)(t-5)$$
より, $f(t)$ の増減表, $Y=f(t)$ のグラフは下図のようである.

t		1		5	
$f'(t)$	$+$	0	$-$	0	$+$
$f(t)$	↗	7	↘	-25	↗

グラフより, $0\leq k\leq 7$ であり, xyz のとり得る値の範囲は,
$$\boldsymbol{0\leq xyz\leq 7}.$$

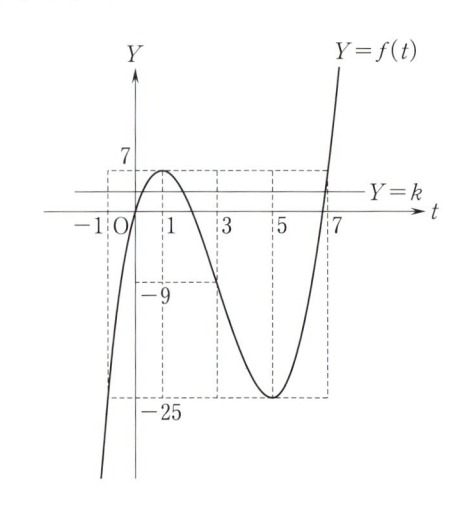

(2) x, y, z ($x\geq 0$, $y\geq 0$, $z\geq 0$) は，$t^3-9t^2+15t-k=0$
($0\leq k\leq 7$) の3実解，すなわち，$Y=f(t)$ と $Y=k$ ($0\leq k\leq 7$)
のグラフの共有点の t 座標である．
$x\leq y\leq z$ であるから，(1)のグラフより
$$0\leq x\leq 1.$$

> y, z については
> $$\begin{cases} 1\leq y\leq \dfrac{9-\sqrt{21}}{2}, \\ \dfrac{9+\sqrt{21}}{2}\leq z\leq 7 \end{cases}$$
> となります．

（解説）

(1)は，①，③ より
$$\begin{cases} y+z=9-x, & \cdots\cdots ①' \\ yz=15-x(y+z)=15-(9x-x^2) & \cdots\cdots ③' \end{cases}$$
が導かれますから，③′ より
$$xyz=x^3-9x^2+15x$$
となり，$g(x)=x^3-9x^2+15x$ の増減を調べてもよいのですが，x の変化できる範囲を求めておく必要があります．

①′，③′ より，y, z は t の2次方程式
$$t^2-(9-x)t+(x^2-9x+15)=0$$
の2解であり，$x\geq 0$ のもとで $y\geq 0$, $z\geq 0$ となるための条件は，
$$\begin{cases} (9-x)^2-4(x^2-9x+15)\geq 0, \\ 9-x\geq 0, \quad x^2-9x+15\geq 0. \end{cases}$$
これらから x の変域は
$$0\leq x\leq \frac{9-\sqrt{21}}{2}, \quad \frac{9+\sqrt{21}}{2}\leq x\leq 7$$
となります．$g(x)$ の増減を調べるのは，意外に面倒なことになってしまいますね．

また，(2)は，$x\geq 0$ のもとで $y\geq x$, $z\geq x$ となるための条件を求めることになります．

［考え方］の発想を習得しましょう．

類題 32

1つの頂点から出る3辺の長さが x, y, z であるような直方体において，x, y, z の和が6，全表面積が18であるとする．
(1) この直方体の体積の最大値を求めよ．
(2) 1辺の長さがそれぞれ x, y, z である3つの立方体の体積の和の最大値を求めよ．

(東京大［理類］ 改)

問題 33　3次のチェビシェフの多項式で表された関数の性質

関数 $f(x) = x^3 - \dfrac{3}{4}x$ について，$-1 \leq x \leq 1$ における $|f(x)|$ の最大値を M とする．
また，$g(x)$ を $-1 \leq x \leq 1$ で連続な関数とする．

(1) M とそれを与える x の値を求めよ．

(2) $-1 \leq x \leq 1$ において $|g(x)| < M$ が成り立つとき，方程式 $f(x) = g(x)$ は $-1 < x < 1$ の範囲に少なくとも 3 つの実数解をもつことを示せ．

(3) $g(x) = x^3 + ax^2 + bx + c$（$a$, b, c は実数の定数）とすると，$-1 \leq x \leq 1$ における $|g(x)|$ の最大値は M 以上であることを示せ．

(熊本大［医］改)

[考え方]

(2) $h(x) = f(x) - g(x)$ とするとき，中間値の定理を用いて連続関数 $h(x)$ の符号が少なくとも 3 回変化することを示しましょう．

(3) (2)の利用を考え，"背理法" を用いて論証します．

【解答】

(1) $f(x) = x^3 - \dfrac{3}{4}x$ より，

$$f'(x) = 3x^2 - \dfrac{3}{4} = 3\left(x + \dfrac{1}{2}\right)\left(x - \dfrac{1}{2}\right).$$

$-1 \leq x \leq 1$ において増減を調べると，下表の通り．

x	-1		$-\dfrac{1}{2}$		$\dfrac{1}{2}$		1
$f'(x)$		$+$	0	$-$	0	$+$	
$f(x)$	$-\dfrac{1}{4}$	↗	$\dfrac{1}{4}$	↘	$-\dfrac{1}{4}$	↗	$\dfrac{1}{4}$

よって，$|f(x)| \leq \dfrac{1}{4}$ であり，$M = \dfrac{1}{4}$．

また，$M = \dfrac{1}{4}$ となる x の値は，$x = \pm 1,\ \pm \dfrac{1}{2}$．

(2) $-1 \leq x \leq 1$ において，$|g(x)| < \dfrac{1}{4}$　すなわち，$-\dfrac{1}{4} < g(x) < \dfrac{1}{4}$ と仮定する．

$h(x) = f(x) - g(x)$ とすると，

$$h(-1) = f(-1) - g(-1) < -\dfrac{1}{4} - \left(-\dfrac{1}{4}\right) = 0,$$

$$h\left(-\dfrac{1}{2}\right) = f\left(-\dfrac{1}{2}\right) - g\left(-\dfrac{1}{2}\right) > \dfrac{1}{4} - \dfrac{1}{4} = 0,$$

$$h\left(\dfrac{1}{2}\right) = f\left(\dfrac{1}{2}\right) - g\left(\dfrac{1}{2}\right) < -\dfrac{1}{4} - \left(-\dfrac{1}{4}\right) = 0,$$

$$h(1) = f(1) - g(1) > \dfrac{1}{4} - \dfrac{1}{4} = 0.$$

$h(x)\ (-1 \leq x \leq 1)$ は連続関数であるから，$h(x) = 0$ となる x が

$$-1 < x < -\dfrac{1}{2},\quad -\dfrac{1}{2} < x < \dfrac{1}{2},\quad \dfrac{1}{2} < x < 1$$

の範囲にそれぞれ少なくとも1つ存在する．

したがって，方程式 $h(x)=0$ すなわち $f(x)=g(x)$ は，$-1<x<1$ の範囲に少なくとも3つの実数解をもつ．

(3) $g(x)=x^3+ax^2+bx+c$ に対し，
$$h(x)=f(x)-g(x)$$
とする．

$-1\leqq x\leqq 1$ における $|g(x)|$ の最大値を N とし，$N<M$ と仮定すると，(2)より，「方程式 $h(x)=0$ は $-1<x<1$ の範囲に少なくとも3つの実数解をもつ」 ……①

ところが，
$$h(x)=-ax^2-\left(\frac{3}{4}+b\right)x-c$$
は高々2次の整式であるから，①より恒等的に
$$h(x)=0 \quad \text{すなわち} \quad f(x)=g(x).$$
これは，$N<M$ すなわち $f(x) \not\equiv g(x)$ であることに反する．
したがって
$$N\geqq M.$$

⇐ 中間値の定理より

⇐ 整式の**一致の定理**を用いています．

(解説)

(1) 右図のような，原点 O を中心とする2辺の長さが2である正方形を R とします．

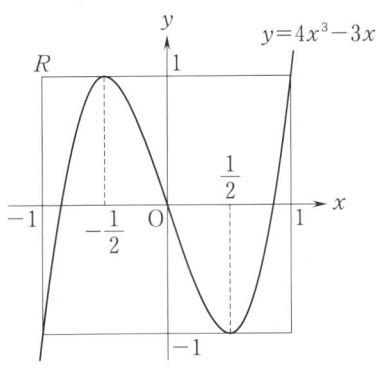

この問題は，

「$y=4x^3+Ax^2+Bx+C$ の形の3次関数でそのグラフが R 内に収まるものは $y=4x^3-3x$ のみである」

ことを主張しています．

チェビシェフの多項式は，次数の低い順に
$x,\ 2x^2-1,\ 4x^3-3x,\ 8x^4-8x^2+1,\ \cdots$
ですが，関数 $f_n(x)$ が
$f_1(x)=x,\ f_2(x)=2x^2-1,\ f_3(x)=4x^3-3x,$
$f_4(x)=8x^4-8x^2+1,\ \cdots$
の場合，$y=f_n(x)$ のグラフは正方形 R 内に収まりますが，その他の最高次の係数が 2^{n-1} の形の n 次関数のグラフは正方形 R 内には収まりません．

⇐ 問題31を参照して下さい．

類題 33

$f(x)=x^3-\dfrac{3}{4}x$ とする．

(1) $f(x)$ の区間 $-1\leqq x\leqq 1$ における最大値，最小値および，それらを与える x の値を求めよ．

(2) x^3 の係数が1である3次関数 $g(x)$ が区間 $-1\leqq x\leqq 1$ において $|g(x)|\leqq \dfrac{1}{4}$ を満たすとき，$g(x)-f(x)$ は恒等的に0であることを示せ．

(筑波大［医］)

問題 34 3次関数のグラフで囲まれた面積

xy 平面上の2つの曲線
$$C_1 : y = x^3 - x, \quad C_2 : y = (x-t)^3 - (x-t) \quad (t > 0)$$
は異なる2点で交わるとする．

(1) t のとり得る値の範囲を求めよ．
(2) C_1 と C_2 で囲まれる部分の面積 $S(t)$ を求めよ．
(3) $S(t)$ の最大値を求めよ．

(筑波大)

[考え方]

面積 $S(t)$ は，当然積分計算を実行して求めるのですが，このとき，
$$\int_\alpha^\beta (x-\alpha)(x-\beta)\,dx = -\frac{1}{6}(\beta-\alpha)^3$$
が利用できます．

⇐ 問題35の〈参考〉参照．

【解答】

(1) $f(x) = x^3 - x$, $g(x) = (x-t)^3 - (x-t)$ $(t > 0)$ とおくと
$$f(x) - g(x) = \{x^3 - (x-t)^3\} - \{x - (x-t)\}$$
$$= t(3x^2 - 3tx + t^2 - 1).$$

C_1, C_2 が異なる2点で交わるから，
$$3x^2 - 3tx + t^2 - 1 = 0 \quad \cdots\cdots ①$$
の判別式 $D > 0$ であり，
$$(3t)^2 - 12(t^2 - 1) > 0. \quad t^2 - 4 < 0.$$
$t > 0$ より
$$0 < t < 2.$$

(2)

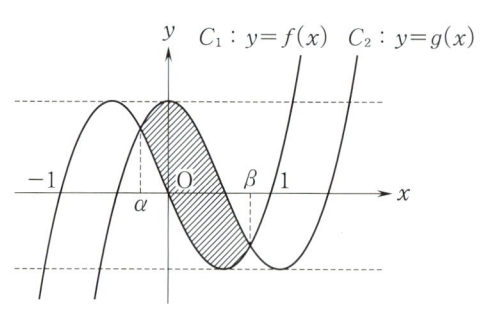

C_1, C_2 の交点の x 座標を α, β ($\alpha < \beta$) とすると，α, β は ① の2実解であり
$$\alpha + \beta = t, \quad \alpha\beta = \frac{t^2 - 1}{3}. \quad \cdots\cdots ②$$
$\alpha \leqq x \leqq \beta$ で，$f(x) \leqq g(x)$ であるから，
$$S(t) = \int_\alpha^\beta \{g(x) - f(x)\}\,dx$$
$$= -3t \int_\alpha^\beta (x-\alpha)(x-\beta)\,dx$$
$$= \frac{t}{2}(\beta-\alpha)^3 = \frac{t}{2}\{(\beta-\alpha)^2\}^{\frac{3}{2}}$$

⇐ $\begin{cases} \alpha = \dfrac{3t - \sqrt{12-3t^2}}{6}, \\ \beta = \dfrac{3t + \sqrt{12-3t^2}}{6} \end{cases}$

⇐ $f(x) - g(x)$
$= t(3x^2 - 3tx + t^2 - 1)$
$= 3t(x-\alpha)(x-\beta)$

$$= \frac{t}{2}\{(\alpha+\beta)^2 - 4\alpha\beta\}^{\frac{3}{2}}$$

$$= \frac{t}{2}\left\{t^2 - \frac{4}{3}(t^2-1)\right\}^{\frac{3}{2}} \quad (②より)$$

$$= \frac{\sqrt{3}}{18}t(4-t^2)^{\frac{3}{2}}.$$

⇐ $\dfrac{t}{2}(\beta-\alpha)^3$ に $\begin{cases}\alpha = \dfrac{3t-\sqrt{D}}{6}, \\ \beta = \dfrac{3t+\sqrt{D}}{6}\end{cases}$

を代入してもよいですね．

(3) (2)より $t^2 = u$ とおくと，

$$S(t) = \frac{\sqrt{3}}{18}\sqrt{t^2(4-t^2)^3} = \frac{\sqrt{3}}{18}\sqrt{u(4-u)^3}.$$

ここで，

$$f(u) = u(4-u)^3 \quad (0 < u < 4)$$

について

$$f'(u) = (4-u)^3 - 3u(4-u)^2 = 4(4-u)^2(1-u)$$

であり，増減表をかくと

u	(0)		1		(4)
$f'(u)$		$+$	0	$-$	
$f(u)$	(0)	↗		↘	(0)

よって，

$$f(u) \leq f(1) = 27.$$

したがって，$S(t)$ は $t=1$ $(u=1)$ のとき最大であり，最大値は

$$\frac{1}{2}.$$

(解説)

(2)は，

$$S(t) = -3t\int_\alpha^\beta (x-\alpha)(x-\beta)\,dx$$

の形を導くことが大切です．

(3)は，数学Ⅲの無理関数の微分法を用いれば，

$$\frac{dS}{dt} = \frac{\sqrt{3}}{18}(4-4t^2)\sqrt{4-t^2} \quad (0 < t < 2)$$

となり，直ちに増減を調べることができます．

類題 34

3次関数 $f(x) = x(x^2+px+q)$ は $x=\alpha$ $(\alpha \neq 0)$ で極大値 0 をとり，$x=\beta$ で極小値 -32 をとるとする．

(1) α, β, p, q を求めよ．

(2) 曲線 $y=f(x)$ を x 軸の正の方向へ c $(c>0)$ だけ平行移動した曲線を $y=g(x)$ とする．2曲線 $y=f(x)$, $y=g(x)$ が2点で交わるとき，2曲線で囲まれる部分の面積を c を用いて表せ．

(九州大[医] 改)

問題 35 3次関数のグラフと接線で囲まれた部分の面積

xy 平面上で，曲線 $C: y = x^3 + ax^2 + bx + c$ 上の点 P における接線 l が，P と異なる点 Q で C と交わるとする．l と C で囲まれた部分の面積と，Q における接線 m と C で囲まれた部分の面積の比を求め，これが一定であることを示せ．

(東京大)

[考え方]

$f(x)$, $g(x)$ が整式で表された関数のとき，

> $y = f(x)$, $y = g(x)$ が $x = \alpha$ で接する
> $\iff y = f(x)$, $y = g(x)$ が $x = \alpha$ で共通接線をもつ
> $\iff \begin{cases} f'(\alpha) = g'(\alpha), \\ f(\alpha) = g(\alpha) \end{cases}$
> $\iff f(x) - g(x) = (x-\alpha)^2 Q(x)$ ($Q(x)$ は整式) と表される

を利用します．

← 接することの定義です！

【解答】

P, Q の x 座標をそれぞれ α, β とし，l の方程式を
$$y = sx + t$$
とする．

l は，C と P で接し Q で交わるから，
$$x^3 + ax^2 + bx + c - (sx + t) = 0$$
は $x = \alpha$ (重解), β を解にもつ．

よって，
$$x^3 + ax^2 + (b-s)x + (c-t) = (x-\alpha)^2(x-\beta)$$
とおける．両辺の x^2 の係数を比較して
$$a = -(2\alpha + \beta). \quad \cdots\cdots ①$$

C と l で囲まれた部分の面積を S_1 とすると，
$$\begin{aligned} S_1 &= \left| \int_\alpha^\beta \{(x^3 + ax^2 + bx + c) - (sx+t)\} dx \right| \\ &= \left| \int_\alpha^\beta (x-\alpha)^2 (x-\beta) dx \right| \\ &= \left| \int_\alpha^\beta (x-\alpha)^2 \{(x-\alpha) - (\beta-\alpha)\} dx \right| \\ &= \left| \int_\alpha^\beta \{(x-\alpha)^3 - (\beta-\alpha)(x-\alpha)^2\} dx \right| \\ &= \left| \left[\frac{1}{4}(x-\alpha)^4 - \frac{\beta-\alpha}{3}(x-\alpha)^3 \right]_\alpha^\beta \right| \\ &= \left| -\frac{1}{12}(\beta-\alpha)^4 \right| = \frac{1}{12}(\beta-\alpha)^4. \end{aligned}$$

← α, β の大小，C と l の位置関係により場合を分けるのが基本ですが，この問題は，「絶対値をつけることで処理可能」です．

また，m と C の接点 Q 以外の共有点 R の x 座標を γ とすると，同様に考えて
$$a = -(2\beta + \gamma) \quad \cdots\cdots ②$$
であり，
$$S_2 = \left| \int_\beta^\gamma (x-\beta)^2 (x-\gamma) dx \right| = \frac{1}{12}(\gamma - \beta)^4.$$

①, ② より
$$2\alpha+\beta=2\beta+\gamma \quad \text{すなわち} \quad \gamma-\beta=-2(\beta-\alpha). \quad \cdots\cdots ③$$
したがって
$$\frac{S_1}{S_2}=\frac{(\beta-\alpha)^4}{(\gamma-\beta)^4}=\frac{(\beta-\alpha)^4}{16(\beta-\alpha)^4}=\frac{1}{16}$$

⇐ ③ を用いました.

であり,S_1 と S_2 の比は一定である.

(解説)

P,Q の x 座標 α,β の間には,一般に
$$\left|\alpha+\frac{a}{3}\right| : \left|\beta+\frac{a}{3}\right|=1:2 \quad (\alpha<-\frac{a}{3}<\beta \text{ または } \beta<-\frac{a}{3}<\alpha)$$
が成り立ち,① すなわち $\dfrac{2\alpha+\beta}{1+2}=-\dfrac{a}{3}$ がこの事実を保証しています.

〈参考〉

$\displaystyle\int_\alpha^\beta (x-\alpha)^2(x-\beta)\,dx$ の計算は,部分積分法を用いて
$$\int_\alpha^\beta (x-\alpha)^2(x-\beta)\,dx = \left[\frac{(x-\alpha)^3}{3}(x-\beta)\right]_\alpha^\beta - \int_\alpha^\beta \frac{(x-\alpha)^3}{3}\,dx$$
$$=-\frac{1}{3}\left[\frac{(x-\alpha)^4}{4}\right]_\alpha^\beta = -\frac{1}{12}(\beta-\alpha)^4$$

とすることもできますが,

$$\int_\alpha^\beta (x-\alpha)^m(\beta-x)^n\,dx = \frac{m!\,n!}{(m+n+1)!}(\beta-\alpha)^{m+n+1}$$
(ただし,m, n は負でない整数)

⇐ **ベータ関数**の積分公式といいます.

を知っていれば,直ちに
$$\int_\alpha^\beta (x-\alpha)^2(x-\beta)\,dx = -\int_\alpha^\beta (x-\alpha)^2(\beta-x)\,dx$$
$$=-\frac{2!\,1!}{4!}(\beta-\alpha)^4 = -\frac{1}{12}(\beta-\alpha)^4$$

が得られます.

類題 35

a, b は実数の定数とする.xy 平面上の曲線 $C:y=x^4+ax^3+bx^2$ に相異なる 2 点で接する直線 l が存在するとする.
(1) a, b の満たすべき条件を求めよ.
(2) C と l で囲まれた部分の面積を a, b を用いて表せ.

(東京電機大 [工] 改)

問題 36　n 次関数のグラフと方程式の解の個数

関数 $f_n(x)$ $(n=0, 1, 2, \cdots)$ は次の条件を満たすとする.
$$f_0(x)=1,\quad f_{n+1}(x)=1+\int_0^x f_n(t)\,dt \quad (n=0, 1, 2, \cdots).$$

(1) $f_n(x)$ を求めよ.

(2) $\begin{cases} n \text{ が偶数のとき, 任意の実数 } x \text{ に対して } f_n(x)>0, \\ n \text{ が奇数のとき, 方程式 } f_n(x)=0 \text{ はただ 1 つの実数解をもつ}\end{cases}$
を示せ.

（金沢大［医］）

[考え方]

(1) $n=0, 1, 2$ とおいて具体的に求めてみれば
$$f_1(x)=1+\int_0^x 1\,dt=1+x,$$
$$f_2(x)=1+\int_0^x(1+t)\,dt=1+x+\frac{x^2}{2},$$
$$f_3(x)=1+\int_0^x\left(1+t+\frac{t^2}{2}\right)dt=1+x+\frac{x^2}{2!}+\frac{x^3}{3!}.$$

これから $f_n(x)$ の形が推定できますね. 数学的帰納法で証明しましょう.

(2) 条件より $f_{n+1}'(x)=f_n(x)$ であり, これに着目すれば数学的帰納法で証明できます.

⇐〈参考〉を参照

【解答】

(1) 「$f_n(x)=1+x+\dfrac{x^2}{2!}+\dfrac{x^3}{3!}+\cdots+\dfrac{x^n}{n!}\quad(n\geqq 0)$」　……(∗)

を数学的帰納法で示す.

(I) $n=0$ のとき
$f_0(x)=1$ であり, (∗) は成り立つ.

(II) $n=k$ のとき, (∗) が成り立つと仮定すると,
$$f_{k+1}(x)=1+\int_0^x f_k(t)\,dt$$
$$=1+\int_0^x\left\{1+t+\frac{t^2}{2!}+\cdots+\frac{t^{k-1}}{(k-1)!}+\frac{t^k}{k!}\right\}dt\quad(\text{仮定より})$$
$$=1+\left[t+\frac{t^2}{2!}+\frac{t^3}{3!}+\cdots+\frac{t^k}{k!}+\frac{t^{k+1}}{(k+1)!}\right]_0^x$$
$$=1+x+\frac{x^2}{2!}+\frac{x^3}{3!}+\cdots+\frac{x^k}{k!}+\frac{x^{k+1}}{(k+1)!}.$$

よって, $n=k+1$ のときも (∗) は成り立つ.

(I), (II) より, $n=0, 1, 2, \cdots$ に対して
$$f_n(x)=1+x+\frac{x^2}{2!}+\frac{x^3}{3!}+\cdots+\frac{x^n}{n!}.$$

(2) 「$\begin{cases} f_{2m}(x)>0, \\ f_{2m+1}(x)=0 \text{ はただ 1 つの実数解をもつ}\end{cases}$　……(∗∗)

を負でない整数 m に関する数学的帰納法で証明する.

⇐ポイント

(I) $m=0$ のとき
$$\begin{cases} f_0(x)=1>0, \\ f_1(x)=1+x=0 \end{cases} \text{はただ1つの実数解 } x=-1 \text{ をもつ.}$$
よって，(**)は成り立つ.

(II) $m=k\,(k\geqq 0)$ のとき(**)が成り立つと仮定する. このとき
$$\begin{cases} f_{2k+1}'(x)=f_{2k}(x)>0 \text{ より, } f_{2k+1}(x) \text{ は単調増加,} \\ f_{2k+1}(0)=1 \end{cases}$$
であるから, $f_{2k+1}(x)=0$ の実数解を α とすると, $\alpha<0$ である.

さて，
$$f_{2k+2}'(x)=f_{2k+1}(x)$$
であるから, $f_{2k+2}(x)$ の増減表は次の通り.

x		α	
$f_{2k+2}'(x)$	$-$	0	$+$
$f_{2k+2}(x)$	$\searrow$		$\nearrow$

$f_{2k+2}(x)$ は $x=\alpha$ で最小であり，最小値
$$\begin{aligned} f_{2k+2}(\alpha) &= f_{2k+1}(\alpha)+\frac{\alpha^{2k+2}}{(2k+2)!} \\ &= \frac{\alpha^{2(k+1)}}{(2k+2)!}>0. \quad (f_{2k+1}(\alpha)=0,\ \alpha<0 \text{ より})\end{aligned}$$
よって
$$f_{2k+2}(x)>0. \qquad \cdots\cdots ①$$
次に，
$$f_{2k+3}'(x)=f_{2k+2}(x)>0 \quad (① \text{ より})$$
であるから, $f_{2k+3}(x)$ は単調増加である．また
$$\lim_{x\to -\infty} f_{2k+3}(x)=-\infty, \quad \lim_{x\to +\infty} f_{2k+3}(x)=+\infty$$
であるから
$$f_{2k+3}(x)=0 \text{ はただ1つの実数解をもつ.} \qquad \cdots\cdots ②$$
①，②より, $m=k+1$ のときも (**) は成り立つ.
したがって，題意が成り立つことが証明された.

〔解説〕
(2)については
$$\begin{cases} n \text{ が偶数の場合の証明に, } n \text{ が奇数の場合の状態が,} \\ n \text{ が奇数の場合の証明に, } n \text{ が偶数の場合の状態が} \end{cases}$$
既知であることが必要です．したがって, n が偶数, n が奇数の場合をまとめて (**) の形で証明することになります.

(2)のようなタイプの数学的帰納法は，医学部入試でも数多く出題されています.

〈参考〉
(2)は数学的帰納法を用いなくとも，次のように解答することができます.

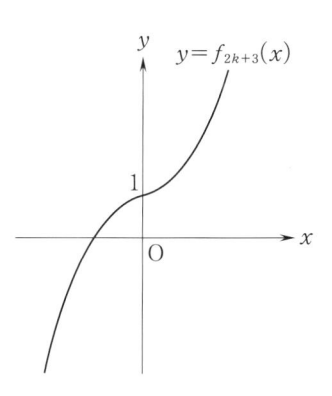

(I) n が偶数の場合
 (i) $n=0$ のとき，
$$f_0(x)=1>0.$$
 (ii) $n\geqq 2$ のとき，$f_n(x)=0$ が実数解をもつと仮定する．
$\displaystyle\lim_{x\to\pm\infty}f_n(x)=+\infty$ かつ $f_n(x)$ は連続であるから，

$f_n(x)$ は最小値をもち，最小値を与える x を β とすると，
$$\begin{cases} f_n(\beta)\leqq 0, & \cdots\cdots ③ \quad (\leftarrow \text{最小値は}\,0\,\text{以下より}) \\ f_n'(\beta)=0. & \cdots\cdots ④ \quad (\leftarrow \text{最小値は極小値より}) \end{cases}$$
③，④ より
$$f_n(\beta)-f_n'(\beta)\leqq 0.$$
ここで，
$$f_n(\beta)-f_n'(\beta)=f_n(\beta)-f_{n-1}(\beta)=\frac{\beta^n}{n!}$$
であるから
$$\beta^n\leqq 0.$$
β は実数であるから，
$$\beta=0.$$
これと，③ より
$$f_n(0)=f_n(\beta)\leqq 0.$$
これは，$f_n(0)=1$ に反する．

よって，$f_n(x)=0$ は実数解をもたず，$\displaystyle\lim_{x\to\pm\infty}f_n(x)=+\infty$ かつ $f_n(x)$ は連続であるから，
$$f_n(x)>0.$$

(II) n が奇数の場合
$$f_n'(x)=f_{n-1}(x)>0 \quad (n-1\,\text{は偶数より})$$
であり，$f_n(x)$ は単調増加．
また，
$$\lim_{x\to+\infty}f_n(x)=+\infty,\quad \lim_{x\to-\infty}f_n(x)=-\infty.$$
よって，
$$f_n(x)=0\,\text{はただ1つの実数解をもつ．}$$

類題 36

x についての方程式
$$\frac{x^{2n}}{2n+1}-\frac{x^{n+1}}{n+2}+\frac{x^{n-1}}{n}-1=0$$
の実数解の個数を求めよ．ただし，n は 2 以上の自然数である．

(横浜市立大 [医])

Note

100 第5章 整式で表された関数の微分積分

問題 37 逆関数の積分（図形的処理）

a, b は実数とする．3次関数
$$f(x) = x^3 + ax^2 + (b-a-1)x$$
があり，$f(x)$ は $x \geq 0$ の範囲で増加する．

(1) 点 (a, b) の存在する範囲 E を図示せよ．

(2) $f(x)$ ($x \geq 0$) の逆関数を $g(x)$ とする．点 (a, b) が(1)の E を動くとき，定積分
$$\int_0^b g(x)\,dx$$
の最小値を求めよ．

（東京工業大　改）

[考え方]

(2) 具体的に $g(x)$ を求めて積分するということができません．

$g(x)$ が $f(x)$ の逆関数のとき，$y = g(x) \iff x = f(y)$ であるから

$f(0) = 0$ かつ $f(x)$ は単調増加
  ($g(0) = 0$ かつ $g(x)$ は単調増加)
ならば
$$\int_0^b g(x)\,dx + \int_0^{g(b)} f(y)\,dy = b \cdot g(b)$$
が成り立つ

を利用しましょう．

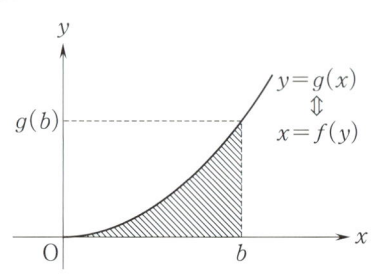

【解答】

(1) $f(x) = x^3 + ax^2 + (b-a-1)x$
より
$$f'(x) = 3x^2 + 2ax + (b-a-1)$$
$$= 3\left(x + \frac{a}{3}\right)^2 + b - \frac{a^2}{3} - a - 1.$$

「任意の x ($x \geq 0$) に対して $f'(x) \geq 0$」……(∗)
となる条件を求める．

(i) $-\dfrac{a}{3} < 0$ すなわち $a > 0$ のとき，$x \geq 0$ で
$$f'(x) \geq f'(0) = b - a - 1.$$

(ii) $-\dfrac{a}{3} \geq 0$ すなわち $a \leq 0$ のとき，$x \geq 0$ で
$$f'(x) \geq f'\left(-\dfrac{a}{3}\right) = b - \dfrac{a^2}{3} - a - 1.$$

よって，(∗) の成り立つ条件は，
$$\begin{cases} b \geq a + 1 & (a > 0), \\ b \geq \dfrac{1}{3}a^2 + a + 1 & (a \leq 0) \end{cases}$$

であり，点 (a, b) の存在範囲 E を図示すれば，次図の斜線部分である（境界も含む）．

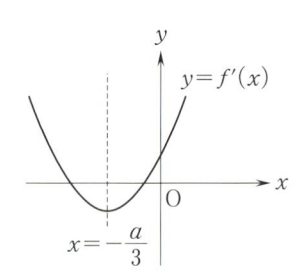

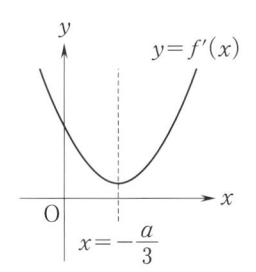

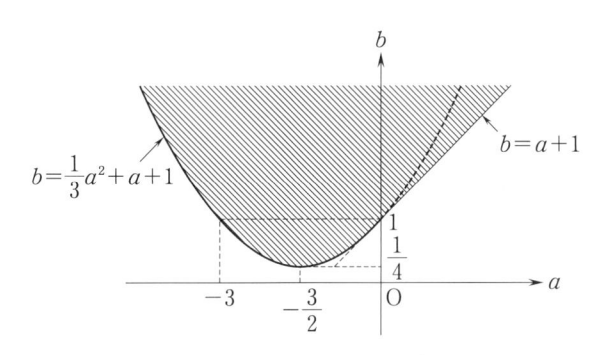

(2) $f(x)$ は $x \geqq 0$ で増加するから逆関数 $g(x)$ が存在する.
ところで,$f(0)=0$, $f(1)=b$ であるから,
$$g(0)=0, \quad g(b)=1$$
であり,
$$\int_0^b g(x)\,dx + \int_0^1 f(y)\,dy = b \cdot 1.$$
ここで 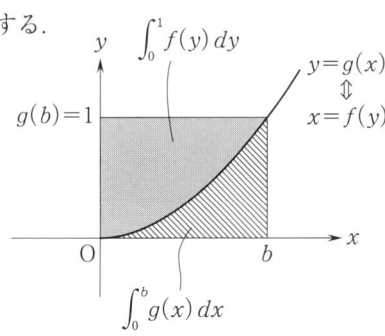
$$\begin{aligned}
\int_0^1 f(y)\,dy &= \int_0^1 \{y^3 + ay^2 + (b-a-1)y\}\,dy \\
&= \left[\frac{1}{4}y^4 + \frac{a}{3}y^3 + \frac{b-a-1}{2}y^2\right]_0^1 \\
&= \frac{1}{4} + \frac{a}{3} + \frac{b-a-1}{2} \\
&= -\frac{1}{6}a + \frac{1}{2}b - \frac{1}{4}
\end{aligned}$$
であるから
$$\int_0^b g(x)\,dx = b - \int_0^1 f(y)\,dy = \frac{1}{6}(a+3b) + \frac{1}{4}. \quad \cdots\cdots ①$$

点 (a, b) が領域 E 内を動くとき,$a+3b$ のとり得る値の範囲は,領域 E と直線 $l: a+3b=k$ が共有点をもつような k の値の範囲に一致し,k が最小になるのは,直線 l が放物線 $b = \dfrac{1}{3}a^2 + a + 1$ に接するときである.

このとき
$$\frac{1}{3}(k-a) = \frac{1}{3}a^2 + a + 1 \quad \text{すなわち} \quad a^2 + 4a + 3 - k = 0$$
が重解をもつから,$4 - (3-k) = 0$ より,
$$k = -1.$$
よって
$$a + 3b \geqq -1. \quad \cdots\cdots ②$$
(等号成立は $(a, b) = \left(-2, \dfrac{1}{3}\right)$ のとき)

⇐ 微分係数に注目して,接点 $\left(-2, \dfrac{1}{3}\right)$ を決定することもできますね.

①,② より
$$\int_0^b g(x)\,dx \geqq -\frac{1}{6} + \frac{1}{4} = \frac{1}{12}$$
であり,求める最小値は,$\dfrac{1}{12}$.

(解説)

(2)は，数学Ⅲの置換積分法を用いれば，次のような別解も可能です．

【(2)の別解】

$\int_0^b g(x)\,dx$ において，$x=f(y)$ とおくと

$$\frac{dx}{dy}=f'(y), \quad \begin{array}{c|ccc} x & 0 & \cdots & b \\ \hline y & 0 & \cdots & 1 \end{array}$$

であるから

$$\int_0^b g(x)\,dx = \int_0^1 g(f(y))\frac{dx}{dy}dy = \int_0^1 yf'(y)\,dy \qquad \Leftarrow g(f(y))=(f^{-1}\circ f)(y)=y$$

$$= \Big[yf(y)\Big]_0^1 - \int_0^1 f(y)\,dy$$

$$= f(1) - \int_0^1 \{y^3 + ay^2 + (b-a-1)y\}\,dy$$

$$= b - \left[\frac{1}{4}y^4 + \frac{a}{3}y^3 + \frac{b-a-1}{2}y^2\right]_0^1 \quad (f(1)=b \text{ より})$$

$$= \frac{1}{6}(a+3b) + \frac{1}{4}.$$

(以下，**【解答】**と同様)

類題 37

$0 \leq p \leq 2$ の範囲にある p に対し，方程式
$$x^3 - 3x - p = 0$$
の実数解のうち，最小のものを $\alpha(p)$，最大のものを $\gamma(p)$ とおく．
$$\int_0^2 \{\gamma(p) - \alpha(p)\}dp$$
を求めよ．

(東京大　改)

Note

問題 38 円束（2円の交点を通る円，直線）

xy 平面上の原点を O とし，半円 $x^2+y^2=9$, $y \geqq 0$ を C_1 とする．半円 C_1 上に 2 点 P，Q をとり，弦 PQ を軸として弧 PQ を折り返したとき，折り返した円弧が点 R$(\sqrt{3}, 0)$ で x 軸に接するとする．

(1) 折り返した円弧を円周の一部にもつ円を C_2 とする．円 C_2 の方程式を求めよ．
(2) 3 点 O，P，Q を通る円を C_3 とする．円 C_3 の中心の座標および半径を求めよ．
(3) 円 C_2 の周上に点 A を，円 C_3 の周上に点 B をとるとき，線分 AB の長さの最大値を求めよ．

(秋田大［医］改)

[考え方]

> 2 円 $C_1 : x^2+y^2+ax+by+c=0$, $C_2 : x^2+y^2+a'x+b'y+c'=0$
> が交わるとき，2 円 C_1, C_2 の 2 交点を通る円（ただし，C_2 は除く）の方程式は
> $$(x^2+y^2+ax+by+c)+k(x^2+y^2+a'x+b'y+c')=0 \quad \cdots\cdots(*)$$
> と表される．（ただし，k は実数，$k \neq -1$）

を利用します．

【解答】

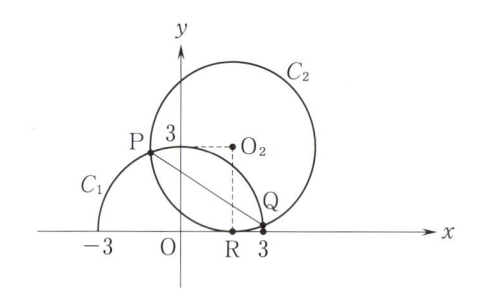

(1) C_2 の半径は 3 であり，R$(\sqrt{3}, 0)$ で x 軸に接するから，C_2 の中心 O_2 は点 $(\sqrt{3}, 3)$ である．
よって，
$$C_2 : (x-\sqrt{3})^2+(y-3)^2=9.$$

(2) C_3 は，円 $x^2+y^2-9=0$，円 $C_2 : x^2+y^2-2\sqrt{3}x-6y+3=0$ の 2 交点 P, Q を通るから，
$$C_3 : x^2+y^2-9+k(x^2+y^2-2\sqrt{3}x-6y+3)=0 \quad \cdots\cdots ①$$
とおける．さらに C_3 は原点 O を通るから，① に $x=y=0$ を代入して
$$-9+3k=0.$$
よって，$k=3$ であり，① より
$$x^2+y^2-\frac{3\sqrt{3}}{2}x-\frac{9}{2}y=0. \quad \left(x-\frac{3\sqrt{3}}{4}\right)^2+\left(y-\frac{9}{4}\right)^2=\frac{27}{4}.$$
C_3 の中心を O_3，半径を r とすると，
$$O_3\left(\frac{3\sqrt{3}}{4}, \frac{9}{4}\right), \quad r=\frac{3\sqrt{3}}{2}.$$

⇐ C_2 は原点 O を通らないから，C_3 の方程式は C_2 を除いた形でよいですね．

(3) 線分 AB の長さが最大になるのは 4 点 A, O_2, O_3, B がこの順で一直線上に並ぶときである.

よって,求める AB の最大値は
$$AO_2 + O_2O_3 + O_3B$$
$$= 3 + \sqrt{\left(\frac{\sqrt{3}}{4}\right)^2 + \left(\frac{3}{4}\right)^2} + \frac{3\sqrt{3}}{2}$$
$$= 3 + 2\sqrt{3}.$$

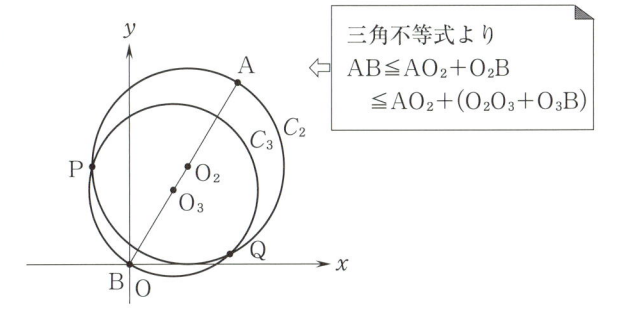

> 三角不等式より
> $AB \leq AO_2 + O_2B$
> $\leq AO_2 + (O_2O_3 + O_3B)$

(解説)

(2) 連立方程式
$$\begin{cases} x^2 + y^2 - 9 = 0, \\ x^2 + y^2 - 2\sqrt{3}\,x - 6y + 3 = 0 \end{cases}$$
を解けば,P, Q の座標は求めることができますが,3 点 O, P, Q の座標から C_3 の方程式を定めようとすると計算が大変です.

C_1, C_2 の交点を $P(x_1, y_1)$, $Q(x_2, y_2)$ とすると
$$\begin{cases} x_i^2 + y_i^2 - 9 = 0, \\ x_i^2 + y_i^2 - 2\sqrt{3}\,x_i - 6y_i + 3 = 0 \end{cases} \quad (i = 1, 2)$$
が成り立ちます.よって,
$$(x_i^2 + y_i^2 - 9) + k(x_i^2 + y_i^2 - 2\sqrt{3}\,x_i - 6y_i + 3) = 0 \quad (i = 1, 2) \quad \cdots\cdots ②$$
であり,①の表す図形は P, Q を通ります.また,この図形は
$$k \neq -1 \text{ のとき円},\ k = -1 \text{ のとき直線}$$
となります.

一般に

> 図形 $f(x, y) = 0$, $g(x, y) = 0$ が共有点をもつとき,
> $pf(x, y) + qg(x, y) = 0$ (p, q は実数)
> の表す図形は,2 つの図形のすべての共有点を通る

が成り立ちます.覚えておくべき知識の一つです.

類題 38

k は実数の定数とする.座標平面上に
$$\text{円 } C_1 : x^2 + y^2 - 2x - 6y + 6 = 0,$$
$$\text{直線 } L : y = kx - 4k + 7$$
があり,円 C_1 と直線 L は異なる 2 点 A, B で交わっている.2 点 A, B を通り中心を x 軸上にもつ円を C_2 とする.

(1) k のとり得る値の範囲を求めよ.
(2) C_2 の中心の座標を求めよ.
(3) 点 A,点 B それぞれにおいて円 C_1 の接線と円 C_2 の接線が直交するとき,k の値を求めよ.

(近畿大 改)

問題 39 媒介変数で表された点の軌跡(1)

座標平面上の点 $P(x, y)$ について,
$$x = \frac{2t}{t^2+1}, \quad y = \frac{2t^2}{t^2+1}$$
が成り立つとする.t が正の実数値をとって変化するとき,点 P の軌跡の方程式を求め,軌跡を図示せよ.

(学習院大)

[考え方]

P の軌跡を C とする.

$(x_0, y_0) \in C$

$\iff$ 「$x_0 = \dfrac{2t}{t^2+1}, \ y_0 = \dfrac{2t^2}{t^2+1}$ を満たす正の実数 t が存在する」

$\iff$ 「$x_0 = \dfrac{2t}{t^2+1}, \ y_0 = tx_0$ を満たす正の実数 t が存在する」

$\iff$ 「$x_0 = \dfrac{2\left(\dfrac{y_0}{x_0}\right)}{\left(\dfrac{y_0}{x_0}\right)^2+1}$ かつ $\dfrac{y_0}{x_0} > 0 \quad (x_0 \neq 0)$」

⇐ パターン学習的にいえば,**媒介変数 $t\,(t>0)$ を消去すれば軌跡が求められる** ということです.

ですね.

【解答】

$$x = \frac{2t}{t^2+1}, \ \cdots\cdots ① \qquad y = \frac{2t^2}{t^2+1} \ \cdots\cdots ②$$

とおくと,①,② より

$$y = tx. \qquad\qquad \cdots\cdots ③$$

③ より

$$t = \frac{y}{x}. \quad (ただし,x \neq 0) \qquad \cdots\cdots ③'$$

⇐ $t>0$ より $x \neq 0$ です.

「① かつ ②」すなわち「① かつ ③ (③')」を満たす正の実数 t が存在する条件を求めればよく,①,③' より t を消去して,

$$x = \frac{2\left(\dfrac{y}{x}\right)}{\left(\dfrac{y}{x}\right)^2+1} \quad (x \neq 0) \quad \text{すなわち} \quad x^2+y^2 = 2y \quad (x \neq 0).$$

ただし,$t>0$ であるから,①,③' より,

$$x > 0, \ y > 0.$$

⇐ ①,② を用いてもよい.

したがって,点 $P(x, y)$ の軌跡の方程式は

$$\bm{x^2 + (y-1)^2 = 1, \ x > 0}.$$

⇐ $x>0$ のとき,$y>0$ となります.

図示すれば,次図の太線部分(点 $(0, 0)$,点 $(0, 2)$ を除く).

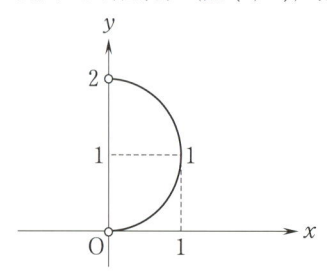

〔解説〕
　媒介変数で表された点の軌跡を求めるには，媒介変数を消去すればよいのですが，その理由を理解していますか．この問題を用いて，少し考えてみましょう．
1) P が点 (1, 1) に存在できるでしょうか？

「$1=\dfrac{2t}{t^2+1}$ かつ $1=\dfrac{2t^2}{t^2+1}$」を満たす正の実数 $t=1$ が存在します．

よって，$t=1$ のとき P は点 (1, 1) にあります． ⇐ 存在できます．

2) P が点 (1, 2) に存在できるでしょうか？

「$1=\dfrac{2t}{t^2+1}$ かつ $2=\dfrac{2t^2}{t^2+1}$」を満たす実数 t は存在しません．

よって，P は点 (1, 2) に存在できません．

一般に，「P が点 (x_0, y_0) に存在できる」ための条件は，

「$x_0=\dfrac{2t}{t^2+1}$ かつ $y_0=\dfrac{2t^2}{t^2+1}$」を満たす正の実数 t が存在する

であり，〔考え方〕のように同値変形すれば，結局パラメーター t を消去すればよいことがわかります．

【別解】

t は正の実数値をとって変化するから，$t=\tan\dfrac{\theta}{2}$（$0<\theta<\pi$）とかける．

$$x=\frac{2t}{t^2+1}=\frac{2\tan\dfrac{\theta}{2}}{\tan^2\dfrac{\theta}{2}+1}=\frac{2\dfrac{\sin\dfrac{\theta}{2}}{\cos\dfrac{\theta}{2}}}{\dfrac{1}{\cos^2\dfrac{\theta}{2}}}=2\sin\dfrac{\theta}{2}\cos\dfrac{\theta}{2}=\sin\theta=\cos\left(\theta-\dfrac{\pi}{2}\right).$$

$$y=\frac{2t^2}{t^2+1}=\frac{2\tan^2\dfrac{\theta}{2}}{\tan^2\dfrac{\theta}{2}+1}=\frac{2\dfrac{\sin^2\dfrac{\theta}{2}}{\cos^2\dfrac{\theta}{2}}}{\dfrac{1}{\cos^2\dfrac{\theta}{2}}}=2\sin^2\dfrac{\theta}{2}=1-\cos\theta=1+\sin\left(\theta-\dfrac{\pi}{2}\right).$$

よって，$P\left(\cos\left(\theta-\dfrac{\pi}{2}\right),\ 1+\sin\left(\theta-\dfrac{\pi}{2}\right)\right)$ であり，P の軌跡は点 (0, 1) を中心とする半径が 1 の円周の $x>0$ の部分である．

⇐ $P(a+r\cos\theta, b+r\sin\theta)$ $(r>0)$ は点 (a, b) を中心とする半径が r の円周を描く．

ゆえに，点 $P(x, y)$ の軌跡の方程式は

$$x^2+(y-1)^2=1,\ x>0.$$

類題 39

xy 平面上に

　　直線 $l: y=mx$，円 $C: (x-1)^2+(y-1)^2=1$

があり，l と C は異なる 2 点 P, Q で交わるとする．

(1) m のとり得る値の範囲を求めよ．

(2) m が (1) の範囲の実数値をとって変わるとき，線分 PQ の中点 R はどのような図形を描くか，図示せよ．

（東京歯科大　改）

108　第6章　図形と方程式

問題 40 媒介変数で表された点の軌跡（2）

xy 平面上に，底辺 BC の長さが 2，高さが 3 の二等辺三角形 ABC がある．

この三角形を次の（条件）を満たすように可能な限り動かすとき，A が描く図形を求めよ．

（条件）頂点 B は半直線 $y=x$ $(x\geqq 0)$ 上にあり，頂点 C は半直線 $y=-x$ $(x\geqq 0)$ 上にあり，頂点 A は直線 BC に関して原点 O の反対側の領域にある．

（名古屋大［医］改）

［考え方］

$\angle OCB=\theta$ または $\angle OBC=\theta$ とおけば，$\overrightarrow{OA}=\overrightarrow{OM}+\overrightarrow{MA}$（M は BC の中点）と考えるなど **ベクトルを利用**することで A の座標は $\sin\theta$，$\cos\theta$ を用いて表せますが，

$$\begin{cases} a=\cos\theta, \\ b=\sin\theta \end{cases} \text{を満たす実数 } \theta \text{ が存在する} \iff a^2+b^2=1$$

……（∗）　　⇐ 問題 7 参照

に注意して，媒介変数 θ を消去することになります．

【解答】

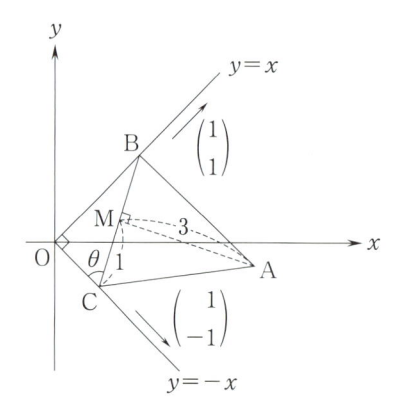

線分 BC の中点を M とし，$\angle OCB=\theta$ $\left(0\leqq\theta\leqq\dfrac{\pi}{2}\right)$ とおくと

$$\begin{cases} OB=BC\sin\theta=2\sin\theta, \\ OC=BC\cos\theta=2\cos\theta \end{cases}$$

であり，$\overrightarrow{OB}$，$\overrightarrow{OC}$ 方向の単位ベクトルはそれぞれ

$$\dfrac{1}{\sqrt{2}}\begin{pmatrix} 1 \\ 1 \end{pmatrix}, \ \dfrac{1}{\sqrt{2}}\begin{pmatrix} 1 \\ -1 \end{pmatrix}$$

であるから

$$\overrightarrow{OB}=\dfrac{OB}{\sqrt{2}}\begin{pmatrix} 1 \\ 1 \end{pmatrix}=\sqrt{2}\sin\theta\begin{pmatrix} 1 \\ 1 \end{pmatrix},$$

$$\overrightarrow{OC}=\dfrac{OC}{\sqrt{2}}\begin{pmatrix} 1 \\ -1 \end{pmatrix}=\sqrt{2}\cos\theta\begin{pmatrix} 1 \\ -1 \end{pmatrix}.$$

よって

$$\overrightarrow{OM}=\dfrac{1}{2}(\overrightarrow{OB}+\overrightarrow{OC})=\dfrac{\sqrt{2}}{2}\begin{pmatrix} \cos\theta+\sin\theta \\ \sin\theta-\cos\theta \end{pmatrix}.$$

また，

$$\overrightarrow{MC}=\dfrac{1}{2}(\overrightarrow{OC}-\overrightarrow{OB})=\dfrac{\sqrt{2}}{2}\begin{pmatrix} \cos\theta-\sin\theta \\ -\cos\theta-\sin\theta \end{pmatrix}$$

⇐ $|\overrightarrow{MC}|=\dfrac{1}{2}BC=1$ ですね．

であり，$\overrightarrow{\mathrm{MA}}$ は $\overrightarrow{\mathrm{MC}}$ を $\dfrac{\pi}{2}$ 回転し，3倍したベクトルであるから

$$\overrightarrow{\mathrm{MA}} = \dfrac{3\sqrt{2}}{2}\begin{pmatrix}\cos\theta+\sin\theta\\ \cos\theta-\sin\theta\end{pmatrix}.$$

よって

$$\overrightarrow{\mathrm{OA}} = \overrightarrow{\mathrm{OM}} + \overrightarrow{\mathrm{MA}} = \dfrac{\sqrt{2}}{2}\begin{pmatrix}4(\cos\theta+\sin\theta)\\ 2(\cos\theta-\sin\theta)\end{pmatrix}$$

であり，$\mathrm{A}(x, y)$ とすると

$$\begin{cases} x = 2\sqrt{2}\,(\cos\theta+\sin\theta), & \cdots\cdots\text{①} \\ y = \sqrt{2}\,(\cos\theta-\sin\theta). & \cdots\cdots\text{②} \end{cases}$$

ただし，（条件）を満たすように三角形を動かすとき，

$$0 \leqq \theta \leqq \dfrac{\pi}{2}. \quad\cdots\cdots\text{③}$$

①，②より

$$\begin{cases} \cos\theta = \dfrac{1}{4\sqrt{2}}(x+2y), & \cdots\cdots\text{④} \\ \sin\theta = \dfrac{1}{4\sqrt{2}}(x-2y). & \cdots\cdots\text{⑤} \end{cases}$$

「①，②，③」すなわち「③，④，⑤」を満たす θ が存在する条件を求めればよく，④，⑤と $\cos^2\theta+\sin^2\theta=1$ より θ を消去すると

$$\dfrac{1}{32}(x+2y)^2 + \dfrac{1}{32}(x-2y)^2 = 1.$$

$$\dfrac{x^2}{16} + \dfrac{y^2}{4} = 1.$$

ただし，③，④，⑤より

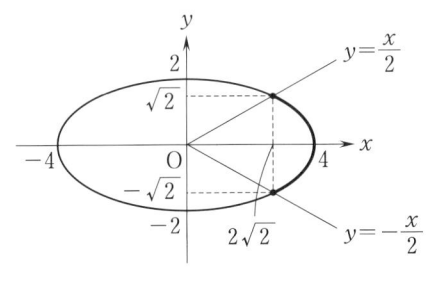

$$x+2y \geqq 0,\ x-2y \geqq 0.\ \text{すなわち，} -\dfrac{1}{2}x \leqq y \leqq \dfrac{1}{2}x.$$

したがって，A の描く図形は，

楕円 $\dfrac{x^2}{16} + \dfrac{y^2}{4} = 1$ の $x \geqq 2\sqrt{2}$ の部分．

> θ を消去することで存在条件を用いたことになります．

> $x \geqq 2\sqrt{2}$ のとき $-\sqrt{2} \leqq y \leqq \sqrt{2}$ となります．

類題 40

円 $x^2+y^2=4$ の上に定点 $\mathrm{A}(2, 0)$ と動点 B，C がある．

B，C が $\angle\mathrm{BAC} = \dfrac{\pi}{3}$ を満たしながら動くとき，三角形 ABC の重心 G の軌跡を求めよ．

(東京学芸大)

問題 41 反転（点の軌跡）

xy 平面上の原点 O とは異なる点 P(x, y) に対して，O を端点とし P を通る半直線上にあり，かつ OP・OQ＝1 となる点 Q(u, v) を対応させる.

(1) u と v を x と y で表せ．また，x と y を u と v で表せ．

(2) 点 P が円 $C : x^2+y^2+2ax+2by+c=0$ $(a^2+b^2-c>0)$ 上を動くときの点 Q の軌跡を求めよ．

(3) 点 P が直線 $l : ax+by+c=0$ $(a^2+b^2 \neq 0)$ 上を動くときの点 Q の軌跡を求めよ．

(神戸商科大 改)

[考え方]

(1) $\overrightarrow{OQ}=k\overrightarrow{OP}$ $(k>0)$, $\overrightarrow{OP}=t\overrightarrow{OQ}$ $(t>0)$
と表せます．k, t を定めればよいですね．

(2), (3) Q の原像 P の存在条件を考えます．

【解答】

(1) 題意より
$$\overrightarrow{OQ}=k\overrightarrow{OP} \quad (k \text{ は正の定数}) \quad \cdots\cdots ①$$
とおけ，$|\overrightarrow{OP}|\cdot|\overrightarrow{OQ}|=1$ であるから ① を代入して
$$k|\overrightarrow{OP}|^2=1. \quad \cdots\cdots ②$$
①，② より
$$\overrightarrow{OQ}=\frac{1}{|\overrightarrow{OP}|^2}\overrightarrow{OP}=\frac{1}{x^2+y^2}\begin{pmatrix}x\\y\end{pmatrix}.$$ 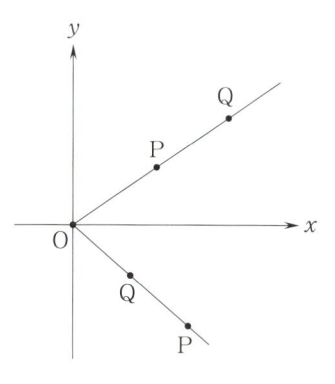
よって
$$u=\frac{x}{x^2+y^2}, \quad v=\frac{y}{x^2+y^2}. \quad \cdots\cdots(*)$$
また，$OP^2=\dfrac{1}{OQ^2}$ より
$$x^2+y^2=\frac{1}{u^2+v^2} \quad \cdots\cdots ③$$
であるから，$(*)$ と ③ より
$$x=\frac{u}{u^2+v^2}, \quad y=\frac{v}{u^2+v^2}. \quad \cdots\cdots(**)$$

⇐ $k=\dfrac{1}{x^2+y^2}=u^2+v^2$ ということです．

(2) $$x^2+y^2+2ax+2by+c=0 \quad \cdots\cdots ④$$
とおく．
「④ かつ $(*)$」すなわち「④ かつ $(**)$」を満たす実数 x, y が存在する条件を求めればよく，④ に $(**)$ を代入して
$$\frac{u^2}{(u^2+v^2)^2}+\frac{v^2}{(u^2+v^2)^2}+2a\frac{u}{u^2+v^2}+2b\frac{v}{u^2+v^2}+c=0.$$
$$c(u^2+v^2)+2au+2bv+1=0. \quad \cdots\cdots ⑤$$

⇐ Q の原像 P の存在条件です．

⇐ $u^2+v^2 \neq 0$ は満たされます．

(i) $c=0$ のとき，⑤ より
$$2au+2bv+1=0.$$

⇐ $c=0$ のとき $a^2+b^2>0$ より $(a, b) \neq (0, 0)$ です．

(ii) $c \neq 0$ のとき，⑤ より
$$\left(u+\frac{a}{c}\right)^2+\left(v+\frac{b}{c}\right)^2=\frac{a^2+b^2-c}{c^2}.$$

よって，Q の軌跡は
$$\begin{cases} \text{直線} \quad 2ax+2by+1=0 \quad (c=0), \\ \text{円} \quad \left(x+\dfrac{a}{c}\right)^2+\left(y+\dfrac{b}{c}\right)^2=\dfrac{a^2+b^2-c}{c^2} \quad (c\neq 0). \end{cases}$$

(3)
$$ax+by+c=0 \quad \cdots\cdots ⑥$$
とおく．

(2)と同様に，⑥ に (**) を代入して
$$\dfrac{au+bv}{u^2+v^2}+c=0$$
$$\iff \begin{cases} c(u^2+v^2)+au+bv=0, \\ u^2+v^2\neq 0. \end{cases} \quad \cdots\cdots ⑦$$

(i) $c=0$ のとき，⑦ より
$$au+bv=0 \quad (a^2+b^2\neq 0).$$

(ii) $c\neq 0$ のとき，⑦ より
$$\left(u+\dfrac{a}{2c}\right)^2+\left(v+\dfrac{b}{2c}\right)^2=\dfrac{a^2+b^2}{4c^2}.$$

よって，Q の軌跡は
$$\begin{cases} \text{直線} \quad ax+by=0 \quad (c=0), \\ \text{円} \quad \left(x+\dfrac{a}{2c}\right)^2+\left(y+\dfrac{b}{2c}\right)^2=\dfrac{a^2+b^2}{4c^2} \quad (c\neq 0). \end{cases}$$
(ただし，原点 O を除く)

(解説)

「原点 O と異なる点 P に対して，O を端点とする半直線 OP 上にあり，OP・OQ＝k（k は正の定数）を満たす点 Q を対応させる」ような対応関係（変換）を **反転** といいます．

(2), (3)の結果から，次の (i)〜(iv) が成り立つことがわかります．

> (i) 原点を通る直線の反転図形は，原点を通る直線．
> (ii) 原点を通らない直線の反転図形は，原点を通る円．
> (iii) 原点を通る円の反転図形は，原点を通らない直線．
> (iv) 原点を通らない円の反転図形は，原点を通らない円．

類題 41

原点を O とする xy 平面上に円 $C:(x-1)^2+y^2=r^2$ $(r>0)$ がある．
C 上の点 P に対して，O を端点とし P を通る半直線上に
$$\text{OP}\cdot\text{OQ}=3$$
を満たす点 Q を定める．P が C 上を動くとき Q が描く曲線を T とする．ただし，$r=1$ のときは P は O に存在することはないとする．

(1) $r=1$ のとき，T の方程式を求めよ．
(2) $r\neq 1$ のとき，T は円であることを示し，その中心と半径を求めよ．

(横浜国立大)

112　第6章　図形と方程式

問題 42 直線に関する対称点の存在する条件

xy 平面上に直線 $l : y = mx$ と放物線 $C : y = x^2 + 4x$ がある．C 上に l に関して対称な相異なる 2 点が存在するような実数 m の値の範囲を求めよ．

(大阪大 [医] 改)

[考え方]

C 上の 2 点 $A(\alpha, \alpha^2 + 4\alpha)$，$B(\beta, \beta^2 + 4\beta)$ $(\alpha \neq \beta)$ が l に関して対称となるための α, β の条件 (*) を求めます．このとき，

「題意を満たす C 上の異なる 2 点が存在する」
$\iff$ 「(*) を満たす実数 α, β $(\alpha \neq \beta)$ が存在する」

です．

⇐ (*) は，解答の (*) です．

【解答】

$m \neq 0$ としてよい．

⇐ $m = 0$ のとき題意の 2 点は存在しません．

C 上の相異なる 2 点 $A(\alpha, \alpha^2 + 4\alpha)$，$B(\beta, \beta^2 + 4\beta)$ $(\alpha \neq \beta)$ が l に関して対称であるための条件は，

$$\begin{cases} \vec{AB} \perp \vec{l} \quad (\vec{l} \text{ は } l \text{ の方向ベクトル}), \\ AB \text{ の中点が } l \text{ 上にある} \end{cases}$$

であり

$$(*) \begin{cases} \begin{pmatrix} \beta - \alpha \\ \beta^2 - \alpha^2 + 4(\beta - \alpha) \end{pmatrix} \cdot \begin{pmatrix} 1 \\ m \end{pmatrix} = 0, \\ \dfrac{(\alpha^2 + 4\alpha) + (\beta^2 + 4\beta)}{2} = m \cdot \dfrac{\alpha + \beta}{2} \end{cases}$$

$$\iff \begin{cases} (\beta - \alpha) + m(\beta - \alpha)\{(\beta + \alpha) + 4\} = 0, & \cdots\cdots ① \\ (\alpha + \beta)^2 + (4 - m)(\alpha + \beta) - 2\alpha\beta = 0. & \cdots\cdots ② \end{cases}$$

$\beta - \alpha \neq 0$ であるから，① より

$$1 + m(\beta + \alpha + 4) = 0.$$

よって

$$\alpha + \beta = -\left(\dfrac{1}{m} + 4\right). \quad \cdots\cdots ③$$

②，③ より

$$\alpha\beta = \dfrac{\alpha + \beta}{2}\{(\alpha + \beta) + 4 - m\}$$

$$= \dfrac{1}{2}\left(\dfrac{1}{m} + 4\right)\left(m + \dfrac{1}{m}\right). \quad \cdots\cdots ④$$

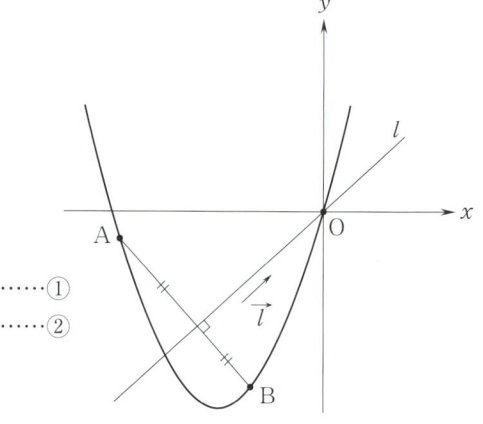

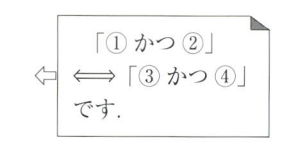

⇐ 「① かつ ②」
$\iff$ 「③ かつ ④」
です．

③，④ より α, β は t の 2 次方程式

$$t^2 + \left(\dfrac{1}{m} + 4\right)t + \dfrac{1}{2}\left(\dfrac{1}{m} + 4\right)\left(m + \dfrac{1}{m}\right) = 0 \quad \cdots\cdots ⑤$$

の 2 解である．

C 上に l に関して対称な相異なる 2 点が存在するための条件は，⑤ が相異なる 2 つの実数解をもつことであり，この条件は

$$\left(\dfrac{1}{m} + 4\right)^2 - 2\left(\dfrac{1}{m} + 4\right)\left(m + \dfrac{1}{m}\right) > 0$$

$$\iff \left(\frac{1}{m}+4\right)\left(\frac{1}{m}+4-2m-\frac{2}{m}\right)>0$$
$$\iff (4m+1)(2m^2-4m+1)<0.$$

⇐ $(-m^2)$ 倍しました．

よって，求める m の値の範囲は

$$m<-\frac{1}{4},\ \frac{2-\sqrt{2}}{2}<m<\frac{2+\sqrt{2}}{2}.$$

(解説)

[考え方] から「① かつ ②」すなわち「③ かつ ④」を満たす相異なる実数の α, β が存在する条件を求めればよいのですが，

> $\alpha+\beta=p,\ \alpha\beta=q$ （p, q は実数の定数）
> を満たす α, β は，2次方程式
> $$t^2-pt+q=0$$
> の2解である．

を利用して簡潔に処理しましょう．

また，
$$(4m+1)(2m^2-4m+1)<0$$
を満たす m については，$Y=(4m+1)(2m^2-4m+1)$ のグラフをかいて求めるのがよいでしょう．

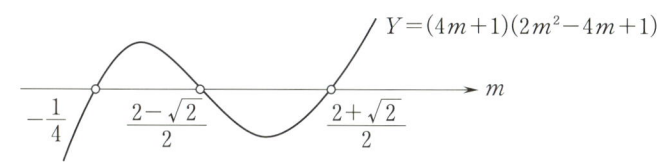

一目瞭然ですね！

なお，$l: y=mx\ (m \neq 0)$ に垂直な直線を $L: y=-\frac{1}{m}x+n$ とすると，題意が成り立つための条件は，

「L と C が相異なる2交点 A, B をもち，線分 AB の中点が l 上にある」

であり，このように考えても解答できます．

類題 42

放物線 $y=x^2$ 上に直線 $y=ax+1$ に関して対称な位置にある異なる2点 P, Q が存在するような実数 a の範囲を求めよ．

(一橋大)

問題 43 1対1対応ではない変換（原像の存在条件）

実数 x, y が $x^2+y^2 \leq 1$ を満たしながら変化する．
(1) $s=x+y$, $t=xy$ とするとき，点 (s, t) の動く範囲を st 平面上に図示せよ．
(2) 負ではない定数 m をとるとき，$xy+m(x+y)$ の最大値，最小値を m を用いて表せ．

（東京工業大）

[考え方]

> x, y が実数値をとって変化するとき，$X=x+y$, $Y=xy$ で定まる点 (X, Y) が存在し得る領域を E とすると，

「点 (X, Y) が点 (X_0, Y_0) に存在できる」

$\iff$ 「$\begin{cases} x+y=X_0 \\ xy=Y_0 \end{cases}$ を満たす実数 x, y が存在する」

$\iff$ 「2次方程式 $u^2-X_0 u+Y_0=0$ が実数解をもつ」

$\iff X_0^2-4Y_0 \geq 0$

ですから，
$$E : Y \leq \frac{1}{4}X^2.$$

【解答】

(1) $x^2+y^2=(x+y)^2-2xy \leq 1$ であるから，$s=x+y$, $t=xy$ について

$$s^2-2t \leq 1. \qquad \cdots\cdots ①$$

また，x, y は 2 次方程式

$$u^2-su+t=0$$

の 2 解であり，点 (s, t) にうつる原像 (x, y) が存在する条件は

$$s^2-4t \geq 0. \qquad \cdots\cdots ②$$

（x, y が実数として定まる条件です．）

①，② より点 (s, t) の動く範囲 E は

$$E : \frac{1}{2}s^2-\frac{1}{2} \leq t \leq \frac{1}{4}s^2$$

であり，下図の網かけ部分である（境界も含む）．

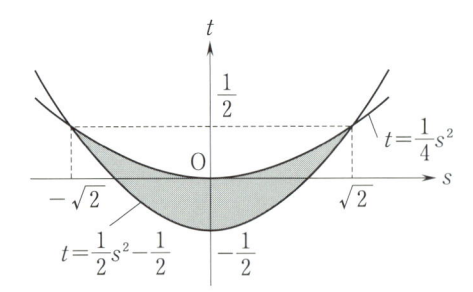

(2) $F=xy+m(x+y)$ とおく．

$s=x+y$, $t=xy$ とするとき，$F=t+ms$ であり，$xy+m(x+y)$ のとり得る値の範囲は，st 平面上で領域 E と直線 $l : t+ms=F$ が共有点をもつような F の範囲に一致する．

$l : t=-ms+F$（ただし，$m \geq 0$）であるから，共有点をもつとき

(i) F が最大になるのは，l が点 $\left(\sqrt{2},\ \dfrac{1}{2}\right)$ を通るとき，

(ii) F が最小になるのは，l が点 $\left(-\sqrt{2},\ \dfrac{1}{2}\right)$ を通るとき，

またば，E の境界 $t=\dfrac{1}{2}s^2-\dfrac{1}{2}\ (-\sqrt{2}\leqq s\leqq \sqrt{2})$ に接するとき

である．

⇐ m による場合分けが必要です．

ここで，$t=\dfrac{1}{2}s^2-\dfrac{1}{2}$ について $\dfrac{dt}{ds}=s$ であり，l と

境界 $t=\dfrac{1}{2}s^2-\dfrac{1}{2}\ (-\sqrt{2}\leqq s\leqq \sqrt{2})$ が接するとき，

⇐ $\dfrac{dt}{ds}=-m$

接点 $(s,\ t)=\left(-m,\ \dfrac{1}{2}m^2-\dfrac{1}{2}\right)$（ただし，$-\sqrt{2}\leqq -m\leqq \sqrt{2}$）

である．

(i) より，
$$\max F=\dfrac{1}{2}+m\sqrt{2}.$$

(ii) より，
$$\min F=\begin{cases}-\dfrac{1}{2}m^2-\dfrac{1}{2} & (0\leqq m\leqq \sqrt{2}), \\ \dfrac{1}{2}-m\sqrt{2} & (m\geqq \sqrt{2}).\end{cases}$$

⇐ $m\geqq 0$ で考えています．

したがって，$xy+m(x+y)$ の

最大値は，$\dfrac{1}{2}+m\sqrt{2}$，

最小値は，$\begin{cases}-\dfrac{1}{2}m^2-\dfrac{1}{2} & (0\leqq m\leqq \sqrt{2}\ \text{のとき}), \\ \dfrac{1}{2}-m\sqrt{2} & (m\geqq \sqrt{2}\ \text{のとき}).\end{cases}$

(解説)

この問題のように，点 $(x,\ y)$ と点 $(s,\ t)$ の対応関係
$$f:(x,\ y)\to (s,\ t)$$
が 1 対 1 ではないとき，一般に，座標平面全体の像は座標平面全体ではありません．

点 $(s,\ t)$ にうつる原像 $(x,\ y)$ の存在条件により制限

されます．点 $(x,\ y)$ が存在するかどうか，すなわち実数 x，y が存在するかどうかの確認が必要であり，
$$s=x+y,\ t=xy$$
になる対応関係では，解答のような 2 次方程式の実数解条件を用いることになります．

(2) は多変数関数の問題ですから，1 文字を固定することでも解答できます．

116 第6章 図形と方程式

【(2)の別解】

点 (s, t) が領域 E を動くとき，$F=t+ms$ の最大値，最小値を求めればよい．

(I) $s\ (-\sqrt{2} \leqq s \leqq \sqrt{2})$ を固定したとき，
$\dfrac{1}{2}s^2-\dfrac{1}{2} \leqq t \leqq \dfrac{1}{4}s^2$ より

$$\dfrac{1}{2}s^2-\dfrac{1}{2}+ms \leqq F \leqq \dfrac{1}{4}s^2+ms.$$

(II) s を $-\sqrt{2} \leqq s \leqq \sqrt{2}$ で変化させると，

(i) $\dfrac{1}{4}s^2+ms=\dfrac{1}{4}(s+2m)^2-m^2$ ⇐ 軸：$s=-2m \leqq 0$

$\qquad \leqq \dfrac{1}{2}+\sqrt{2}\,m.$ （等号成立は，$s=\sqrt{2}$ のとき）

(ii) $\dfrac{1}{2}s^2-\dfrac{1}{2}+ms=\dfrac{1}{2}(s+m)^2-\dfrac{1}{2}m^2-\dfrac{1}{2}$ ⇐ 軸：$s=-m \leqq 0$

$\qquad \geqq \begin{cases} -\dfrac{1}{2}m^2-\dfrac{1}{2} & (-\sqrt{2} \leqq -m \leqq 0),\ （等号成立は，s=-m\ のとき） \\ \dfrac{1}{2}-\sqrt{2}\,m & (-m \leqq -\sqrt{2}).\ （等号成立は，s=-\sqrt{2}\ のとき） \end{cases}$

(I), (II) より

$-\dfrac{1}{2}m^2-\dfrac{1}{2} \leqq t+ms \leqq \dfrac{1}{2}+m\sqrt{2} \quad (0 \leqq m \leqq \sqrt{2})$,

$\dfrac{1}{2}-\sqrt{2}\,m \leqq t+ms \leqq \dfrac{1}{2}+m\sqrt{2} \quad (m \geqq \sqrt{2})$

であり，$F=xy+m(x+y)\ (=t+ms)$ の

最大値は，$\dfrac{1}{2}+m\sqrt{2}$,

最小値は，$\begin{cases} -\dfrac{1}{2}m^2-\dfrac{1}{2} & (0 \leqq m \leqq \sqrt{2}\ のとき), \\ \dfrac{1}{2}-m\sqrt{2} & (m \geqq \sqrt{2}\ のとき). \end{cases}$

類題 43

座標平面上で点 $P(x, y)$ が $|x+y|+|x-y| \leqq 2$ を満たしながら動く．
(1) 点 P の存在する範囲を図示せよ．
(2) 点 $Q(x+y,\ x^2+y^2)$ の存在する範囲を図示せよ．

(関西大［工］)

Note

118　第6章　図形と方程式

問題 44 図形の通過する領域(1)

xy 平面上に，曲線 $K: y=x^2$ $(x>0)$ があり，K 上の点 P を中心とし x 軸に接する円を C とする．

P が K 上を動くとき，C の通過する範囲を図示せよ．

(岐阜大[医] 改)

[考え方]

xy 平面上の曲線 C_t の方程式を
$$f(x, y, t)=0 \quad (t は x, y に無関係な変数)$$
とします．

t が実数全体を動くときの C_t の通過する領域を E とすると
　　「$(x_0, y_0) \in E$」
　$\iff$「$f(x_0, y_0, t)=0$ を満たす実数 t が存在する」
ですから，

> t が実数全体を動くとき曲線 C_t が通過する領域 E は，t の方程式 $f(x, y, t)=0$ が実数解をもつような点 (x, y) の範囲

です．

【解答】

P(t, t^2) $(t>0)$ とおくと，C の方程式は
$$(x-t)^2+(y-t^2)^2=t^4. \quad \cdots\cdots ①$$

C の通過する領域 E は

「① すなわち　$(1-2y)t^2-2xt+x^2+y^2=0$
を満たす実数 t が $t>0$ に存在する」……(∗)
ような点 (x, y) の範囲である．
$$f(t)=(1-2y)t^2-2xt+x^2+y^2$$
とおく．

(i) $1-2y=0$ すなわち $y=\dfrac{1}{2}$ のとき
$$f(t)=-2xt+x^2+\dfrac{1}{4}$$
であるから，(∗) の成り立つ条件は
$$-2x<0 \quad すなわち \quad x>0.$$

(ii) $1-2y>0$ すなわち $y<\dfrac{1}{2}$ のとき
$$f(0)=x^2+y^2 \geqq 0$$
であるから，(∗) の成り立つ条件は
$$\begin{cases} \dfrac{D}{4}=x^2-(1-2y)(x^2+y^2) \geqq 0, \\ \dfrac{x}{1-2y}>0 \end{cases}$$
$$\iff \begin{cases} y\left(x^2+y^2-\dfrac{1}{2}y\right) \geqq 0, \\ x>0 \end{cases}$$

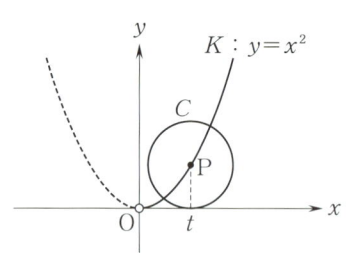

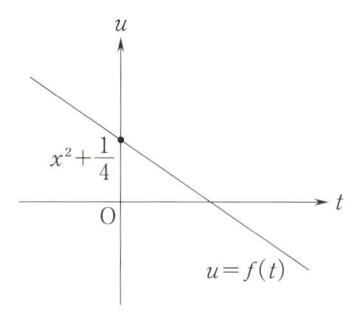

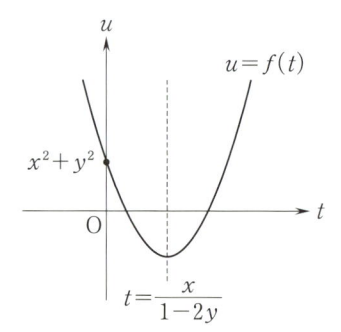

$$\iff \begin{cases} x>0, \ 0\leqq y<\dfrac{1}{2}, \\ x^2+\left(y-\dfrac{1}{4}\right)^2\geqq\dfrac{1}{16}. \end{cases}$$

⇐ $x>0, \ y<0$ のとき
$y\left(x^2+y^2-\dfrac{1}{2}y\right)<0$
です。

(iii) $1-2y<0$ すなわち $y>\dfrac{1}{2}$ のとき
$$f(0)=x^2+y^2>0$$
であるから，(＊)は x に無関係に成り立つ．
したがって，C の通過する領域 E は，下図の斜線部分．

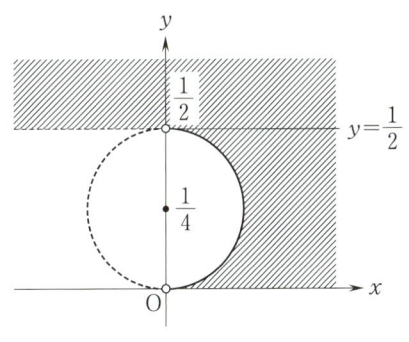

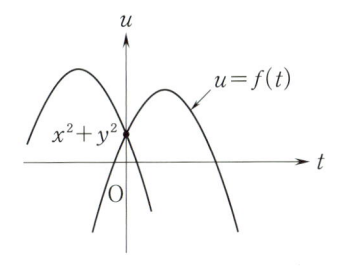

境界は，
$$\begin{cases} 原点，直線 y=\dfrac{1}{2} の x\leqq 0 の部分を含まず, \\ x^2+\left(y-\dfrac{1}{4}\right)^2=\dfrac{1}{16} の x>0, \ y=0 の x>0 の部分を含む. \end{cases}$$

〈研究〉（包絡線）

曲線群 $C_t : f(x, y, t)=0$ （t は x, y に無関係な変数）があり，任意の C_t すべてに接する曲線 h を，曲線群 C_t の**包絡線**といいます．

$f(x, y, t)$ を t で偏微分（x, y を定数，t のみを変数と考えて微分）したものを $f_t(x, y, t)$ で表すとき（特異点を考慮しないでよい大学入試のほとんどの問題において），

> 曲線群 $C_t : f(x, y, t)=0$ の包絡線 h の方程式は
> $$\begin{cases} f_t(x, y, t)=0, \\ f(x, y, t)=0 \end{cases}$$
> から t を消去して得られる $g(x, y)=0$ である

⇐ 証明は大学の知識が必要です．

ことが知られています．

注 実は，$g(x, y)=0$ は
$$C_t : f(x, y, t)=0$$
の特異点の軌跡である可能性もあります．

特異点が何かなど説明しても仕方ないので，皆さんも気にしないで下さい．大学へ入って本格的に学習をすれば，自然に理解できるでしょう．

120 第6章 図形と方程式

例をあげてみましょう．

―(例1)―――――――――――――――――――――
直線群 $l_t: y=2tx+t^2+1$ (t は実数) の包絡線 h_1 を求めよ．

【解】
$$y=2tx+t^2+1 \qquad \cdots\cdots ①$$
の両辺を t で微分すると $0=2x+2t$ であり，これより
$$t=-x. \qquad \cdots\cdots ②$$
② を ① に代入して，直線群 l_t の包絡線 h_1 は
$$h_1: y=-x^2+1.$$

注1

$l_t: y=(t+x)^2-x^2+1$ ですから，これと $y=-x^2+1$ から y を消去すれば $(t+x)^2=0$ であり，重解 $x=-t$ をもちますね．このことからも，l_t は h_1 に接しながら動くことがわかります．

―(例2)―――――――――――――――――――――
曲線群 $C_t: (x-t)^2+(y-t^2)^2=t^4$ (t は実数) の包絡線 h_2 を求めよ．

⇐ 問題44 の C です．

【解】
$(x-t)^2+(y-t^2)^2=t^4$ より
$$(1-2y)t^2-2xt+x^2+y^2=0. \qquad \cdots\cdots ③$$
両辺を t で微分すると
$$2(1-2y)t-2x=0.$$
$y \neq \dfrac{1}{2}$ のとき，
$$t=\dfrac{x}{1-2y}. \qquad \cdots\cdots ④$$

⇐ $y=\dfrac{1}{2}$ のときは除外することになります．

④ を ③ に代入して
$$\dfrac{x^2}{1-2y}-\dfrac{2x^2}{1-2y}+x^2+y^2=0$$
$$\iff y\left(x^2+y^2-\dfrac{1}{2}y\right)=0$$
$$\iff y=0 \text{ または } x^2+\left(y-\dfrac{1}{4}\right)^2=\dfrac{1}{16}.$$
よって，曲線群の包絡線 h_2 は
$$h_2: y=0 \text{ または } x^2+\left(y-\dfrac{1}{4}\right)^2=\dfrac{1}{16} \quad \left(y \neq \dfrac{1}{2}\right).$$

注2

放物線 $y=x^2$ について
$$\begin{cases} 焦点は F\left(0, \dfrac{1}{4}\right), \\ 準線は l: y=-\dfrac{1}{4} \end{cases}$$
です．

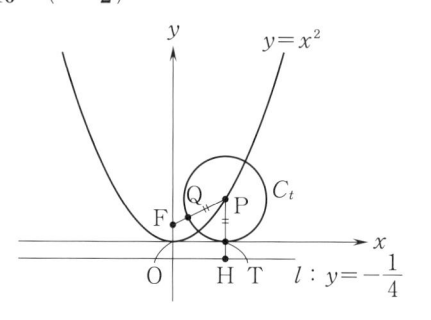

$$\begin{cases} C_t \text{と } x \text{軸との接点を T,} \\ \text{P から } l \text{へ下ろした垂線の足を H,} \\ \text{FP と } C_t \text{の交点を Q} \end{cases}$$

とすると,
$$\begin{aligned} \text{FQ} &= \text{FP} - \text{QP} \quad (\text{放物線の定義より}) \\ &= \text{PH} - \text{QP} \\ &= \text{PH} - \text{PT} \quad (\text{QP} = (C_t \text{の半径}) = \text{PT より}) \\ &= \text{TH} = \frac{1}{4}. \quad (\text{一定}) \end{aligned}$$

このことからも, C_t は F を中心とする半径 $\frac{1}{4}$ の円 $x^2 + \left(y - \frac{1}{4}\right)^2 = \frac{1}{16}$ に接しながら動くことがわかります.

$$\begin{cases} l_t : y = 2tx + t^2 + 1 \ (t \text{ は実数}) \text{ の包絡線 } h_1, \\ C_t : (x-t)^2 + (y-t^2)^2 = t^4 \ (t \text{ は実数}) \text{ の包絡線 } h_2 \end{cases}$$

がわかれば, l_t は h_1 に, C_t は h_2 に接しながら動くのですから, t がすべての実数値を変化するときの l_t, C_t の通過領域が, それぞれ下図の斜線部分になることが予想できます.

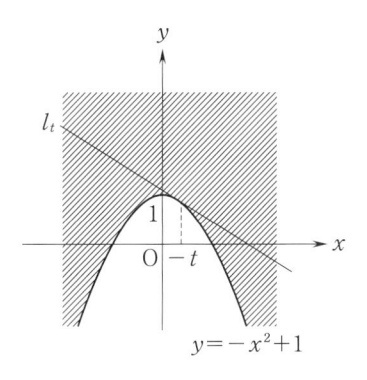

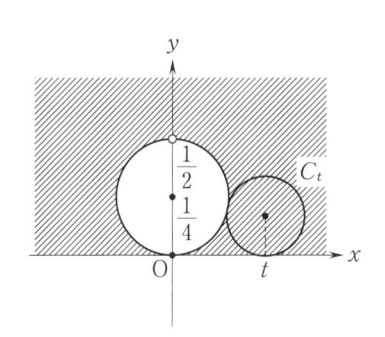

> 類題 **44**
>
> xy 平面上の2つの円 $x^2 + y^2 = 4$, $(x-a)^2 + y^2 = 4$ が交わるとき, 2円の共通弦を直径とする円周を C_a とする. a が $0 < a < 4$ の範囲を動くときの C_a 全体に属する点の存在範囲を図示せよ.
>
> (北海道大 [医])

問題 45 図形の通過する領域（2）

(1) a, b, c は実数の定数とする．三角方程式 $a\cos\theta + b\sin\theta = c$ が実数解 θ をもつために，a, b, c が満たすべき条件を求めよ．

(2) xy 平面上に，円 $C : x^2 + y^2 = 4$ と点 $A(1, 0)$ がある．C 上に点 P をとり，P を通って AP に垂直な直線を l とする．

P が C 上を動くときに l の通過する領域 D を求め，D と C の周および内部との共通部分を図示せよ．

(福井大［医］ 改)

［考え方］

(2)は，(1)の誘導に着目して $P(2\cos\theta, 2\sin\theta)$ とおき処理しましょう．直線 l の方程式を $f(x, y, \theta) = 0$ とすると，問題44と同様に

> θ が実数全体を動くときの直線 l の通過する領域 D は，
> θ の方程式 $f(x, y, \theta) = 0$ が実数解をもつような点 (x, y) の範囲

です．

【解答】

(1) (i) $(a, b) = (0, 0)$ のとき
$a\cos\theta + b\sin\theta = c$ が実数解をもつための条件は，$c = 0$．

(ii) $(a, b) \neq (0, 0)$ のとき
$$\sqrt{a^2 + b^2}\sin(\theta + \alpha) = c \text{ すなわち } \sin(\theta + \alpha) = \frac{c}{\sqrt{a^2 + b^2}}$$

$$\left(\text{ただし，}\cos\alpha = \frac{a}{\sqrt{a^2 + b^2}}, \sin\alpha = \frac{b}{\sqrt{a^2 + b^2}}\right)$$

と変形でき，実数解をもつための条件は，
$$\frac{|c|}{\sqrt{a^2 + b^2}} \leq 1.$$

(i), (ii) より，求める a, b, c の条件は，
$$|c| \leq \sqrt{a^2 + b^2}.$$

(2) P は円 C 上を動くから，
$$P(2\cos\theta, 2\sin\theta) \quad (\theta \text{ は実数})$$
とおける．このとき，l は
$$\overrightarrow{AP} = \begin{pmatrix} 2\cos\theta - 1 \\ 2\sin\theta \end{pmatrix}$$

に垂直であるから，その方程式は，
$$(2\cos\theta - 1)(x - 2\cos\theta) + 2\sin\theta(y - 2\sin\theta) = 0.$$

すなわち
$$2y\sin\theta + (2x + 2)\cos\theta = x + 4. \quad \cdots\cdots ①$$

l の通過する領域 D は，三角方程式 ① が実数解をもつような点 (x, y) の範囲であり，(1) より x, y の満たすべき条件は
$$|x + 4| \leq \sqrt{(2y)^2 + (2x + 2)^2}$$
$$\iff (x + 4)^2 \leq (2y)^2 + (2x + 2)^2$$

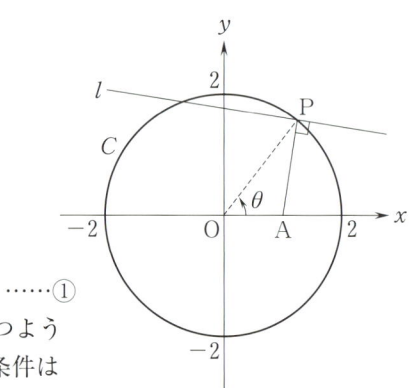

$$\iff 3x^2+4y^2 \geqq 12.$$

よって,
$$D: \frac{x^2}{4}+\frac{y^2}{3} \geqq 1$$

であり,D と C の周および内部との共通部分を図示すると,下図の斜線部分（境界を含む）.

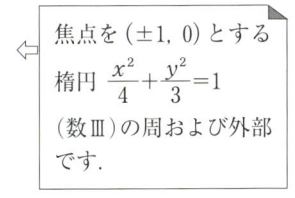

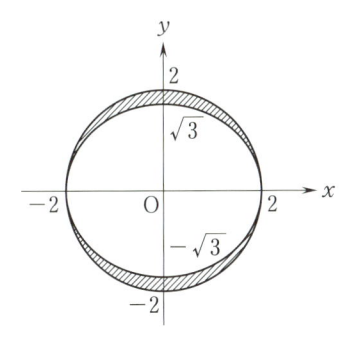

⇐ 焦点を $(\pm 1, 0)$ とする楕円 $\frac{x^2}{4}+\frac{y^2}{3}=1$（数Ⅲ）の周および外部です.

（解説）

l の方程式 ① を求めるとき,

点 $A(x_0, y_0)$ を通りベクトル $\vec{n}=\begin{pmatrix} a \\ b \end{pmatrix}$ に垂直な直線の方程式は
$$a(x-x_0)+b(y-y_0)=0$$

⇐ $\overrightarrow{AP} \perp \vec{n}$ より
$\overrightarrow{AP} \cdot \vec{n} = \begin{pmatrix} x-x_0 \\ y-y_0 \end{pmatrix} \cdot \begin{pmatrix} a \\ b \end{pmatrix} = 0$

を用いました.

l の方程式が得られれば,問題 44 と同じ考え方で処理できます.

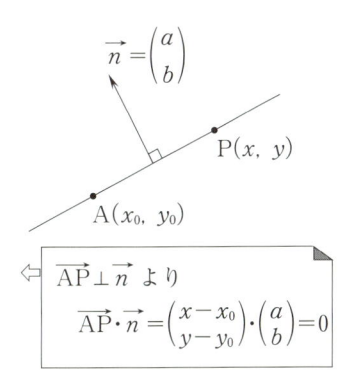

注 (1)を無視して,$P(p, q)$ $(p^2+q^2=4)$ とおき実数 p, q の存在条件を用いることでも解答できます.

類題 45

xy 平面上の直線 $l: y=mx+n$ と,点 $P(-1, 0)$,点 $Q(1, 0)$ との距離をそれぞれ s,t とおくと,$st=1$ が成り立つとする.

(1) m と n が満たす関係式を求めよ.また,その関係式を満たす点 (m, n) 全体を mn 平面上に図示せよ.

(2) m,n が(1)の関係式を満たして動くとき,直線 l の動き得る領域 E を求め,E を図示せよ.

(3) l に対して $st=1$ が成り立つことは,l が 1 つの楕円 C に接していて,かつ y 軸には平行でないことと同値であることを示せ.

(防衛医科大 改)

124 第6章 図形と方程式

問題 46 極と極線♦

xy 平面上に円 $C: x^2+y^2=1$ がある.

(1) 円 C の外部の点 $P(a, b)$ から C に引いた2本の接線の接点を Q, R とする. 直線 QR の方程式を求めよ.

(2) 円 C の内部の原点とは異なる点 $P'(a', b')$ を通る直線 l と C の交点を Q', R' とし, Q', R' における C の接線をそれぞれ l_1, l_2 とする. l が C の直径とはならないように動くとき, l_1 と l_2 の交点 K の軌跡を求めよ.

(京都大　改)

[考え方]

(1)

> 円 $C: x^2+y^2=1$ 上の点 (x_0, y_0) における接線の方程式は
> $x_0 x + y_0 y = 1$

を利用する technical な解法を採ります.

【解答】

(1) $Q(x_1, y_1)$, $R(x_2, y_2)$ とおくと, Q, R における C の接線の方程式はそれぞれ
$$x_1 x + y_1 y = 1, \quad x_2 x + y_2 y = 1.$$
これらは $P(a, b)$ を通るから
$$\begin{cases} ax_1 + by_1 = 1, \\ ax_2 + by_2 = 1. \end{cases}$$
これは直線 $ax+by=1$ が2点 Q, R を通ることを示している.

2点 Q, R を通る直線はただ1つであるから, 求める QR の方程式は
$$ax+by=1.$$

(2) $K(X, Y)$ とおくと, (1)の結果より直線 Q'R' すなわち直線 l の方程式は, $Xx+Yy=1$.
K の軌跡を L とすると,
$(X, Y) \in L$
$\iff$「$l: Xx+Yy=1$ が点 $P'(a', b')$ を通る」
$\iff a'X + b'Y = 1$.
よって, K の軌跡は,
$$直線\ a'x + b'y = 1.$$

(解説)

この問題の解答に用いた解法は, 経験がないと思いつかないのが普通です. 知らなかった場合は習得しておきましょう.

(1)は, 円束の考え方を用いて, 次のようにも解答できます.

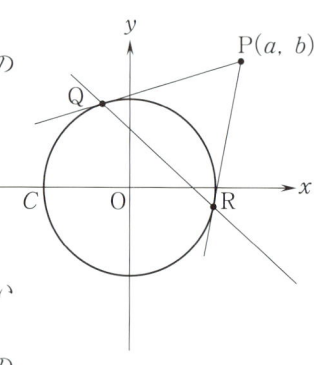

【(1)の別解】

$\angle \text{PQO} = \angle \text{PRO} = \dfrac{\pi}{2}$ であるから，4 点 P，Q，O，R は OP を直径の両端とする円 C_P 上にある．ここで C_P の方程式は，
$$x^2 + y^2 - ax - by = 0. \quad \cdots\cdots ①$$
直線 QR は円 C_P と円 $C : x^2 + y^2 = 1$ ……② の交点を通る直線であるから，②－① より
$$\text{直線 QR} : ax + by = 1.$$

ところで，点 $\text{A}(\alpha, \beta)$ に対する直線 $l_{(\text{A})} : \alpha x + \beta y = 1$ を，極 (A) に対する極線 (l_A) といいます．

$\begin{cases} (1) \text{の直線 QR が，極 P}(a, b) \text{に対する極線，} \\ (2) \text{の K の軌跡 } L \text{ が，極 P}'(a', b') \text{に対する極線} \end{cases}$

となっています．また，

A の極線が B を通れば，B の極線は A を通る ……(∗)

が成り立ちます．

$\left(\begin{array}{l} \text{A}(\alpha, \beta) \text{の極線 } l_{(\text{A})} : \alpha x + \beta y = 1 \text{ が点 B}(\gamma, \delta) \text{ を通るとき，} \\ \qquad \alpha\gamma + \beta\delta = 1. \\ \text{よって，B}(\gamma, \delta) \text{ の極線 } l_{(\text{B})} : \gamma x + \delta y = 1 \text{ は A}(\alpha, \beta) \text{ を通る．} \end{array} \right)$

この問題は (∗) が背景となっています．

さらに，極 $\text{A}(\alpha, \beta)$ と極線 $l_{(\text{A})} : \alpha x + \beta y = 1$ について

(i) $\text{OA} \perp l_{(\text{A})}$，

(ii) O から $l_{(\text{A})}$ へ下ろした垂線の足を A' とすると，
$$\text{OA}' = \dfrac{1}{\sqrt{\alpha^2 + \beta^2}} = \dfrac{1}{\text{OA}}.$$

(iii) 線分 OA を直径の両端とする円を C_A とし，O を通る直線と C_A，$l_{(\text{A})}$ との交点をそれぞれ B，B' とすると，
$$\triangle\text{OAB} \backsim \triangle\text{OB}'\text{A}'$$
であり，(ii) と合わせて
$$\text{OB} \cdot \text{OB}' = \text{OA} \cdot \text{OA}' = 1$$
が成り立ちます．

(iii) の B，B' の対応関係は反転であり，円 C_A の反転図形が極線 $l_{(\text{A})}$ です．

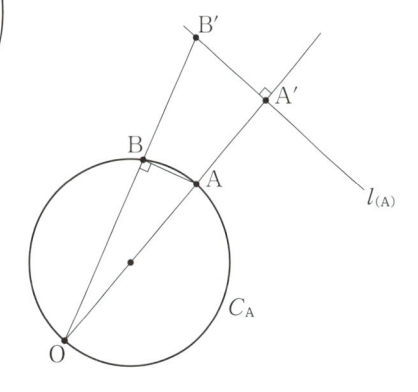

⇐ 問題 41 を参照して下さい．

類題 46

xy 平面上に放物線 $C : y^2 = 4x$ がある．

(1) 点 $\text{P}(p, q)$ $(q^2 > 4p)$ から C に引いた 2 本の接線の接点を Q，R とする．直線 QR の方程式を求めよ．

(2) 点 (s, t) $(t^2 < 4s)$ を通り x 軸に平行ではない直線 l と C の交点を A，B とし，A，B における C の接線をそれぞれ l_1，l_2 とする．

 l が x 軸に平行にならないように動くとき，l_1 と l_2 の交点 K の軌跡を求めよ．

(大分大［医］改)

問題 47 反射と対称移動

∠AOB を直角とする直角三角形 OAB 上で玉突きをする．ただし，各辺では入射角と反射角が等しい完全反射をするものとし，玉の大きさは無視する．

A から打ち出された玉が，各辺に1回ずつ当たって B に達することができるための ∠OAB に関する条件を求めよ．

（名古屋大 改）

[考え方]

下左図のように，A から打ち出された玉が P, Q で反射したとします．このとき，三角形 OAB を OB に関して対称移動した三角形の A に対応する頂点を A′, Q に対応する点を Q′ とします．

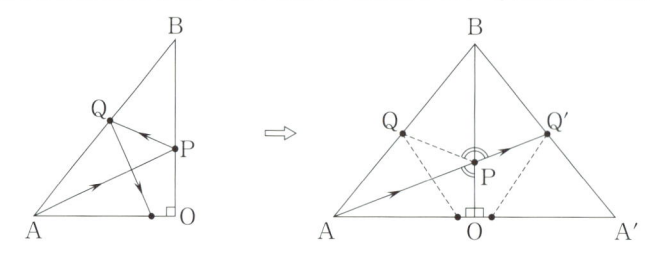

入射角と反射角が等しくなるように反射するから ∠APO＝∠BPQ′ であり，A, P, Q′ は一直線上にあります．

> 光（玉）の反射の問題は，反射する辺に関して対称移動した図形内を光（玉）が直進すると考えて解答

します．

【解答】

$$\begin{cases} 三角形 OAB を OB に関して対称移動した三角形を三角形 OA′B, \\ 三角形 OA′B を A′B に関して対称移動した三角形を三角形 O′A′B, \\ 三角形 O′A′B を O′A′ に関して対称移動した三角形を三角形 O′A′B′ \end{cases}$$

とする．

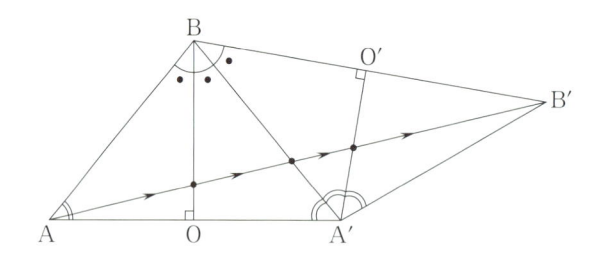

このとき，

∠AA′B′＝3×∠A, ∠ABB′＝3×∠B ……①

であり，4つの三角形からなる平面図形を E とする．

題意が成り立つための条件は

「打ち出された玉が E の内部を直進して点 B′ に達することができる」

⇐ ∠A＝∠OAB, ∠B＝∠OBA です．

すなわち
「直線 AB′ が線分 OB，A′B，O′A′ と両端以外で交わる」 ……(*)
ことである．(*)の条件は
$$\angle AA'B < \pi \text{ かつ } \angle ABB' < \pi. \quad \cdots\cdots ②$$
①，② より
$$\angle A < \frac{\pi}{3} \text{ かつ } \angle B < \frac{\pi}{3}. \left(\text{ただし } \angle A + \angle B = \frac{\pi}{2}\right)$$
したがって，求める $\angle OAB = \angle A$ の条件は
$$\frac{\pi}{6} < \angle OAB < \frac{\pi}{3}.$$

(解説)

(i) $\angle A \geqq \dfrac{\pi}{3}$ のとき

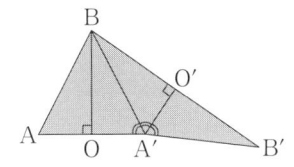

(ii) $\angle B \geqq \dfrac{\pi}{3}$ のとき

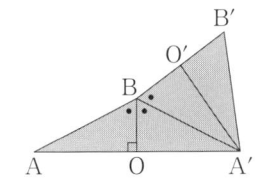

(i)，(ii) いずれにしても (*) は成り立ちませんね．

類題 47

点 P は正方形 ABCD の頂点 A から正方形の内部に向かって出発し，次の3つの規則 (i)，(ii)，(iii) に従って動くとする．

(i) P が正方形の内部にあるときは直進する．
(ii) P が正方形の辺に達した後の P の進み方は，その辺を鏡として光の反射の法則に従う．
(iii) P が正方形の頂点に達したときは，その点で止まる．

P が A から出発する方向が辺 AB となす角を $\theta \left(0 < \theta < \dfrac{\pi}{2}\right)$ とする．

(1) $\tan\theta = 0.3$ のとき，P はどの頂点に止まるか．
(2) P が頂点 B，C，D のそれぞれに止まるために，$\tan\theta$ の値が満たすべき条件をそれぞれ求めよ．
(3) P が頂点 A に止まることがあるか．

(大阪大 [医])

問題 48　1次独立である平面ベクトル(空間ベクトル)の性質

(1) $\vec{0}$ ではない平面ベクトル $\vec{a}$, $\vec{b}$ と実数 x, y, u, v が等式
$$x\vec{a}+y\vec{b}=u\vec{a}+v\vec{b}$$
を満たしている．このとき，次の命題を背理法によって証明せよ．
　$\vec{a}$ と $\vec{b}$ が平行でないならば，$x=u$ かつ $y=v$ である．

(2) 平面上に三角形 ABC と三角形 A'B'C' があり，図のように直線 AA'，BB'，CC' は点 O で交わり，
$$\overrightarrow{OA'}=2\overrightarrow{OA},\ \overrightarrow{OB'}=3\overrightarrow{OB}$$
$$\overrightarrow{OC'}=k\overrightarrow{OC}\ (k\text{ は実数，}k\neq 2,\ k\neq 3)$$
であるとする．このとき
　直線 AB と直線 A'B' の交点を P，
　直線 BC と直線 B'C' の交点を Q，
　直線 CA と直線 C'A' の交点を R，
とする．
　(i) ベクトル $\overrightarrow{OP}$, $\overrightarrow{OQ}$, $\overrightarrow{PQ}$ をそれぞれ $\overrightarrow{OA}$, $\overrightarrow{OB}$, $\overrightarrow{OC}$ を用いて表せ．
　(ii) 3点 P，Q，R は同一直線上にあることを証明せよ．

(東京慈恵会医科大　改)

[考え方]

(I) 平面ベクトル $\vec{a}$, $\vec{b}$ について，$\vec{a}\neq\vec{0}$, $\vec{b}\neq\vec{0}$ かつ $\vec{a}\not\parallel\vec{b}$ のとき
$$\boxed{x\vec{a}+y\vec{b}=x'\vec{a}+y'\vec{b} \iff x=x'\ \text{かつ}\ y=y'}\ (x,\ y,\ x',\ y' \text{ は実数})$$
⇐ $\vec{a}$, $\vec{b}$ は1次独立であるといいます．

これを(1)で証明して，(2)で用います．

(II) $\boxed{\text{「3点 P，Q，R が同一直線上にある」}\iff \text{「}\overrightarrow{PR}=t\overrightarrow{PQ}\ (t\text{ は実数})\text{」}}$
$\iff \overrightarrow{OR}=\overrightarrow{OP}+t\overrightarrow{PQ}\ (t\text{ は実数})$
$\iff \overrightarrow{OR}=(1-t)\overrightarrow{OP}+t\overrightarrow{OQ}\ (t\text{ は実数})$

【解答】

(1) $x\vec{a}+y\vec{b}=u\vec{a}+v\vec{b}$ より
$$(x-u)\vec{a}+(y-v)\vec{b}=\vec{0}.\qquad \cdots\cdots ①$$
$x\neq u$ と仮定すると，①より
$$\vec{a}=\frac{v-y}{x-u}\vec{b}.\qquad \cdots\cdots ②$$
(i) $v-y=0$ の場合，②より，$\vec{a}=\vec{0}$．これは $\vec{a}\neq\vec{0}$ に矛盾．
(ii) $v-y\neq 0$ の場合，②より，$\vec{a}\parallel\vec{b}$．これは $\vec{a}\not\parallel\vec{b}$ に矛盾．
　よって，$x=u$ であり，①より
$$(y-v)\vec{b}=\vec{0}.$$
$\vec{b}\neq\vec{0}$ より，$y-v=0$．
以上により，$\vec{a}$ と $\vec{b}$ が平行でないならば，
$$x\vec{a}+y\vec{b}=u\vec{a}+v\vec{b} \implies x=u\ \text{かつ}\ y=v.$$

⇐ 逆は明らか．

(2) P は AB 上，A'B' 上にあるから
$$\overrightarrow{OP}=(1-s)\overrightarrow{OA}+s\overrightarrow{OB}\ (s\text{ は実数}),\qquad \cdots\cdots ③$$
$$\overrightarrow{OP}=(1-t)\overrightarrow{OA'}+t\overrightarrow{OB'}$$

⇐ $\overrightarrow{OA'}=2\overrightarrow{OA}$, $\overrightarrow{OB'}=3\overrightarrow{OB}$

$$=2(1-t)\vec{OA}+3t\vec{OB} \quad (t \text{ は実数}) \quad \cdots\cdots ④$$

と表せ，$\vec{OA}$，$\vec{OB}$ は 1 次独立であるから，③，④ より

$$\begin{cases} 1-s=2-2t, \\ s=3t. \end{cases} \quad \therefore \quad \begin{cases} s=-3, \\ t=-1. \end{cases}$$

よって，③ より

$$\vec{OP}=4\vec{OA}-3\vec{OB}. \quad \cdots\cdots ⑤$$

同様に，Q は BC 上，B'C' 上にあるから

$$\vec{OQ}=(1-s')\vec{OB}+s'\vec{OC} \quad (s' \text{ は実数}).$$
$$\vec{OQ}=(1-t')\vec{OB'}+t'\vec{OC'}=3(1-t')\vec{OB}+kt'\vec{OC} \quad (t' \text{ は実数})$$

と表せ，$\vec{OB}$，$\vec{OC}$ は 1 次独立であるから，

$$\begin{cases} 1-s'=3-3t', \\ s'=kt'. \end{cases} \quad \therefore \quad \begin{cases} s'=\dfrac{2k}{3-k}, \\ t'=\dfrac{2}{3-k}. \end{cases}$$

⇐ $k \neq 3$ です．

よって，

$$\vec{OQ}=\dfrac{3-3k}{3-k}\vec{OB}+\dfrac{2k}{3-k}\vec{OC}. \quad \cdots\cdots ⑥$$

同様に考えて，

$$\vec{OR}=\dfrac{k}{2-k}\vec{OC}+\dfrac{2-2k}{2-k}\vec{OA}. \quad \cdots\cdots ⑦$$

⑤ と ⑥，⑤ と ⑦ より

$$\vec{PQ}=\vec{OQ}-\vec{OP}=-4\vec{OA}+\dfrac{12-6k}{3-k}\vec{OB}+\dfrac{2k}{3-k}\vec{OC}. \quad \cdots\cdots ⑧$$

(ii) $\vec{PR}=\vec{OR}-\vec{OP}=\dfrac{2k-6}{2-k}\vec{OA}+3\vec{OB}+\dfrac{k}{2-k}\vec{OC}. \quad \cdots\cdots ⑨$

⑧，⑨ より

$$\vec{PR}=\dfrac{3-k}{2(2-k)}\vec{PQ} \quad (k \neq 2, \; k \neq 3)$$

であり，P，Q，R は同一直線上にある．

〈参考〉(2) は「**デザルグの定理**」と呼ばれます．

類題 48

四面体 OABC において，三角形 AOC，三角形 BOC はともに鋭角三角形とし，G，H をそれぞれの外心とする．また，M を辺 OC の中点とし，$\angle AOC=\alpha$，$\angle BOC=\beta$ とする．さらに，

$$OA=a, \; OB=b, \; OC=c, \; \vec{OA}=\vec{a}, \; \vec{OB}=\vec{b}, \; \vec{OC}=\vec{c},$$
$$\vec{MG}=p(\vec{a}+q\vec{c}), \; \vec{MH}=r(\vec{b}+s\vec{c}) \quad (p, q, r, s \text{ は実数の定数})$$

と表す．ただし，三角形の外心とはその三角形の外接円の中心のことであり，各辺の垂直二等分線の交点である．

(1) 3 つの実数の定数 l, m, n に対して，$l\vec{a}+m\vec{b}+n\vec{c}=\vec{0}$（零ベクトル）が成立するならば $l=m=n=0$ であることを示せ．

(2) GH // AB である条件は $p=r$ かつ $q=s$ であることを示せ．

(3) p, q を a, c, α を用いて表せ．また，r, s を b, c, β を用いて表せ．

(4) GH // AB であるのは三角形 AOC と三角形 BOC がどのような条件を満たすときか．

(滋賀医科大)

問題 49 ベクトルの内積と平面図形

三角形 ABC に内接する円の半径は 1 であり，中心を O とする．
3辺 BC，CA，AB と内接する円との接点をそれぞれ P，Q，R とすると，$\overrightarrow{OQ}$ と $\overrightarrow{OR}$ のなす角は $\frac{2}{3}\pi$ であり，
$$7\overrightarrow{OP}+3\overrightarrow{OQ}+t\overrightarrow{OR}=\vec{0} \quad (t \text{ は実数}) \quad \cdots\cdots(*)$$
が成り立つものとする．

(1) t の値を求めよ．
(2) $\overrightarrow{OR}$ と $\overrightarrow{OP}$ のなす角を α，$\overrightarrow{OP}$ と $\overrightarrow{OQ}$ のなす角を β とおくとき，$\tan\frac{\alpha}{2}$，$\tan\frac{\beta}{2}$ の値をそれぞれ求めよ．
(3) 三角形 ABC の周の長さ，三角形 ABC の面積を求めよ．

(浜松医科大　改)

【解答】

題意より
$$|\overrightarrow{OP}|=|\overrightarrow{OQ}|=|\overrightarrow{OR}|=1, \quad \cdots\cdots①$$
$$\overrightarrow{OQ}\cdot\overrightarrow{OR}=|\overrightarrow{OQ}||\overrightarrow{OP}|\cos\frac{2}{3}\pi=-\frac{1}{2}. \quad \cdots\cdots②$$

(1) (*) より
$$7|\overrightarrow{OP}|=|3\overrightarrow{OQ}+t\overrightarrow{OR}|.$$
両辺を2乗すると
$$49|\overrightarrow{OP}|^2=9|\overrightarrow{OQ}|^2+6t\overrightarrow{OQ}\cdot\overrightarrow{OR}+t^2|\overrightarrow{OR}|^2.$$
①，② より
$$49=9-3t+t^2 \quad \text{すなわち} \quad (t-8)(t+5)=0.$$
ここで，三角形 ABC の内心 O は，三角形 PQR の内部にあるので，(*) から $t>0$ であり，
$$t=8.$$

(2) (*) より
$$8\overrightarrow{OR}+7\overrightarrow{OP}=-3\overrightarrow{OQ}.$$
よって，$|8\overrightarrow{OR}+7\overrightarrow{OP}|=3|\overrightarrow{OQ}|$ であり，両辺を2乗して
$$64|\overrightarrow{OR}|^2+112\overrightarrow{OR}\cdot\overrightarrow{OP}+49|\overrightarrow{OP}|^2=9|\overrightarrow{OQ}|^2.$$
①，② と $\overrightarrow{OR}\cdot\overrightarrow{OP}=|\overrightarrow{OR}||\overrightarrow{OP}|\cos\alpha=\cos\alpha$ より
$$64+112\cos\alpha+49=9.$$
したがって，$\cos\alpha=-\dfrac{13}{14}$ であり，
$$\tan^2\frac{\alpha}{2}=\frac{1-\cos\alpha}{1+\cos\alpha}=27.$$
$0<\alpha<\pi$ より，$\tan\dfrac{\alpha}{2}>0$ であり，
$$\tan\frac{\alpha}{2}=3\sqrt{3}.$$

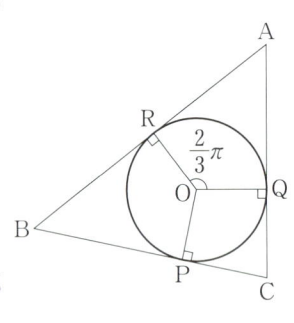

⇐ $\tan^2\dfrac{\alpha}{2}=\dfrac{\sin^2\frac{\alpha}{2}}{\cos^2\frac{\alpha}{2}}=\dfrac{\frac{1}{2}(1-\cos\alpha)}{\frac{1}{2}(1+\cos\alpha)}$

また，(*) より
$$|7\overrightarrow{OP}+3\overrightarrow{OQ}|=8|\overrightarrow{OR}|$$
であり，同様に考えて
$$\cos\beta=\frac{1}{7}, \quad \tan^2\frac{\beta}{2}=\frac{1-\cos\beta}{1+\cos\beta}=\frac{3}{4}.$$
$0<\beta<\pi$ より，$\tan\frac{\beta}{2}>0$ であり
$$\tan\frac{\beta}{2}=\frac{\sqrt{3}}{2}.$$

(3) (2)の結果より
$$\begin{cases} BR=BP=\tan\frac{\alpha}{2}=3\sqrt{3}, \\ CP=CQ=\tan\frac{\beta}{2}=\frac{\sqrt{3}}{2}. \end{cases}$$
また，$AQ=AR=\tan\frac{\pi}{3}=\sqrt{3}$.
よって，周の長さ L は
$$L=2(BP+CQ+AR)=\boldsymbol{9\sqrt{3}}.$$
また，三角形の面積 S は
$$S=\frac{1}{2}OP\cdot BC+\frac{1}{2}OQ\cdot CA+\frac{1}{2}OR\cdot AB$$
$$=\frac{1}{2}(BC+CA+AB)=\frac{1}{2}L$$
$$=\boldsymbol{\frac{9\sqrt{3}}{2}}.$$

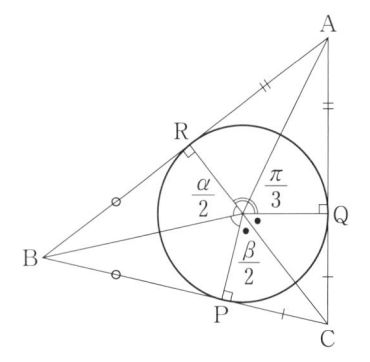

(解説)
「O が三角形 PQR の内部にある」
$\iff$ 「$\overrightarrow{PO}=m\overrightarrow{PQ}+n\overrightarrow{PR}$ ($m>0$, $n>0$, $m+n<1$)」
$\iff$ 「$(1-m-n)\overrightarrow{OP}+m\overrightarrow{OQ}+n\overrightarrow{OR}=\vec{0}$ ($m>0$, $n>0$, $m+n<1$)」
ですから，
$$\begin{cases} \text{O が三角形 PQR の内部にある,} \\ l'\overrightarrow{OP}+m'\overrightarrow{OQ}+n'\overrightarrow{OR}=\vec{0} \text{ が成り立つ} \end{cases}$$
ならば，l', m', n' は同符号です．よって，(*) より $t>0$ です．

類題 49

三角形 OAB において，$OA=1$，$OB=m$ ($m>0$)，$\angle AOB=\frac{\pi}{3}$ とする．また，$\overrightarrow{OA}=\vec{a}$，$\overrightarrow{OB}=\vec{b}$ とおく．

(1) 頂点 B から直線 OA に下ろした垂線と OA の交点を C とするとき，$\overrightarrow{OC}$ を $\vec{a}$ と m を用いて表せ．

(2) 三角形の各頂点から対辺またはその延長に下ろした垂線は 1 点で交わり，この交点は三角形の垂心と呼ばれる．
三角形 OAB の垂心を T とするとき，$\overrightarrow{OT}$ を $\vec{a}$，$\vec{b}$ と m を用いて表せ．

(3) 三角形 OAB の垂心と重心が一致するための必要十分条件は，三角形 OAB が正三角形であることを示せ．

(広島大 [理] 改)

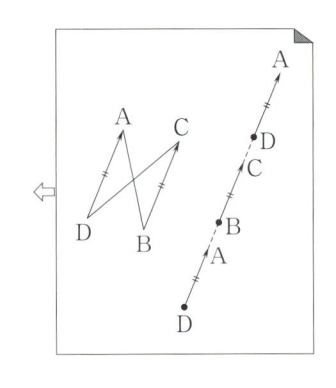

問題 50 ベクトルの内積で定義された図形の決定

(1) 平面上の三角形 ABC において
$$\vec{AB}\cdot\vec{BC}=\vec{BC}\cdot\vec{CA}=\vec{CA}\cdot\vec{AB}$$
が成り立つとき，三角形 ABC は正三角形であることを示せ．

(2) 平面上の四角形 ABCD の内角はいずれも π より小とする．
$$\vec{AB}\cdot\vec{BC}=\vec{BC}\cdot\vec{CD}=\vec{CD}\cdot\vec{DA}=\vec{DA}\cdot\vec{AB}$$
が成り立つとき，四角形 ABCD は長方形であることを示せ．

(群馬大 [医])

[考え方]

(1) AB=AC かつ $\angle BAC=\dfrac{\pi}{3}$，または AB=BC=CA を示します．

(2) 四角形 ABCD が，平行四辺形 かつ $\angle ABC=\dfrac{\pi}{2}$ を示します．

【解答】

(1) 条件より
$$\vec{AB}\cdot(\vec{AC}-\vec{AB})=(\vec{AC}-\vec{AB})\cdot(-\vec{AC})=(-\vec{AC})\cdot\vec{AB}.$$
よって
$$|\vec{AB}|^2=|\vec{AC}|^2=2\vec{AB}\cdot\vec{AC}$$
であり，
$$\cos(\angle BAC)=\frac{\vec{AB}\cdot\vec{AC}}{|\vec{AB}||\vec{AC}|}=\frac{1}{2}.$$
したがって
$$AB=AC \text{ かつ } \angle BAC=\frac{\pi}{3}$$
であり，三角形 ABC は正三角形である．

> 平面ベクトルの問題は，2つの1次独立なベクトルで表現する

ことが基本です．この問題なら
$$\vec{AB},\ \vec{AC}$$
です．

(2) 条件より，
$$\begin{cases}\vec{AB}\cdot(\vec{BC}-\vec{DA})=0,\\ \vec{CD}\cdot(\vec{BC}-\vec{DA})=0.\end{cases}$$
ここで，$\vec{BC}-\vec{DA}=\vec{0}$ と仮定すると，
$$\vec{BC}=\vec{DA}.$$
このとき，AB，CD は共有点をもち，4点 A，B，C，D が四角形 ABCD を作ることに矛盾する．

よって，$(\vec{BC}-\vec{DA})\neq\vec{0}$ であり，
$$\begin{cases}\vec{AB}\perp(\vec{BC}-\vec{DA}),\\ \vec{CD}\perp(\vec{BC}-\vec{DA}).\end{cases}$$
すなわち，
$$AB \mathbin{/\!/} CD. \qquad \cdots\cdots ①$$
同様に考えて，
$$BC \mathbin{/\!/} DA. \qquad \cdots\cdots ②$$
①，②より

四角形 ABCD は平行四辺形である． ……(*)
よって，$\vec{AD}=\vec{BC}$ であり
$\vec{AB}\cdot\vec{BC}=\vec{DA}\cdot\vec{AB}$ すなわち $\vec{AB}\cdot(\vec{BC}+\vec{AD})=0$
に代入して
$$\vec{AB}\cdot\vec{BC}=0.$$
したがって
$$AB\perp BC \qquad \cdots\cdots(**)$$
であり，(*),(**) より
四角形 ABCD は長方形である．

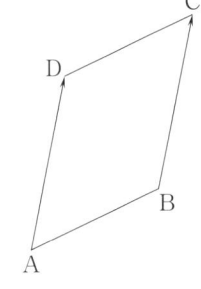

【(1)の別解】
条件より
$$\begin{cases} \vec{BC}\cdot(\vec{AB}-\vec{CA})=0, \\ \vec{CA}\cdot(\vec{BC}-\vec{AB})=0 \end{cases}$$
$$\iff \begin{cases} (\vec{AC}-\vec{AB})\cdot(\vec{AC}+\vec{AB})=0, \\ (\vec{BA}-\vec{BC})\cdot(\vec{BA}+\vec{BC})=0 \end{cases}$$
$$\iff \begin{cases} |\vec{AC}|^2-|\vec{AB}|^2=0, \\ |\vec{BA}|^2-|\vec{BC}|^2=0. \end{cases}$$
よって，$|\vec{AB}|=|\vec{BC}|=|\vec{CA}|$ であり
三角形 ABC は正三角形である．

(解説)
(2) 四角形 ABCD という表現は，4点 A, B, C, D, の位置関係が右図のようであるということを暗黙に含んでいます．
よって，
$$\vec{AD}=\vec{AB}+\vec{BC}+\vec{CD} \qquad \cdots\cdots(※)$$
などが成り立ち，(※)を利用して四角形 ABCD が平行四辺形を示すこともできます．
なお，
$$\angle DAB=\alpha,\ \angle ABC=\beta,\ \angle BCD=\gamma,\ \angle CDA=\delta$$
とおくと，条件式より
$$\cos\alpha=\cos\beta=\cos\gamma=\cos\delta=0 \quad (0<\alpha,\ \beta,\ \gamma,\ \delta<\pi)$$
を導くことができ，上式からも四角形 ABCD が長方形であることがわかります．

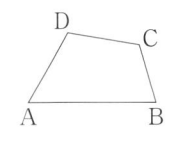

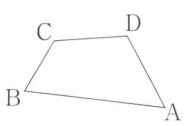

類題 50

平面上の四角形 ABCD を考える．
(1) 四角形 ABCD が長方形であるとき，この平面上の任意の点 P に対して
$$PA^2+PC^2=PB^2+PD^2$$
が成り立つことを証明せよ．
(2) この平面上の任意の点 P に対して
$$PA^2+PC^2=PB^2+PD^2$$
が成り立つならば，四角形 ABCD は長方形であることを証明せよ．

(信州大 [医])

134 第7章 ベクトル・空間図形

問題 51 ベクトル表示された動点の存在範囲（円のベクトル方程式）

平面上に2定点 A，B があり AB 間の距離は5とする．
動点 P は点 A を中心とする半径1の円周 C_1 上を動き，動点 Q は点 B を中心とする半径2の円周 C_2 上を動くものとする．このとき
$$\overrightarrow{OR} = \frac{1}{2}(\overrightarrow{OP} + \overrightarrow{OQ})$$
で表される点 R が動き得る範囲を図示し，その面積を求めよ．

(岡山大［医］)

[考え方]

独立に2つ以上のものが動くときは，1つを固定して考える

のが定法です．この問題では，P（または Q）を固定して，Q（または P）が動くときの R の動く範囲を調べます．

【解答】

(I) Q を固定したとき，
P は A を中心とする半径1の円周 C_1 上を動くから 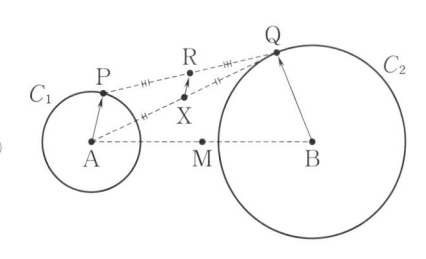
$$|\overrightarrow{AP}| = 1. \quad \cdots\cdots ①$$
また
$$\overrightarrow{OR} = \frac{1}{2}(\overrightarrow{OP} + \overrightarrow{OQ}) = \frac{1}{2}(\overrightarrow{OA} + \overrightarrow{AP} + \overrightarrow{OQ})$$
$$= \frac{1}{2}(\overrightarrow{OA} + \overrightarrow{OQ}) + \frac{1}{2}\overrightarrow{AP}. \quad \cdots\cdots ②$$

AQ の中点を X とすると
$$\overrightarrow{OX} = \frac{1}{2}(\overrightarrow{OA} + \overrightarrow{OQ}) \quad \cdots\cdots ③$$

であるから，②，③ より，
$$\overrightarrow{OR} = \overrightarrow{OX} + \frac{1}{2}\overrightarrow{AP} \quad \text{すなわち} \quad \overrightarrow{XR} = \frac{1}{2}\overrightarrow{AP}.$$

よって
$$|\overrightarrow{XR}| = \frac{1}{2}|\overrightarrow{AP}| = \frac{1}{2} \quad (① より)$$

であり，点 R は X を中心とする半径 $\frac{1}{2}$ の円 C_X 上を動く．

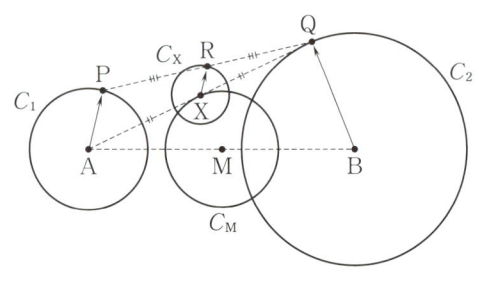

⇐ (解説) を参照して下さい．

⇐ ① を利用できる形に変形します．

(II) Q を動かしたとき（点 X の動きを調べる）．
Q は B を中心とする半径2の円周 C_2 上を動くから
$$|\overrightarrow{BQ}| = 2. \quad \cdots\cdots ④$$

③ より
$$\overrightarrow{OX} = \frac{1}{2}(\overrightarrow{OA} + \overrightarrow{OB} + \overrightarrow{BQ}) = \frac{1}{2}(\overrightarrow{OA} + \overrightarrow{OB}) + \frac{1}{2}\overrightarrow{BQ}. \quad \cdots ⑤$$

ABの中点をMとすると，$\overrightarrow{OM}=\frac{1}{2}(\overrightarrow{OA}+\overrightarrow{OB})$ であるから，⑤より

$$\overrightarrow{OX}=\overrightarrow{OM}+\frac{1}{2}\overrightarrow{BQ} \quad \text{すなわち} \quad \overrightarrow{MX}=\frac{1}{2}\overrightarrow{BQ}.$$

これより，

$$|\overrightarrow{MX}|=\frac{1}{2}|\overrightarrow{BQ}|=1. \quad (\text{④より})$$

よって，X は M を中心とする半径 1 の円 C_M 上を動く．

(I), (II) より，X が円 C_M 上を動くとき，円 C_X の通過する範囲 E が点 R の動き得る範囲である．

図示すれば右図の斜線部分であり，M を中心とする半径 $\frac{1}{2}$ の円と半径 $\frac{3}{2}$ の円に囲まれた円環である．また，求める E の面積は，

$$\left(\frac{3}{2}\right)^2\pi-\left(\frac{1}{2}\right)^2\pi=\boldsymbol{2\pi}.$$

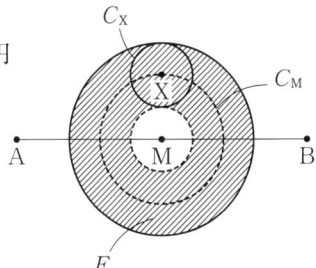

(解説)

解答では，点 Q を固定したときの点 R の軌跡 C_X を求める手段として，点 P が $|\overrightarrow{AP}|=1$ を満たすこと（すなわち R の原像 P が C_1 上に存在すること）を用いました．厳密に"存在条件"を確認すれば

「R $\in C_X$」

$\iff$ 「$\overrightarrow{OR}=\frac{1}{2}(\overrightarrow{OP}+\overrightarrow{OQ})=\frac{1}{2}(\overrightarrow{OA}+\overrightarrow{AP}+\overrightarrow{OQ})$

を満たす P が円 C_1 上に存在する」

$\iff$ 「$\overrightarrow{OR}=\overrightarrow{OX}+\frac{1}{2}\overrightarrow{AP}$ かつ $|\overrightarrow{AP}|=1$ を満たす P が存在する」

$\iff$ 「$|\overrightarrow{OR}-\overrightarrow{OX}|=\frac{1}{2}$ すなわち $|\overrightarrow{XR}|=\frac{1}{2}$」

⇐ 点 X の軌跡 C_M についてもまったく同様です．

となります．しかし，このようなベクトルの問題では解答のようにサラッと記述しておけば十分です．むしろ，何の変形もすることなく

> $|\overrightarrow{AP}|=1$ のとき，
>
> $\overrightarrow{OR}=\frac{1}{2}(\overrightarrow{OA}+\overrightarrow{OQ})+\frac{1}{2}\overrightarrow{AP}$ （Q は固定）
>
> で定められる点 R の軌跡は，
>
> AQ の中点 X を中心とする半径 $\frac{1}{2}$ の円．

⇐ C_1 を $\frac{1}{2}(\overrightarrow{OA}+\overrightarrow{OQ})$ だけ平行移動し，$\frac{1}{2}$ 倍に縮小するということ．

と判断できるようになることが大切であり，センター試験などにおいては，このように考えて問題を処理すべきです．

類題 51

O を原点とする座標平面において，点 P は 3 点 (0, 1), (1, 0), (2, 0) を頂点とする三角形の周および内部を，点 Q は点 (−1, 0) を中心とする半径 1 の円の周および内部を動くとする．このとき，$\overrightarrow{OR}=2\overrightarrow{OP}+\overrightarrow{OQ}$ で定まる点 R がつくる図形の面積を求めよ．

(岐阜大 [教])

問題 52 球面のベクトル方程式

a, b, c を 0 でない実数として,座標空間内に 3 点 $A(a, 0, 0)$, $B(0, b, 0)$, $C(0, 0, c)$ をとる.

空間内の点 P は,$\overrightarrow{AP} \cdot (\overrightarrow{BP} + 2\overrightarrow{CP}) = 0$ を満たしながら動くとする.

(1) 点 P はある定点 Q から一定の距離にあることを示せ.
(2) (1) の定点 Q は 3 点 A, B, C を通る平面上にあることを示せ.
(3) 四面体 ABCP の体積の最大値を求めよ.

(九州大 [医] 改)

[考え方]

(1) ベクトル方程式を満たす点 P の位置,軌跡を求めるときは,"未知の点 P を 1 つにまとめる" ことを考えます.

(2) $\triangle ABC = \dfrac{1}{2}\sqrt{|\overrightarrow{AB}|^2|\overrightarrow{AC}|^2 - (\overrightarrow{AB} \cdot \overrightarrow{AC})^2}$ を利用します.

【解答】

$O(0, 0, 0)$ とすると,
$$\overrightarrow{OA} \cdot \overrightarrow{OB} = \overrightarrow{OB} \cdot \overrightarrow{OC} = \overrightarrow{OC} \cdot \overrightarrow{OA} = 0. \quad \cdots\cdots ①$$

(1) $\overrightarrow{AP} \cdot (\overrightarrow{BP} + 2\overrightarrow{CP})$
$= (\overrightarrow{OP} - \overrightarrow{OA}) \cdot (3\overrightarrow{OP} - \overrightarrow{OB} - 2\overrightarrow{OC})$
$= 3|\overrightarrow{OP}|^2 - (3\overrightarrow{OA} + \overrightarrow{OB} + 2\overrightarrow{OC}) \cdot \overrightarrow{OP}$ (① より)
$= 3\left|\overrightarrow{OP} - \dfrac{3\overrightarrow{OA} + \overrightarrow{OB} + 2\overrightarrow{OC}}{6}\right|^2 - 3\left|\dfrac{3\overrightarrow{OA} + \overrightarrow{OB} + 2\overrightarrow{OC}}{6}\right|^2$

であるから,
$$\overrightarrow{OQ} = \dfrac{3\overrightarrow{OA} + \overrightarrow{OB} + 2\overrightarrow{OC}}{6}$$

とおくと,Q は定点であり,
$\overrightarrow{AP} \cdot (\overrightarrow{BP} + 2\overrightarrow{CP}) = 0$
$\iff |\overrightarrow{OP} - \overrightarrow{OQ}|^2 = |\overrightarrow{OQ}|^2$
$\iff |\overrightarrow{QP}| = |\overrightarrow{OQ}|.$

⇐ $Q\left(\dfrac{a}{2}, \dfrac{b}{6}, \dfrac{c}{3}\right)$ です.

よって,
点 P は点 Q を中心とする半径 $|\overrightarrow{OQ}|$ の球面上を動く.
すなわち
点 P は定点 Q から一定の距離にある.

(2) (1) より
$$\overrightarrow{OQ} = \dfrac{3}{6}\overrightarrow{OA} + \dfrac{1}{6}\overrightarrow{OB} + \dfrac{2}{6}\overrightarrow{OC}$$
$$\iff \overrightarrow{AQ} = \dfrac{1}{6}\overrightarrow{AB} + \dfrac{1}{3}\overrightarrow{AC}.$$

よって,点 Q は平面 ABC 上にある.

⇐ $\dfrac{3}{6} + \dfrac{1}{6} + \dfrac{2}{6} = 1$ ですから,Q は平面 ABC 上にあります.

(3) 四面体の体積を V, P から平面 ABC に下ろした垂線の足を H とすると,
$$V = \frac{1}{3} \cdot \triangle \text{ABC} \cdot \text{PH}.$$
点 Q が平面 ABC 上にあるから, H＝Q のとき PH は最大であり, 右図のように P_0 を定めれば,
$$\text{PH} \leqq \text{P}_0\text{Q}.$$
ここで
$$\text{P}_0\text{Q} = |\overrightarrow{\text{OQ}}| = \frac{1}{6}\sqrt{|3\overrightarrow{\text{OA}} + \overrightarrow{\text{OB}} + 2\overrightarrow{\text{OC}}|^2}$$
$$= \frac{1}{6}\sqrt{9|\overrightarrow{\text{OA}}|^2 + |\overrightarrow{\text{OB}}|^2 + 4|\overrightarrow{\text{OC}}|^2} \quad (\text{①より})$$
$$= \frac{1}{6}\sqrt{9a^2 + b^2 + 4c^2},$$
$$\triangle \text{ABC} = \frac{1}{2}\sqrt{|\overrightarrow{\text{AB}}|^2|\overrightarrow{\text{AC}}|^2 - (\overrightarrow{\text{AB}} \cdot \overrightarrow{\text{AC}})^2}$$
$$= \frac{1}{2}\sqrt{(a^2+b^2)(a^2+c^2) - a^4}$$
$$= \frac{1}{2}\sqrt{a^2b^2 + b^2c^2 + c^2a^2}$$
であるから, V の最大値は
$$\frac{1}{3} \cdot \triangle \text{ABC} \cdot \text{P}_0\text{Q} = \frac{1}{36}\sqrt{(a^2b^2 + b^2c^2 + c^2a^2)(9a^2 + b^2 + 4c^2)}.$$

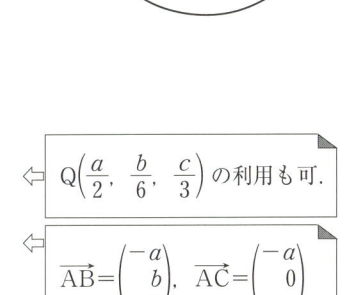

⇐ $Q\left(\dfrac{a}{2}, \dfrac{b}{6}, \dfrac{c}{3}\right)$ の利用も可.

⇐ $\overrightarrow{\text{AB}} = \begin{pmatrix} -a \\ b \\ 0 \end{pmatrix}$, $\overrightarrow{\text{AC}} = \begin{pmatrix} -a \\ 0 \\ c \end{pmatrix}$

(解説)
$\overrightarrow{\text{OP}} = \vec{p}$, $\overrightarrow{\text{OA}} = \vec{a}$, $r > 0$ とする.

$$\begin{aligned}\text{PA} = r &\iff |\overrightarrow{\text{PA}}| = r \\ &\iff |\vec{p} - \vec{a}|^2 = r^2 \\ &\iff |\vec{p}|^2 - 2\vec{a} \cdot \vec{p} + |\vec{a}|^2 - r^2 = 0\end{aligned}$$

⇐ P が A を中心とする半径 r の球面上にあるということ.

です.

類題 52

空間の四面体 OABC がある. $\text{AP}:\text{BP} = 2:\sqrt{3}$ を満たしながら動く点 P の軌跡を S とする.

(1) S は球面であることを示せ.
(2) 四面体 OABC が正四面体であるとき, 頂点 C は S の外部にあることを示せ.
(3) (2)の場合, S と辺 BC との交点を Q として, 比 $\dfrac{\text{BQ}}{\text{CQ}}$ を求めよ.

(九州大 [医])

問題 53 空間の2線分の長さの和の最小値

空間内に4点 A(0, 0, 1), B(2, 1, 0), C(0, 2, −1), D(0, 2, 1) がある．
(1) 点Cから直線ABに下ろした垂線の足Hの座標を求めよ．
(2) 点Pが xy 平面上を動き，点Qが直線AB上を動くとき，距離DP，PQの和 DP+PQ が最小となるP，Qの座標を求めよ．

(大阪市立大 [医])

[考え方]

動点P，Qの一方のQを固定したとき，CとDが xy 平面に関して対称だから
$$DP+PQ=CP+PQ \geq CQ.$$
この不等式を利用します．

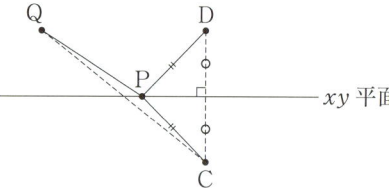

【解答】

(1) 点Hは直線AB上にあるから
$$\overrightarrow{OH} = \overrightarrow{OA} + t\overrightarrow{AB}$$
$$= \begin{pmatrix} 0 \\ 0 \\ 1 \end{pmatrix} + t\begin{pmatrix} 2 \\ 1 \\ -1 \end{pmatrix} \quad (t \text{ は実数})$$

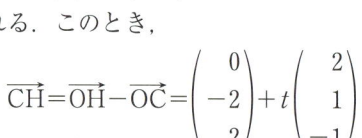

と表される．このとき，
$$\overrightarrow{CH} = \overrightarrow{OH} - \overrightarrow{OC} = \begin{pmatrix} 0 \\ -2 \\ 2 \end{pmatrix} + t\begin{pmatrix} 2 \\ 1 \\ -1 \end{pmatrix}$$

であり，$\overrightarrow{CH} \perp \overrightarrow{AB}$ より
$$\overrightarrow{CH} \cdot \overrightarrow{AB} = \left\{ \begin{pmatrix} 0 \\ -2 \\ 2 \end{pmatrix} + t\begin{pmatrix} 2 \\ 1 \\ -1 \end{pmatrix} \right\} \cdot \begin{pmatrix} 2 \\ 1 \\ -1 \end{pmatrix} = 0.$$

よって，
$$-4 + 6t = 0. \quad \therefore \quad t = \frac{2}{3}.$$

したがって
$$\overrightarrow{OH} = \begin{pmatrix} 0 \\ 0 \\ 1 \end{pmatrix} + \frac{2}{3}\begin{pmatrix} 2 \\ 1 \\ -1 \end{pmatrix} = \frac{1}{3}\begin{pmatrix} 4 \\ 2 \\ 1 \end{pmatrix}$$

であり，
$$H\left(\frac{4}{3}, \frac{2}{3}, \frac{1}{3}\right).$$

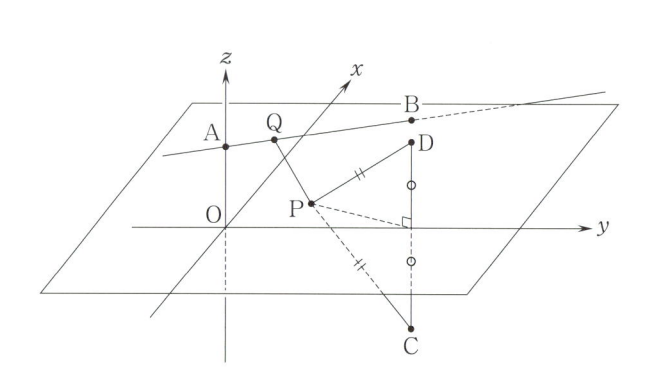

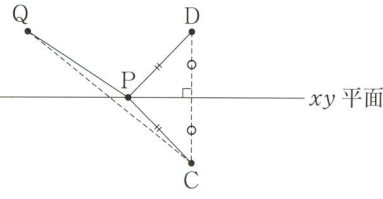

$\overrightarrow{AH}$ は $\overrightarrow{AC}$ の $\overrightarrow{AB}$ への正射影ベクトルであるから
$$\overrightarrow{AH} = \frac{\overrightarrow{AC} \cdot \overrightarrow{AB}}{|\overrightarrow{AB}|^2} \overrightarrow{AB}$$
$$= \frac{4}{6}\begin{pmatrix} 2 \\ 1 \\ -1 \end{pmatrix} = \frac{1}{3}\begin{pmatrix} 4 \\ 2 \\ -2 \end{pmatrix}.$$

よって，
$$\overrightarrow{OH} = \overrightarrow{OA} + \overrightarrow{AH} = \frac{1}{3}\begin{pmatrix} 4 \\ 2 \\ 1 \end{pmatrix}$$

としてもよいですね．

(2) DとCは xy 平面に関して対称であるから
$$DP = CP.$$
(I) Qを固定したとき
$$DP + PQ = CP + PQ \geq CQ. \quad \cdots\cdots ①$$
⇐ 等号成立は，線分CQが xy 平面と交わり，その交点にPがあるとき．

(II) Qを動かすと，(1)を考慮して
$$CQ \geq CH. \quad \cdots\cdots ②$$
⇐ 等号成立は，Q=H のとき．

①，② より
$$DP + PQ \geq CH.$$
等号成立は，線分CHが xy 平面と交わり共有点 P_0 をもてば，
QがHにあり　かつ　Pが P_0 にあるときである．
ここで，
$$\begin{cases} (\text{H の } z \text{ 座標}) = \dfrac{1}{3} > 0, \\ (\text{C の } z \text{ 座標}) = -1 < 0 \end{cases}$$
に注意すれば，確かに線分CHは xy 平面と交わる．

よって，DP+DQ が最小となるのは，Q=H かつ P=P_0 のときであり，このとき P_0 は線分CHを 3:1 に内分するから
$$\overrightarrow{OP_0} = \frac{\overrightarrow{OC} + 3\overrightarrow{OH}}{3+1} = \frac{1}{4}\begin{pmatrix} 4 \\ 4 \\ 0 \end{pmatrix}.$$

以上により，求める P，Q の座標は
$$P(1, 1, 0), \quad Q\left(\frac{4}{3}, \frac{2}{3}, \frac{1}{3}\right).$$

(解説)

(2)において，線分CQが xy 平面と交わらない場合
$$DP + PQ = CP + PQ > CQ$$
であり，等号は成り立ちません．

したがって，Q=H の場合に線分CHが xy 平面と交わるかどうかの確認が必要になります．

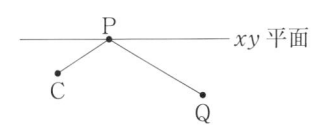

類題 53

点Oを原点とする座標空間内に3点 A(2, 1, 2)，B(6, 2, 2)，C(5, 7, 5) がある．Cから直線OAに垂線を引き，交点をHとする．

(1) Hの座標を求めよ．
(2) 平面OAB上にあり，$\overrightarrow{DH} \perp \overrightarrow{OH}$，DH=CH となる点Dの座標をすべて求めよ．
(3) 点Pが直線OA上を動くとき，BP+CP を最小にするPの座標を求めよ．

(徳島大 [医])

140 第7章 ベクトル・空間図形

問題 54 空間における円の媒介変数表示

原点を O とする座標空間に動点 P があり
$$\vec{a} = \left(\frac{\sqrt{3}+1}{2},\ 1,\ \frac{\sqrt{3}-1}{2}\right),\ \vec{b} = (1,\ 0,\ 1),\ \vec{c} = (1,\ 0,\ -1)$$
として
$$\overrightarrow{OP} = \vec{a} + (\cos t)\vec{b} + (\sin t)\vec{c} \quad (t \text{ は実数})$$
であるとする．
(1) t が 0 から 2π まで動くとき，P は 1 つの平面上に半径 $\sqrt{2}$ の円を描くことを示せ．
(2) $\overrightarrow{OP}$ の長さの最大値を求めよ．

(お茶の水女子大 [理] 改)

[考え方]

右図から，次のことがわかります．

> $|\vec{u}| = |\vec{v}| = r\ (>0),\ \vec{u} \perp \vec{v}$ のとき
> $\overrightarrow{MP} = (\cos t)\vec{u} + (\sin t)\vec{v}$
> を満たす点 P は，$\vec{u},\ \vec{v}$ に平行な平面上にあり，$|\overrightarrow{MP}| = r$ が成り立つ

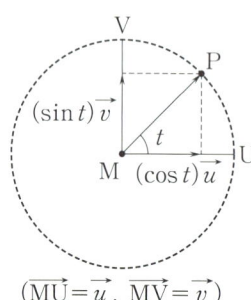

$(\overrightarrow{MU} = \vec{u},\ \overrightarrow{MV} = \vec{v})$

【解答】

(1) $\vec{a} = \overrightarrow{OA}$ とおくと
$$\overrightarrow{OP} = \overrightarrow{OA} + (\cos t)\vec{b} + (\sin t)\vec{c}$$
であるから

P は，A を通り $\vec{b},\ \vec{c}$ に平行な平面 α 上にある． ……①
また，$|\vec{b}| = |\vec{c}| = \sqrt{2}$ かつ $\vec{b} \cdot \vec{c} = 0$ であるから，
$$\begin{aligned}|\overrightarrow{AP}|^2 &= |(\cos t)\vec{b} + (\sin t)\vec{c}|^2 \\ &= (\cos^2 t)|\vec{b}|^2 + (\sin^2 t)|\vec{c}|^2 \quad (\vec{b} \cdot \vec{c} = 0 \text{ より}) \\ &= 2(\cos^2 t + \sin^2 t) = 2. \quad (|\vec{b}| = |\vec{c}| = \sqrt{2} \text{ より})\end{aligned}$$
よって，
$$|\overrightarrow{AP}| = \sqrt{2}. \qquad \cdots\cdots ②$$

①，② より，P は平面 α 上の点 A を中心とする半径 $\sqrt{2}$ の円 S 上を動く．

逆に，$|\vec{b}| = |\vec{c}| = \sqrt{2}$ かつ $\vec{b} \perp \vec{c}$ であるから，円 S 上の任意の点 P′ に対して
$$\overrightarrow{AP'} = (\cos t)\vec{b} + (\sin t)\vec{c}$$
すなわち
$$\overrightarrow{OP'} = \vec{a} + (\cos t)\vec{b} + (\sin t)\vec{c}$$
を満たす実数 $t\ (0 \leq t \leq 2\pi)$ が存在する．

以上により
P は平面 α 上に半径 $\sqrt{2}$ の円 S（全体）を描く．

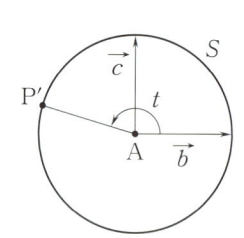

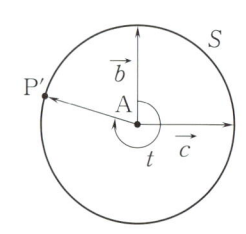

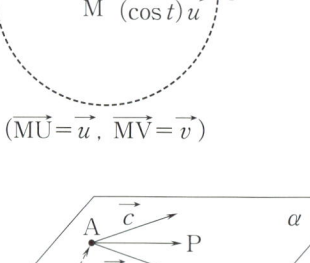

(2) Oから平面 α に下ろした垂線の足を H とすると
$$OP^2 = OH^2 + HP^2. \quad \cdots\cdots ③$$

$\vec{n} = \begin{pmatrix} 0 \\ 1 \\ 0 \end{pmatrix}$ とすると，$\vec{n} \perp \vec{b}$，$\vec{n} \perp \vec{c}$ であり，$\vec{n}$ は

$\Leftarrow$ $\vec{n} \cdot \vec{b} = \vec{n} \cdot \vec{c} = 0$ より

α の法線ベクトルである．よって，H(0, 1, 0) であり
$$AH = \sqrt{\left(\frac{\sqrt{3}+1}{2}\right)^2 + \left(\frac{\sqrt{3}-1}{2}\right)^2} = \sqrt{2}.$$

$\Leftarrow$ $\alpha : y = 1$ です

したがって，H は円 S 上にあり，H の A に関する対称点を P_0 とすると
$$HP \leq HP_0 = 2\sqrt{2}. \quad \cdots\cdots ④$$

③，④ より
$$OP^2 \leq OH^2 + HP_0^2 = 9$$
であり，$|\overrightarrow{OP}|$ の最大値は，**3**．

(解説)

この問題から空間の点 M を中心とする円周上の点 P は，適当に $\vec{a}$，$\vec{b}$ ($|\vec{a}| = |\vec{b}| \neq 0$，$\vec{a} \perp \vec{b}$) を定めれば，
$$\overrightarrow{OP} = \overrightarrow{OM} + (\cos\theta)\vec{a} + (\sin\theta)\vec{b} \quad (0 \leq \theta \leq 2\pi)$$
の形で媒介変数表示できることがわかりました．

空間の円の媒介変数表示は

「点 P が空間の円周上を動くとき，OP の最大値を求めよ」

などという問題を代数的に処理する場合に有効です．

(2) は図形的に処理しましたが，直接計算することも可能です．

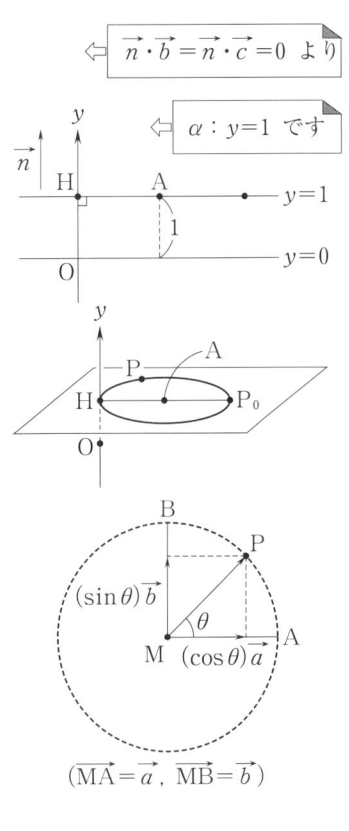

($\overrightarrow{MA} = \vec{a}$, $\overrightarrow{MB} = \vec{b}$)

【(2) の別解】
$$\begin{cases} |\vec{a}| = \sqrt{3}, \ |\vec{b}| = |\vec{c}| = \sqrt{2}, \\ \vec{a} \cdot \vec{b} = \sqrt{3}, \ \vec{b} \cdot \vec{c} = 0, \ \vec{c} \cdot \vec{a} = 1 \end{cases}$$
であるから
$$|\overrightarrow{OP}|^2 = |\vec{a} + (\cos t)\vec{b} + (\sin t)\vec{c}|^2$$
$$= |\vec{a}|^2 + \cos^2 t |\vec{b}|^2 + \sin^2 t |\vec{c}|^2 + (2\cos t)\vec{a} \cdot \vec{b} + (2\sin t)\vec{c} \cdot \vec{a}$$
$$= 3 + 2 + 2\sqrt{3} \cos t + 2\sin t$$
$$= 4\sin\left(t + \frac{\pi}{3}\right) + 5 \leq 9. \ \left(\text{等号成立は } t = \frac{\pi}{6} \text{ のとき}\right)$$

よって，$|\overrightarrow{OP}| \leq 3$ であり，$|\overrightarrow{OP}|$ の最大値は **3**．

類題 54

原点を O とする座標空間に 2 点 M($\sqrt{3}$, $\sqrt{3}$, 0)，N(1, -1, 2) があり，空間ベクトル $\overrightarrow{OM}$，$\overrightarrow{ON}$ に対して
$$\overrightarrow{OP} = (\cos\theta)\overrightarrow{OM} + (\sin\theta)\overrightarrow{ON} \quad (0 \leq \theta \leq 2\pi)$$
で定められる点 P の描く図形を C とする．

(1) C はどのような図形であるか．また，点 Q(2, 1, 1) は C 上にあることを示せ．
(2) C を xy 平面へ正射影してできる図形の方程式を求めよ．

(三重大 [医] 改)

問題 55 円錐曲線

直線 l は，点 $A(0, 1, 3)$ を通り，球 $S: x^2+y^2+(z-1)^2=1$ と接しながら動くとする．このとき，l が xy 平面と交わる点 P の軌跡を求めよ．

(大阪大[医] 改)

[考え方]

何通りもの解答方法がありますが，次の(I)，(II)の方針がよいでしょう．
(I) l と S の共有点がただ1つであることに着目して "重解条件" を用いる．
(II) S の中心を M とすると，$\angle PAM$ が一定値であることに着目してベクトルの内積計算に持ち込む．

【解答1】

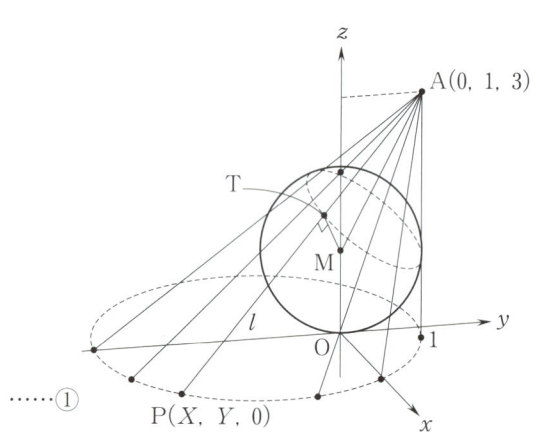

$P(X, Y, 0)$ とし，P の軌跡を E とする．
直線 AP 上の点を，$Q(x, y, z)$ とすると
$$\vec{OQ}=\vec{OA}+t\vec{AP} \quad (t \text{ は実数})$$
$$=\begin{pmatrix}0\\1\\3\end{pmatrix}+t\begin{pmatrix}X\\Y-1\\-3\end{pmatrix}$$

と表せるから，
$$\begin{cases} x=tX, \\ y=1+t(Y-1), \\ z=3-3t \end{cases} \quad \cdots\cdots ①$$

とおける．① を
$$x^2+y^2+(z-1)^2=1$$
に代入すると，
$$(tX)^2+\{1+t(Y-1)\}^2+(2-3t)^2=1.$$
$$\{X^2+(Y-1)^2+9\}t^2+2(Y-7)t+4=0. \quad \cdots\cdots ②$$

さて，

「$P(X, Y, 0) \in E$」
$\iff$ 「直線 AP と S が接する」
$\iff$ 「t の方程式 ② が重解をもつ」

⇐ 直線 AP 上の点 Q で，S 上にもあるものがただ1つ存在するということ．

であり，この条件は
$$\frac{D}{4}=(Y-7)^2-4\{X^2+(Y-1)^2+9\}=0.$$

⇐ D は ② の判別式．

よって，
$$4X^2+3(Y+1)^2=12.$$
$$\frac{X^2}{3}+\frac{(Y+1)^2}{4}=1.$$

したがって，点 P の軌跡 E は，

楕円 $\dfrac{x^2}{3}+\dfrac{(y+1)^2}{4}=1.$

【解答2】

S の中心を $M(0, 0, 1)$ とする.
l と S の接点を T とすると
$$MT=1, \quad AM=\sqrt{5}$$
であるから
$$AT=\sqrt{AM^2-MT^2}=2.$$
よって, $\angle MAT=\theta$ とすると
$$\cos\theta=\frac{AT}{AM}=\frac{2}{\sqrt{5}}.$$

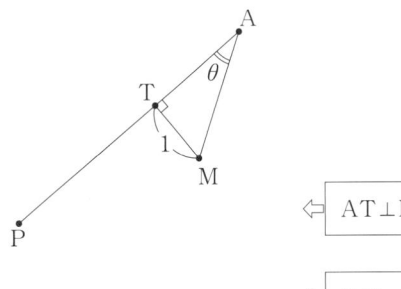

⇐ AT⊥MT です.

⇐ θ は一定です.

さて, $P(X, Y, 0)$ とし, P の軌跡 E とすると
$$(X, Y, 0)\in E$$
$$\iff \angle MAP=\theta \iff \cos\angle MAP=\cos\theta$$
$$\iff \frac{\overrightarrow{AM}\cdot\overrightarrow{AP}}{|\overrightarrow{AM}||\overrightarrow{AP}|}=\frac{2}{\sqrt{5}}$$
$$\iff \sqrt{5}\,\overrightarrow{AM}\cdot\overrightarrow{AP}=2|\overrightarrow{AM}||\overrightarrow{AP}|. \quad \cdots\cdots(*)$$

ここで
$$\overrightarrow{AM}=\begin{pmatrix}0\\-1\\-2\end{pmatrix}, \quad \overrightarrow{AP}=\begin{pmatrix}X\\Y-1\\-3\end{pmatrix}$$

であるから
$$(*) \iff \sqrt{5}(7-Y)=2\sqrt{5}\sqrt{X^2+(Y-1)^2+(-3)^2}$$
$$\iff (7-Y)^2=4\{X^2+(Y-1)^2+9\} \quad \text{かつ} \quad 7-Y\geqq 0$$
$$\iff 4X^2+3(Y+1)^2=12 \quad \text{かつ} \quad Y\leqq 7$$
$$\iff 4X^2+3(Y+1)^2=12$$
$$\iff \frac{X^2}{3}+\frac{(Y+1)^2}{4}=1.$$

⇐ $Y\leqq 7$ は満たされています.

したがって, 点 P の軌跡は,
$$\text{楕円} \quad \boldsymbol{\frac{x^2}{3}+\frac{(y+1)^2}{4}=1.}$$

(解説)

直線 AP と球面 S の位置関係は, 直線 AP 上の点 Q で S 上に存在するものの個数, すなわち, ② を満たす実数 t の個数で分類できます. ② の判別式を D とすると,

⇐ ② を満たす実数 t に対応する Q が共有点となります.

> AP と S が 2 点で交わる $\iff D>0$,
> AP と S が接する $\iff D=0$,
> AP と S が共有点をもたない $\iff D<0$

となります.【解答1】はこの分類に着目したものです. また, 球面 S の対称性から, l の全体は, 点 A を頂点(AM を中心軸)とする円錐面をつくります. 円錐面上の頂点を通る直線(母線といいます)と中心軸とのなす角は一定です. これに着目して内積計算に持ち込んだものが【解答2】です.

なお，

> 円錐面を平面で切ったときの切り口は
> 楕円，放物線，双曲線のいずれか

であり，次のように分類されます．切断面を α として

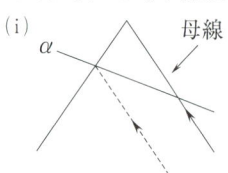

(i) このように切ると切り口は，楕円

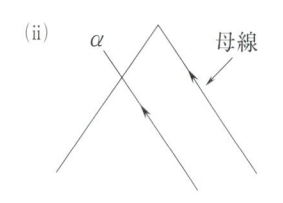

(ii) 母線に平行に切ると切り口は，放物線

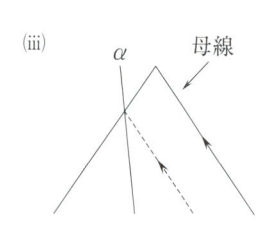

(iii) このように切ると切り口は，双曲線

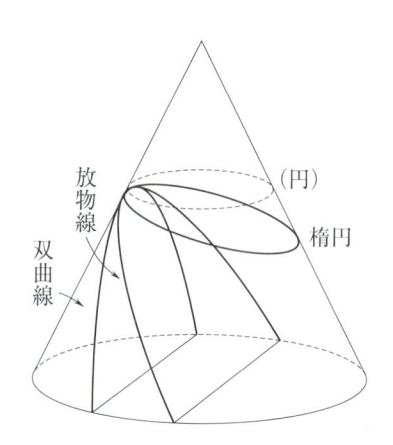

この問題はこの性質が背景となっています．
(l 全体のつくる円錐面を xy 平面で切ったものが P の軌跡であり，(i) の状態です)

類題 55

座標空間に球面 $S : x^2+y^2+z^2=1$ と平面 $\pi : x+y=1$ があり，S 上に点 N$(0, 0, 1)$ をとる．点 P が S と π の交円上を動くとき，直線 NP と xy 平面との交点 Q の軌跡を求めよ．

(横浜市立大 [医])

Note

146 第7章 ベクトル・空間図形

問題 56 空間の回転曲面の方程式◆

座標空間における yz 平面上の放物線 $y^2=4z$ ($x=0$) を z 軸のまわりに1回転してできる曲面を K とする.

(1) K 上の点 (x, y, z) について, x, y, z の間に成り立つ関係式を求めよ.

(2) K と平面 $\alpha : z=\sqrt{3}\,y+1$ の交線を C とする. C を xy 平面に正射影した図形 C_0 の方程式を求めよ.

(3) 平面 α 上において, C で囲まれた部分の面積を求めよ.

(横浜市立大 改)

[考え方]

曲線 S を z 軸に垂直な平面 $z=t$ ($t \geq 0$) で切った断面は円であり, その方程式を $x^2+y^2=f(t)$ とすれば,

「$(x, y, z) \in K$」
$\iff$「$x^2+y^2=f(t)$ かつ $z=t$ を満たす実数 t が存在する」
$\iff$「$x^2+y^2=f(z)$」

であり, 平面上の媒介変数表示された曲線の方程式を導く場合と同じ考え方(媒介変数 t を消去すること)で, 曲面の方程式を導くことができます.

【解答】

(1) 平面 $z=t$ ($t \geq 0$) と z 軸, 放物線 $y^2=4z$ ($x=0$) の $y \geq 0$ の部分との交点をそれぞれ H, P とすると
$H(0, 0, t)$, $P(0, 2\sqrt{t}, t)$.

K の平面 $z=t$ ($t \geq 0$) による切り口は H を中心とする半径 $HP=2\sqrt{t}$ の円であるから, この円上の点 (x, y, z) について,

$$\begin{cases} x^2+y^2=4t, & \cdots\cdots ① \\ z=t \ (t \geq 0). & \cdots\cdots ② \end{cases}$$

①, ② を満たす実数 t が存在する条件は,
$$x^2+y^2=4z.$$
これが求める x, y, z の関係式である.

⇐ K の方程式です!

(2) K と α の交線 C 上の点 $P(x, y, z)$ について

$$\begin{cases} x^2+y^2=4z, & \cdots\cdots ③ \\ z=\sqrt{3}\,y+1. & \cdots\cdots ④ \end{cases}$$

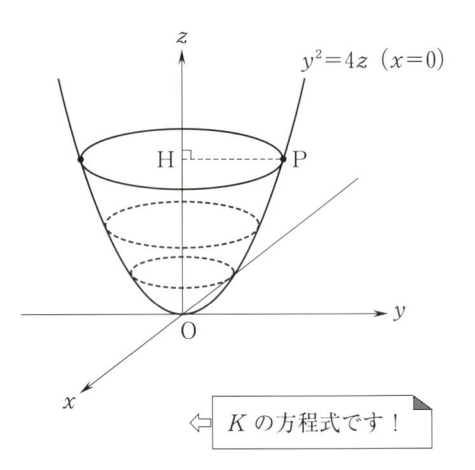

正射影するとき，Pに対応するxy平面上の点をP$_0(X, Y, 0)$とすると
$$x = X, \quad y = Y \qquad \cdots\cdots ⑤$$
である．
$(X, Y, 0) \in C_0$
$\iff$ 「③，④，⑤を満たす実数x, y, zが存在する」
$\iff$ 「$X^2 + Y^2 = 4z$ かつ $z = \sqrt{3}\,Y + 1$ を満たす実数zが存在する」
$\iff X^2 + Y^2 = 4(\sqrt{3}\,Y + 1)$
$\iff X^2 + (Y - 2\sqrt{3})^2 = 16.$

よって，
$$C_0 : x^2 + (y - 2\sqrt{3})^2 = 16, \quad z = 0.$$

(3) C，C_0が囲む部分の面積をそれぞれS，S_0とすると，αとxy平面のなす角は$\dfrac{\pi}{3}$であるから
$$S_0 = S \cos \dfrac{\pi}{3} = \dfrac{1}{2} S. \qquad \cdots\cdots ⑥$$
また，
$$S_0 = 16\pi. \qquad \cdots\cdots ⑦$$
⑥，⑦より
$$S = 2S_0 = \boldsymbol{32\pi}.$$

(解説)

(1) 医学部の入試には回転曲面が関連する問題がかなりの頻度で出題されています．そのほとんどが，回転放物面，回転楕円面，回転一葉双曲面，円錐面のいずれかの問題です．回転軸がz軸の場合の回転曲面の方程式の求め方は次の通りです．

平面$z = t$で切った切り口の円の半径$\sqrt{f(t)}$を求める

↓

切り口上の点(x, y, z)の関係式は，
$x^2 + y^2 = f(t),\ z = t$

↓ tを消去する

曲面の方程式は，$x^2 + y^2 = f(z)$

注 円錐面については，問題55のようにベクトルの内積を利用する方法もあります．

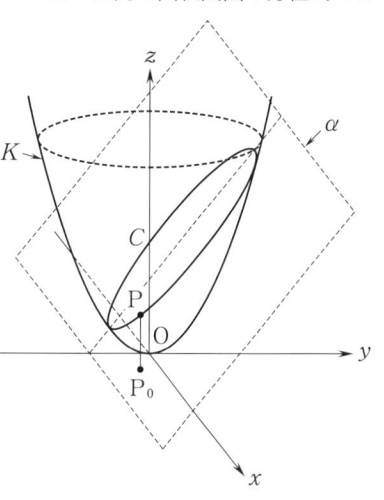

(2) 座標平面への正射影の方程式を求める典型問題です．考え方を理解しておきましょう．なお，C の正射影 C_0 は円ですから，C は α 上の楕円です．

(3) 平面 α 上の図形 C_α を平面 β 上へ正射影した図形を C_β とし，C_α，C_β の面積をそれぞれ S_α，S_β とします．一般に

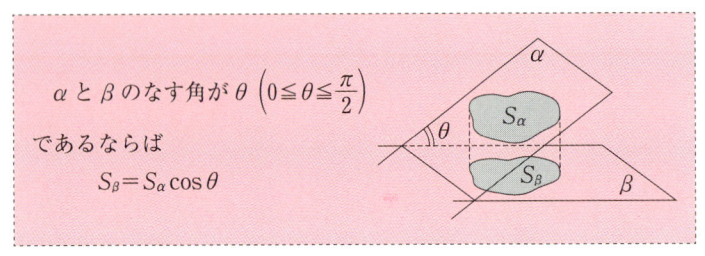

> α と β のなす角が θ $\left(0 \leq \theta \leq \dfrac{\pi}{2}\right)$
> であるならば
> $$S_\beta = S_\alpha \cos\theta$$

が成り立ち，⑥ に適用しています．

類題 56

座標空間の 2 点 A(1, 0, 0)，B(1, 1, 2) を通る直線を z 軸のまわりに 1 回転してできる曲面を S とする．
(1) S と平面 $z=0$，平面 $z=2$ で囲まれた部分の体積を求めよ．（数Ⅲ）
(2) S 上の点 (x, y, z) について，x，y，z の間に成り立つ関係式を求めよ．
(3) S 上の任意の点 P(x_0, y_0, z_0) に対して，P を通り S に含まれる直線が 2 本存在することを示せ．

(慶應義塾大［医］改)

Note

150 第7章 ベクトル・空間図形

問題 57 等面（合同）四面体を作ることができる条件

(1) 平行四辺形 ABCD において AB=CD=a, BC=AD=b, BD=c, AC=d とする．このとき，$a^2+b^2=\dfrac{1}{2}(c^2+d^2)$ が成り立つことを証明せよ．

(2) 3つの実数 a, b, c $(0<a\leq b\leq c)$ が $a^2+b^2>c^2$ を満たすとき，各面の三角形の辺の長さを a, b, c とする四面体を作ることができることを証明せよ．

(名古屋大［医］)

[考え方]

(2) 平行四辺形 ABCD を BD を折り目として折って，三角形 ABD を BD のまわりに空間内で回転させたとき，CA=c となり得ることを示します．

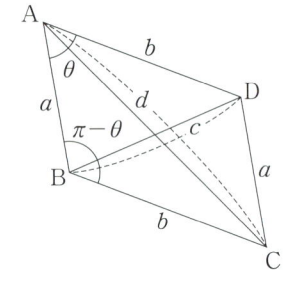

【解答】

∠BAD=θ とおくと，∠ABC=$\pi-\theta$ である．

(1) 三角形 ABD と三角形 ABC に余弦定理を用いると
$$c^2=a^2+b^2-2ab\cos\theta, \quad \cdots\cdots ①$$
$$d^2=a^2+b^2-2ab\cos(\pi-\theta)$$
$$=a^2+b^2+2ab\cos\theta. \quad \cdots\cdots ②$$

①+② より
$$c^2+d^2=2(a^2+b^2)$$

すなわち
$$\dfrac{1}{2}(c^2+d^2)=a^2+b^2. \quad \cdots\cdots (*)$$

(2) $a^2+b^2>c^2$ より，
$$\cos\theta=\dfrac{a^2+b^2-c^2}{2ab}>0$$

であるから，$\theta=$∠BAD は鋭角である．

$0<a\leq b\leq c$ であるから $b^2+c^2>a^2$, $c^2+a^2>b^2$ であり，同様に ∠ADB=∠CBD，∠ABD=∠CDB は鋭角である．

＜ 三角形 ABD は鋭角三角形です．

よって，A，C から BD に下ろした垂線の足をそれぞれ H，K とすると，$a\leq b$ も考慮して B，H，K，D の順にある（$a=b$ のときは H=K）．

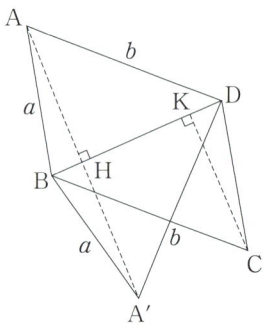

よって，A の直線 BD に関する対称点を A′ とすると，
A′C=HK<BD=c.

＜ 四角形 A′HKC は長方形です．

また，(∗) と $a^2+b^2>c^2$ より
$$\mathrm{AC}=d=\sqrt{2(a^2+b^2)-c^2}>\sqrt{2c^2-c^2}=c.$$
そこで，平行四辺形 ABCD を BD を折り目として折って，三角形 ABD を BD のまわりに空間内で回転させると，空間の2点間の距離 $\overline{\mathrm{AC}}$ について

最初 $\overline{\mathrm{AC}}=d$, $\mathrm{A}=\mathrm{A}'$ のとき $\overline{\mathrm{AC}}=\mathrm{A}'\mathrm{C}<c$

であり，$d>c$ であるから
$$\overline{\mathrm{AC}}=c \text{ となる場合が存在する．}$$
このとき，四面体 ABCD の各面の3辺の長さは a, b, c であり，題意の四面体を作ることができる．

⇐ ②－① より
$d^2-c^2=4ab\cos\theta>0$
であり，これからも
$d>c$ がわかります．

⇐ 詳しくは，中間値の定理を用います．

(解説)

この問題のように各面の3辺の長さが a, b, c, すなわち，各面がすべて合同な三角形である四面体を**等面四面体**（または**合同四面体**）といいます．

> 各面の3辺の長さが a, b, c である等面四面体が存在するための必要十分条件は，a, b, c を3辺とする三角形が鋭角三角形である

は有名であり，医学部入試には繰り返し出題されています．

問題 57 (2) は [十分性の証明] を問われています．解答以外にもさまざまな証明法がありますが，

> 直方体に等面四面体を埋め込むことができる．
> (図の4頂点を結ぶ線分を6辺とする四面体は等面四面体)

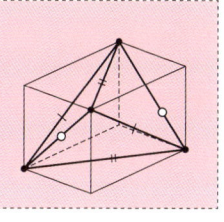

を利用する別解を紹介しておきます．

【(2) の別解】

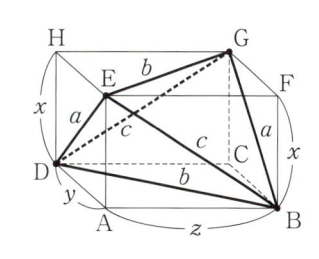

$0<a\leqq b\leqq c$ かつ $a^2+b^2>c^2$
のとき
$$\begin{cases} b^2+c^2>a^2, \\ c^2+a^2>b^2. \end{cases}$$
3面の対角線の長さが a, b, c であるような直方体 ABCD-EFGH が存在することを示せばよい．

図において
$$\begin{cases} \mathrm{AE}=x, \ \mathrm{AD}=y, \ \mathrm{AB}=z, \\ \mathrm{DE}=a, \ \mathrm{DB}=b, \ \mathrm{BE}=c \end{cases}$$
であるとすると，
$$\begin{cases} x^2+y^2=a^2, & \cdots\cdots\text{①}' \\ y^2+z^2=b^2, & \cdots\cdots\text{②}' \\ z^2+x^2=c^2. & \cdots\cdots\text{③}' \end{cases}$$

152 第7章 ベクトル・空間図形

①′+②′+③′ より
$$x^2+y^2+z^2=\frac{1}{2}(a^2+b^2+c^2). \qquad \cdots\cdots ④'$$

④′−①′，④′−②′，④′−③′ より
$$z^2=\frac{b^2+c^2-a^2}{2},\ x^2=\frac{c^2+a^2-b^2}{2},\ y^2=\frac{a^2+b^2-c^2}{2}.$$

$b^2+c^2>a^2$，$c^2+a^2>b^2$，$a^2+b^2>c^2$ であるから，上式の右辺はすべて正の数であり，
$$z=\sqrt{\frac{b^2+c^2-a^2}{2}},\ x=\sqrt{\frac{c^2+a^2-b^2}{2}},\ y=\sqrt{\frac{a^2+b^2-c^2}{2}}. \quad \cdots\cdots(*)$$

したがって，$(*)$ のような x，y，z をとれば ①′，②′，③′ が成り立ち，四面体 BDEG は各面の 3 辺の長さが a，b，c である．

すなわち題意は成り立つ．

〈参考〉

三角形 ABC は鋭角三角形であるとし，辺 BC，CA，AB の中点をそれぞれ L，M，N とする．また，三角形 ABC の垂心を H とすると，H は三角形 ABC の内部にある．

$\begin{cases} 三角形 CLM を LM を折り目として内側に折り， \\ 三角形 AMN を MN を折り目として内側に折り \end{cases}$

空間で回転させると，

$\begin{cases} 点 C は，点 H を通り LM に垂直な平面上を動く， \\ 点 A は，点 H を通り MN に垂直な平面上を動く \end{cases}$

が，H が三角形 ABC の内部にあるから
$$CH\perp 面 LMN,\ AH\perp 面 LMN,$$
となることがあり，このとき空間において
$$CH=\sqrt{CM^2-MH^2}=\sqrt{AM^2-MH^2}=AH.$$
よって，点 C と点 A は 1 つの点 P で一致させることができ
$$PH\perp 面 LMN.$$

同様に
$\begin{cases} 三角形 CLM を LM を折り目として内側に折り， \\ 三角形 BNL を NL を折り目として内側に折り \end{cases}$

空間で回転させると，点 C と点 B を 1 つの点 Q で一致させることができ，
$$QH\perp 面 LMN.$$

三角形を内側に折るとき，CH⊥面 LMN となるのは 1 ヶ所であるから P=Q である．

したがって，LM，MN，NL で折り曲げて 3 点 A，B，C を一致させることができ，確かに等面四面体を作ることができる．

なお，[必要性の証明] を問うのが，類題 57 です．

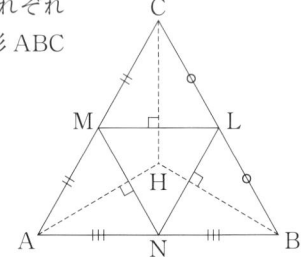

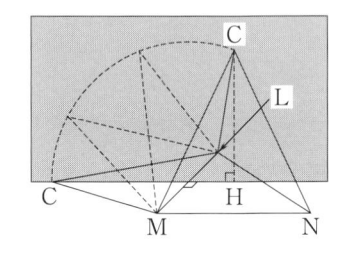

類題 57

四面体 ABCD において AB＝CD，AC＝BD，AD＝BC が成り立つならば，三角形 ABC は鋭角三角形であることを証明せよ．

(名古屋大［医］)

問題 58 多面体

正二十面体は 20 個の正三角形の辺々をつなぎ合わせて得られる右のような多面体であり，各頂点のまわりには 5 つの正三角形が集まっている．このとき，次の問に答えよ．

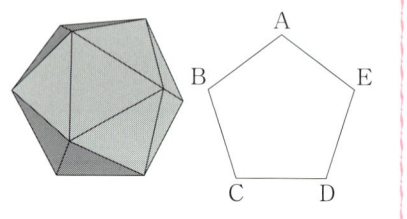

(1) 正五角形 ABCDE の 1 辺の長さを 1 としたときの，線分 AC＝AD の長さを求めよ．
(2) 正二十面体の隣り合う 2 面のなす角を θ としたとき，$\cos\theta$ の値を求めよ．

（横浜市立大 ［医］）

[考え方]
(1) 正五角形に含まれる 2 つの相似な三角形の辺の比を考えます．
(2) 右図において，2 平面 α_1, α_2 のなす角 θ は 2 直線 l_1, l_2 のなす角です．

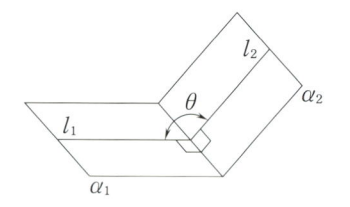

【解答】

(1)

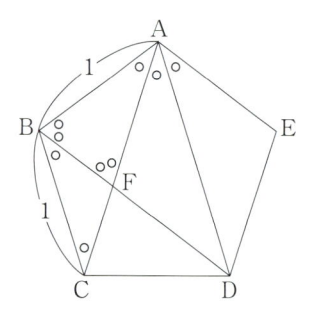

$\angle\mathrm{BAC}=\angle\mathrm{CBD}=\angle\mathrm{BCA}=36°$

より，

$\triangle\mathrm{ABC}\backsim\triangle\mathrm{BFC}$.

よって，

$\mathrm{AC}:\mathrm{BC}=\mathrm{BC}:\mathrm{FC}$.

ここで，AC＝x とすると，

$\mathrm{FC}=\mathrm{AC}-\mathrm{AF}=\mathrm{AC}-\mathrm{AB}=x-1$.

よって，

$x:1=1:(x-1)$
$1=x(x-1)$
$x^2-x-1=0$
$\mathrm{AC}=\mathrm{AD}=x=\dfrac{1+\sqrt{5}}{2}$.

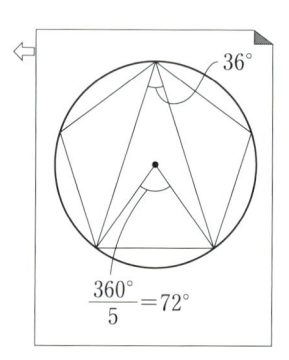

(2)

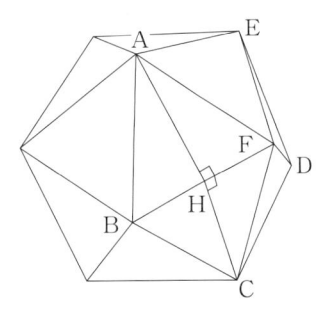

図において H は辺 BF の中点であり，
$$AH \perp BF, \quad CH \perp BF$$
である．
　△ABF と △CFB は 1 辺の長さが 1 の正三角形であるから
$$AH = CH = \frac{\sqrt{3}}{2}.$$
(1) より，$AC = \dfrac{1+\sqrt{5}}{2}$.

よって，△ACH において余弦定理より，
$$\cos\theta = \cos\angle AHC = \frac{AH^2 + CH^2 - AC^2}{2 AH \cdot CH}$$
$$= \frac{\left(\frac{\sqrt{3}}{2}\right)^2 + \left(\frac{\sqrt{3}}{2}\right)^2 - \left(\frac{1+\sqrt{5}}{2}\right)^2}{2 \cdot \frac{\sqrt{3}}{2} \cdot \frac{\sqrt{3}}{2}}$$
$$= -\frac{\sqrt{5}}{3}.$$

⇐ $\theta = \angle AHC$ です．

【(1) の別解】

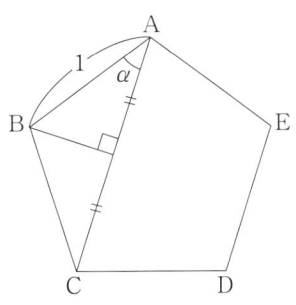

$\alpha = 36°$ とすると，$5\alpha = 180°$ より
$$3\alpha = 180° - 2\alpha.$$
$$\cos 3\alpha = \cos(180° - 2\alpha) = -\cos 2\alpha.$$
$$4\cos^3\alpha - 3\cos\alpha = -(2\cos^2\alpha - 1).$$
$$4\cos^3\alpha + 2\cos^2\alpha - 3\cos\alpha - 1 = 0.$$
$$(\cos\alpha + 1)(4\cos^2\alpha - 2\cos\alpha - 1) = 0.$$
$\cos\alpha > 0$ であるから
$$\cos\alpha = \frac{1+\sqrt{5}}{4}.$$

⇐ 3 倍角公式，2 倍角公式を用いました．

よって，
$$AC = AB \cos\angle BAC \times 2 = 1 \cdot \cos\alpha \cdot 2 = \frac{1+\sqrt{5}}{2}.$$

〈参考〉

凸多面体で，各面が合同な正多角形であり各頂点に集まる面の数が等しいものを**正多面体**といいます．

正多面体は次の5種類しかありません．

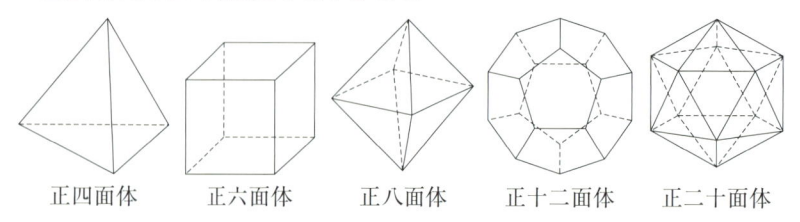

正四面体　正六面体　正八面体　正十二面体　正二十面体

凸多面体の頂点の数を v，辺の数を e，面の数を f とすると，

$$v - e + f = 2$$

となります．これを**オイラーの多面体定理**といいます．

正多面体	正四面体	正六面体	正八面体	正十二面体	正二十面体
頂点の数	4	8	6	20	12
辺の数	6	12	12	30	30
面の数	4	6	8	12	20

類題 **58**

一辺の長さが1の正二十面体の1つの面を $\triangle ABC$ とする．さらに外接球の中心を O とする．すなわち，この正二十面体の12個の頂点は中心を O とする1つの球の上にある．次の問に答えよ．

(1) 3点 A，B，O を通る平面でこの正二十面体を切ったとき，切り口として得られる六角形の面積を求めよ．

(2) O から $\triangle ABC$ に下ろした垂線の足を D とするとき，線分 OD の長さを求めよ．

(産業医科大)

Note

158 第8章 確　率

問題 59 最大確率の求め方

白球 5 個，赤球 n 個が入っている袋がある．

(1) この袋から 2 個の球を同時に取り出すとき，白球，赤球が 1 個ずつである確率を p_n とする．p_n を最大にする n を求めよ．

(2) この袋から r 個の球を同時に取り出すとき，白球が 1 個，赤球が $r-1$ 個である確率を q_n とする．q_n を最大にする n が r^2 であるとき，r を求めよ．

(岐阜大［医］改)

[考え方]

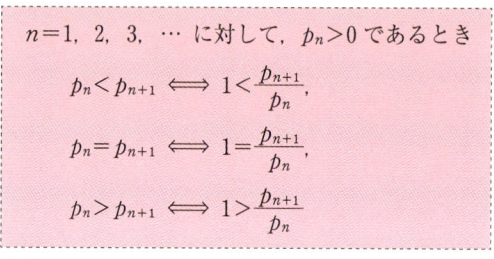

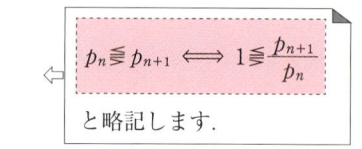

$n=1,\ 2,\ 3,\ \cdots$ に対して，$p_n>0$ であるとき

$$p_n < p_{n+1} \iff 1 < \frac{p_{n+1}}{p_n},$$
$$p_n = p_{n+1} \iff 1 = \frac{p_{n+1}}{p_n},$$
$$p_n > p_{n+1} \iff 1 > \frac{p_{n+1}}{p_n}$$

⇐ $p_n \leqq p_{n+1} \iff 1 \leqq \frac{p_{n+1}}{p_n}$

と略記します．

を利用します．

【解答】

(1) 球 2 個の取り出し方の総数は，${}_{n+5}C_2$．

赤 1 個，白 1 個となる場合の数は，${}_5C_1 \times {}_nC_1$ であるから

$$p_n = \frac{{}_5C_1 \times {}_nC_1}{{}_{n+5}C_2} = \frac{10n}{(n+5)(n+4)}. \quad (n=1,\ 2,\ 3,\ \cdots)$$

よって，

$$\frac{p_{n+1}}{p_n} = \frac{10(n+1)}{(n+6)(n+5)} \times \frac{(n+5)(n+4)}{10n} = \frac{(n+1)(n+4)}{n(n+6)}$$

であり，

$$p_n \leqq p_{n+1} \iff 1 \leqq \frac{p_{n+1}}{p_n} \iff 1 \leqq \frac{(n+1)(n+4)}{n(n+6)}$$
$$\iff n \leqq 4.$$

⇐ $1 \leqq n \leqq 3$ のとき，$p_n < p_{n+1}$，
$n=4$ のとき，$p_n = p_{n+1}$，
$n \geqq 5$ のとき，$p_n > p_{n+1}$．

したがって

$$p_1 < p_2 < p_3 < p_4 = p_5 > p_6 > p_7 > \cdots\cdots$$

であり

p_n を最大にする n は，**$n = 4,\ 5$**．

(2) (1) と同様に考えて

$$q_n = \frac{{}_5C_1 \times {}_nC_{r-1}}{{}_{n+5}C_r}$$

⇐ $q_n = \frac{5 \times n!(n-r+5)!r!}{(n+5)!(n-r+1)!(r-1)!}$

であり

$$\frac{q_{n+1}}{q_n} = \frac{{}_5C_1 \times {}_{n+1}C_{r-1}}{{}_{n+6}C_r} \cdot \frac{{}_{n+5}C_r}{{}_5C_1 \times {}_nC_{r-1}} = \frac{(n+6-r)(n+1)}{(n+6)(n+2-r)}.$$

これより

$$q_n \leqq q_{n+1} \iff 1 \leqq \frac{q_{n+1}}{q_n} \iff 1 \leqq \frac{(n+6-r)(n+1)}{(n+6)(n+2-r)}$$
$$\iff n \leqq 5r-6.$$

したがって，

(i) $r=1$ のとき
$$q_1 > q_2 > q_3 > \cdots\cdots$$
であり，q_n を最大にする n は，$n=1\,(=r^2)$.

⇐ q_n を最大にする n は $n=r^2$ を満たします．

(ii) $r \geqq 2$ のとき
$$q_1 < q_2 < \cdots\cdots < q_{5r-6} = q_{5r-5} > q_{5r-4} > q_{5r-3} > \cdots\cdots$$
であり，
$$q_n \text{ を最大にする } n \text{ は，} n=5r-6,\ 5r-5.$$
q_n を最大にする n が r^2 となる条件は
$$r^2 = 5r-6 \text{ または } r^2 = 5r-5.$$
これを満たす自然数 r は
$$r=2,\ 3.$$

⇐ $r^2=5r-5$ は不適です．

以上により，求める r は，
$$r=1,\ 2,\ 3$$

(解説)

(2)において，$r=1$ のとき
$$q_n \leqq q_{n+1} \iff n \leqq -1$$
ですが，n は自然数ですから，$q_n < q_{n+1}$, $q_n = q_{n+1}$ となることはありません．

類題 59

サイコロを n 回投げて，3 の倍数が k 回出る確率を $p_n(k)$ とする．

各 n に対して $p_n(k)$ を最大にする k を $N(n)$ とする．ただし，このような k が複数あるときは，最も大きいものを $N(n)$ とする．

(1) $\dfrac{p_n(k+1)}{p_n(k)}$ を求めよ．

(2) $n \geqq 2$ のとき，$\dfrac{N(n)}{n}$ を最小にする n と，そのときの $\dfrac{N(n)}{n}$ の値を求めよ．

(3) $\displaystyle\lim_{n\to\infty} \dfrac{N(n)}{n}$ を求めよ． （数Ⅲ）

(名古屋大 [医])

問題 60 酔歩 (Random-Walk) の確率

点 P は数直線上を，原点 O を出発点として，次の規則に従って移動する．

「各回とも，確率 $\frac{1}{2}$ で正の向きに 1 進む　または　確率 $\frac{1}{2}$ で負の向きに 1 進む．」

n 回移動したときの P の座標を $X(n)$ で表す．

(1) $X(8) = 2$ となる確率を求めよ．
(2) $X(7) = 3$ という条件のもとで $X(3) = 3$ である条件つき確率を求めよ．
(3) 6 回目の移動が終った時点で，P が一度も O に戻っていない確率を求めよ．

(北海道大 [医] 改)

[考え方]

(3) は回数を横軸 (x 軸)，$X(n)$ を縦軸 (y 軸) にとって，条件に適する移動を点と点を結ぶ経路として捉え，その経路の個数を数えます．(問題 64 のような発想で解答することもできます)

【解答】

(1) 8 回の移動のうち l 回 ($l = 0, 1, 2, \cdots, 8$) 正の向きに進むとすると

$$X(8) = 1 \times l + (-1)(8-l) = 2l - 8.$$

よって，$X(8) = 2$ となるのは，$l = 5$ の場合であり

$$P(X(8) = 2) = {}_8C_5 \left(\frac{1}{2}\right)^5 \left(\frac{1}{2}\right)^3 = \frac{7}{32}.$$

⇐ 8 回中，$\begin{cases} 5 \text{回正の向き,} \\ 3 \text{回負の向き} \end{cases}$

(2) 7 回の移動のうち m 回 ($m = 0, 1, 2, \cdots, 7$) 正の向きに進むとすると

$$X(7) = 1 \times m + (-1)(7-m) = 2m - 7.$$

よって，$X(7) = 3$ となるのは，$m = 5$ の場合であり

$$P(X(7) = 3) = {}_7C_5 \left(\frac{1}{2}\right)^5 \left(\frac{1}{2}\right)^2 = \frac{21}{128}.$$

$X(3) = 3$ かつ $X(7) = 3$ となるのは，「7 回の移動のうち，初め 3 回続けて正の向きに 1 進み，その後 4 回のうち 2 回正の向きに 1 進み 2 回負の向きに 1 進む」場合である．

よって

$$P(X(3) = 3 \text{ かつ } X(7) = 3) = \left(\frac{1}{2}\right)^3 \times {}_4C_2 \times \left(\frac{1}{2}\right)^4 = \frac{3}{64}.$$

よって，$X(7) = 3$ という条件のもとで $X(3) = 3$ である条件つき確率は

$$\frac{P(X(3) = 3 \text{ かつ } X(7) = 3)}{P(X(7) = 3)} = \frac{\frac{3}{64}}{\frac{21}{128}} = \frac{2}{7}.$$

⇐ 事象 A が起こるという条件のもとで事象 B が起こる条件つき確率は
$P_A(B) = \dfrac{P(A \cap B)}{P(A)}$

(3) 右図のように，移動の回数を横軸に，$X(n)$ を縦軸にとったとき，点 P が
$$\begin{cases} 正の向きに進むことは　\nearrow, \\ 負の向きに進むことは　\searrow \end{cases}$$
が対応する．

6 回の移動後，P が一度も原点に戻っていないのは，図の実線の経路をたどる場合であり，
$$全部で\ 2(1+4+5)=20\ 通り．$$

1 つの経路をたどる確率は $\dfrac{1}{2^6}$ であるから，求める確率は
$$20 \times \frac{1}{2^6} = \frac{5}{16}.$$

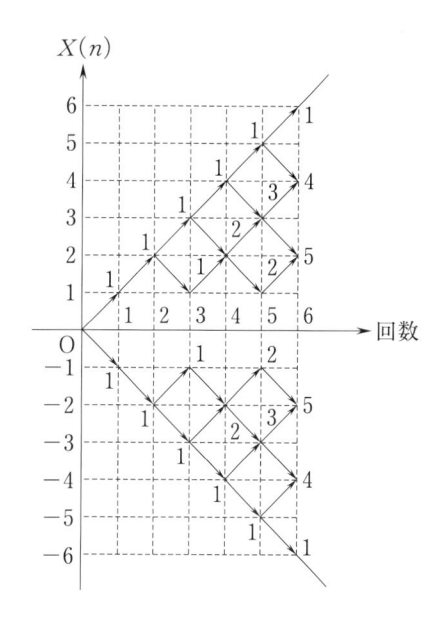

(解説)

(3)の図において，
「条件を満たすように点 $(0, 0) \to$ 点 $(1, 1) \to$ 点 $(6, 2)$ と進む経路の数は 5」
ですが，これは次のようにも求めることができます．

・点 $(0, 0) \to$ 点 $(1, 1) \to$ 点 $(6, 2)$ と進む経路の総数は，
$$_5C_2 = 10.$$

・点 $(0, 0) \to$ 点 $(1, 1) \to$ 点 $(k, 0) \to$ 点 $(6, 2)$
と進む経路全体の個数は，
点 $(0, 0) \to$ 点 $(1, -1) \to$ 点 $(k, 0) \to$ 点 $(6, 2)$
と進む経路全体の個数に等しく，
$$_5C_1 = 5.$$

⇐ $k=2$ または 4．

⇐ 1 対 1 対応です！
問題 64 を参照して下さい．

したがって，条件を満たすように点 $(0, 0) \to$ 点 $(1, 1) \to$ 点 $(6, 2)$
と進む経路の数は
$$_5C_2 - _5C_1 = 5$$
となります．

類題 60

コインを 8 回投げるゲームを行う．最初の持ち点を 4 点とし，コインを 1 回投げるごとに，表が出れば持ち点に 1 点を加え，裏が出れば 1 点を引く．
(1) ゲーム終了時に持ち点が 0 である確率を求めよ．
(2) ゲーム終了時に初めて持ち点が 0 となる確率を求めよ．
(3) このゲームで，持ち点が 0 となることがある確率を求めよ．

(岐阜大 [医])

問題 61 排反事象の加法定理（ジャンケンの確率）

3人の人がジャンケンをして1人の勝者を決める．アイコのときは再び繰り返し，1人だけ負けたときは勝った2人でジャンケンをする．n回目で初めて勝者が1人決まる確率を p_n とする．
(1) p_1, p_2 を求めよ．
(2) p_n を求めよ．
(3) n 回までに勝者が決まる確率 q_n を求めよ．

(横浜市立大[医])

[考え方]

勝者が1人決まるのは，「3人でジャンケンを続け1人が勝つ場合」と「3人でジャンケンを繰り返すうちに2人が勝ち，2人でジャンケンを続け1人が勝つ場合」があります．また，

$$\begin{cases} 3人でジャンケンをして1人が勝つ確率, \\ 2人でジャンケンをして1人が勝つ確率 \end{cases}$$

は異なります．

【解答】

(I) 3人が1回ジャンケンをする場合

・1人の人が勝つ確率は，勝つ人の手がグー，チョキ，パーの3通りの場合があり，3人のうちどの1人が勝つかを考えて，

$$_3C_1 \times \left(\frac{1}{3}\right)^3 \times 3 = \frac{1}{3}.$$

・2人の人が勝つ確率は，勝つ2人の手がグー，チョキ，パーの3通りの場合があり，3人のうちどの2人が勝つかを考えて

$$_3C_2 \times \left(\frac{1}{3}\right)^3 \times 3 = \frac{1}{3}.$$

・アイコになる確率は，

$$1 - \left(\frac{1}{3} + \frac{1}{3}\right) = \frac{1}{3}.$$

⇐ 余事象の利用

(II) 2人が1回ジャンケンをする場合

・1人の人が勝つのは，勝つ人の手がグー，チョキ，パーの3通りの場合があり，どちらが勝つかを考えて，

$$_2C_1 \times \left(\frac{1}{3}\right)^2 \times 3 = \frac{2}{3}.$$

・アイコになる確率は，

$$1 - \frac{2}{3} = \frac{1}{3}.$$

⇐ 余事象の利用

(1) 1回目で勝者が決まるのは，(I)の1人が勝つ場合より

$$p_1 = \frac{1}{3}.$$

次に，2回目に初めて勝者が決まるのは

$$\begin{cases} 1回目はアイコで2回目に1人が勝つ, \\ \quad\text{または} \\ 1回目で2人が勝ち2回目で1人が勝つ \end{cases}$$

⇐ 3人 →① 3人 →② 1人

⇐ 3人 →① 2人 →② 1人

場合であり，これらは排反であるから，
$$p_2 = \frac{1}{3} \times \frac{1}{3} + \frac{1}{3} \times \frac{2}{3} = \frac{1}{3}.$$

(2) n 回目（$n \geq 2$）に勝者が決まるのは，
 (i) $n-1$ 回目まで3人でアイコが続き，n 回目に1人が勝つ，
 (ii) 1回目から $n-1$ 回目までのうちのいずれかの回で2人が勝ち残り，n 回目に2人のうち1人が勝つ（その他の回はすべてアイコ）

の場合があり，(i), (ii) は排反である．
よって
$$p_n = \left(\frac{1}{3}\right)^{n-1} \times \frac{1}{3} + (n-1)\left(\frac{1}{3}\right)^{n-2} \times \frac{1}{3} \times \frac{2}{3} = \frac{2n-1}{3^n}.$$
これは $n=1$ のときも適する．

(3) (2) より
$$q_n = p_1 + p_2 + p_3 + \cdots + p_n = \sum_{k=1}^{n} \frac{2k-1}{3^k}$$
$$= \sum_{k=1}^{n} \left(\frac{k}{3^{k-1}} - \frac{k+1}{3^k}\right)$$
$$= 1 - \frac{n+1}{3^n}.$$

⇐ $\sum_{k=1}^{n}\{f(k)-f(k+1)\}$ の形に変形しました．

〔解説〕

(2) の (ii) の場合を詳しく説明しておきます．
k 回目（$2 \leq k \leq n-1$）で2人が勝ち残る場合

3人 $\xrightarrow{\boxed{1}}$ ...... $\xrightarrow{\boxed{k-1}}$ 3人 $\xrightarrow{\boxed{k}}$ 2人 $\xrightarrow{\boxed{k+1}}$ ...... $\xrightarrow{\boxed{n-1}}$ 2人 $\xrightarrow{\boxed{n}}$ 1人

と推移しますから，この確率は
$$\left(\frac{1}{3}\right)^{k-1} \cdot \frac{1}{3} \cdot \left(\frac{1}{3}\right)^{n-k-1} \cdot \frac{2}{3} = \left(\frac{1}{3}\right)^{n-2} \cdot \frac{1}{3} \cdot \frac{2}{3}.$$
これは，$k=1$ のときも適し，(ii) の確率は
$$\sum_{k=1}^{n-1}\left\{\left(\frac{1}{3}\right)^{n-2} \cdot \frac{1}{3} \cdot \frac{2}{3}\right\} = (n-1)\left(\frac{1}{3}\right)^{n-2} \cdot \frac{1}{3} \cdot \frac{2}{3}$$
となります．

類題 61

袋の中に赤球2個と白球3個が入っている．この袋から無作為に球を1個取り出し，取り出した球が赤球なら $+1$，白球なら -1 と記録してから，球を袋に戻す．
この試行を n 回（$n \geq 3$）繰り返して得られる数列に対して，次の(1), (2)に答えよ．
(1) 和が1である確率 P_n を求めよ．
(2) 符号の変化が2回以上起こる確率 Q_n を求めよ．

（九州大［医］）

問題 62 排反ではない事象の加法定理(包除原理)

9枚のカードに1から9までの数字が1つずつ記入してある．このカードの中から任意に1枚を抜き出し，その数字を記録し，もとのカードの中に戻すという操作を n 回繰り返す．
(1) 記録された数の積が5で割り切れる確率を求めよ．
(2) 記録された数の積が10で割り切れる確率を求めよ．

(名古屋大)

[考え方]
- 「数の積が5で割り切れる」
  $\iff$「少なくとも1回5のカードを抜き出す」
- 「数の積が10で割り切れる」
  $\iff$「少なくとも1回5のカードを抜く かつ 少なくとも1回偶数のカードを抜き出す」

です．"少なくとも…" という問題を素朴に場合を分けて計算すると，繁雑になることが多いので余事象を考えましょう．

(2)は，包除原理 を適用する問題です．

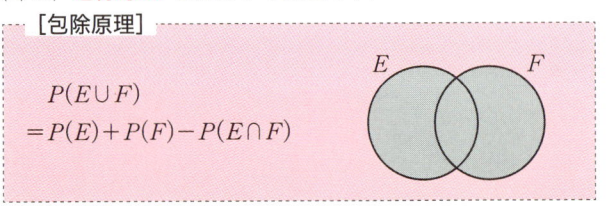

[包除原理]
$P(E \cup F) = P(E) + P(F) - P(E \cap F)$

$\Leftarrow$ $P(A)$ は事象 A の起こる確率を表します．

【解答】
(1) 記録された数の積が5で割り切れる事象を A とすると，
$\overline{A}$ は n 回とも5以外のカードを抜き出す事象
であり，
$$P(\overline{A}) = \left(\frac{8}{9}\right)^n.$$

$\Leftarrow$ 5以外のカードを抜く確率は $\frac{8}{9}$.

よって，
$$P(A) = 1 - P(\overline{A}) = 1 - \left(\frac{8}{9}\right)^n.$$

(2) 記録された数の積が2で割り切れる事象を B とすると，
数の積が10で割り切れる事象は $A \cap B$
であり，
$$P(A \cap B) = 1 - P(\overline{A \cap B})$$
$$= 1 - P(\overline{A} \cup \overline{B})$$
$$= 1 - \{P(\overline{A}) + P(\overline{B}) - P(\overline{A} \cap \overline{B})\}.$$

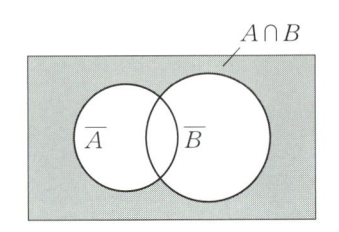

ここで，
$\overline{B}$ は n 回とも奇数のカードを抜き出す事象，
$\overline{A} \cap \overline{B}$ は n 回とも1, 3, 7, 9 のいずれかのカードを抜き出す事象
であるから，
$$P(\overline{B}) = \left(\frac{5}{9}\right)^n, \quad P(\overline{A} \cap \overline{B}) = \left(\frac{4}{9}\right)^n.$$

したがって
$$P(A\cap B)=1-\left\{\left(\frac{8}{9}\right)^n+\left(\frac{5}{9}\right)^n-\left(\frac{4}{9}\right)^n\right\}$$
$$=\frac{9^n-8^n-5^n+4^n}{9^n}.$$

(解説)

(2)においては，ド・モルガンの法則より
$$\overline{A\cap B}=\overline{A}\cup\overline{B}$$
であり，$\overline{A}$ と $\overline{B}$ は排反ではないので
$$P(\overline{A}\cup\overline{B})=P(\overline{A})+P(\overline{B})-P(\overline{A}\cap\overline{B})$$
となります．

なお，(2)の結果から
$$P(A)\cdot P(B)=\left\{1-\left(\frac{8}{9}\right)^n\right\}\times\left\{1-\left(\frac{5}{9}\right)^n\right\}$$
$$\neq P(A\cap B)$$
であるので，A と B は独立でないことがわかります．

一般に，A と B が独立かどうかが既知ではないとき，
$$P(A\cap B)=P(A)\cdot P(B)\ \text{と考えるのは危険です！}$$
この問題において
$$P(A\cap B)=P(A)\cdot P(B)=\left\{1-\left(\frac{8}{9}\right)^n\right\}\times\left\{1-\left(\frac{5}{9}\right)^n\right\}$$
としても正解を得られません．

> 事象 A，B に対して
> $P(A\cap B)=P(A)\cdot P(B)$
> が成り立つとき，
> A と B は独立である
> といいます．

〈参考〉

この問題の設定を"10枚のカードに1から10までの数字が1つずつ記入してある"に変えると
$$P(A)\cdot P(B)=\left\{1-\left(\frac{4}{5}\right)^n\right\}\left\{1-\left(\frac{1}{2}\right)^n\right\}$$
$$=1-\left(\frac{4}{5}\right)^n-\left(\frac{1}{2}\right)^n+\left(\frac{2}{5}\right)^n$$
$$=1-\{P(\overline{A})+P(\overline{B})-P(\overline{A}\cap\overline{B})\}$$
$$=P(A\cap B)$$
が成り立ち，運よく A と B は独立となります．

⇐ 研究してみて下さい．

類題 62

サイコロを n 回振り，第1回目から第 n 回目までに出たサイコロの目の数 n 個の積を X_n とする．

(1) X_n が5で割り切れる確率を求めよ．
(2) X_n が4で割り切れる確率を求めよ．
(3) X_n が20で割り切れる確率を p_n とおく．$\displaystyle\lim_{n\to\infty}\frac{1}{n}\log(1-p_n)$ を求めよ． （数Ⅲ）

(東京大［理類］)

問題 63 差事象の確率

A,Bの2人がそれぞれ10円硬貨を n 回ずつ投げる．Aの硬貨に初めて表が出るまでにAが硬貨を投げた回数を X，Bの硬貨に初めて表が出るまでにBが硬貨を投げた回数を Y とする．ただし，Aが n 回投げて表が一度も出なければ $X=n+1$，Bが n 回投げて表が一度も出なければ $Y=n+1$ とする．

X と Y のうち小さくない方を Z とする．

(1) $P(X\leq k)$, $P(Y\leq k)$, $P(Z\leq k)$ $(k=1, 2, 3, \cdots, n)$ を求めよ．
(2) $P(Z=k)$ $(k=1, 2, 3, \cdots, n+1)$ を求めよ．
(3) $E(Z)=\sum_{k=1}^{n+1} k\cdot P(Z=k)$ を求めよ．

(九州大)

[考え方]

$P(Z=k)$ を直接求めることもできますが，

$$P(Z=k)=P(Z\leq k)-P(Z\leq k-1) \quad (k\geq 2)$$

を利用します．

【解答】

(1) $X\leq k$ となる事象の余事象は，

"k 回目までAの硬貨に表が出ない事象"

であり，この確率は $\left(\dfrac{1}{2}\right)^k$ である．

よって，

$$P(X\leq k)=1-\left(\dfrac{1}{2}\right)^k.$$

同様に考えて

$$P(Y\leq k)=1-\left(\dfrac{1}{2}\right)^k.$$

また，X と Y は独立であるから，

$$P(Z\leq k)=P(X\leq k \text{ かつ } Y\leq k)$$
$$=P(X\leq k)\cdot P(Y\leq k)$$
$$=\left\{1-\left(\dfrac{1}{2}\right)^k\right\}^2.$$

(2) (i) $k=1$ のとき

$Z=1$ となるのは，

"1回目にAの硬貨，Bの硬貨のいずれにも表が出る"

場合であり，

$$P(Z=1)=P(X=1)\cdot P(Y=1)=\dfrac{1}{2}\times\dfrac{1}{2}=\dfrac{1}{4}.$$

(ii) $2\leq k\leq n$ のとき

$$P(Z=k)=P(Z\leq k)-P(Z\leq k-1)$$
$$=\left\{1-\left(\dfrac{1}{2}\right)^k\right\}^2-\left\{1-\left(\dfrac{1}{2}\right)^{k-1}\right\}^2$$
$$=\left(\dfrac{1}{2}\right)^{k-1}-3\left(\dfrac{1}{4}\right)^k.$$

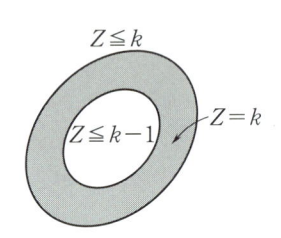

⇐ $P(X\leq k)=\sum_{i=1}^{k}P(X=i)$ と考えてもよいですね．

⇐ $\begin{cases}\text{Aが硬貨を投げた結果,}\\ \text{Bが硬貨を投げた結果}\end{cases}$ は無関係（独立）です．

⇐ $k=1$ の場合も適します．

(iii) $k=n+1$ のとき
$$P(Z=n+1)=1-P(Z\leqq n)$$
$$=1-\left\{1-\left(\frac{1}{2}\right)^n\right\}^2$$
$$=\left(\frac{1}{2}\right)^{n-1}-\left(\frac{1}{4}\right)^n.$$

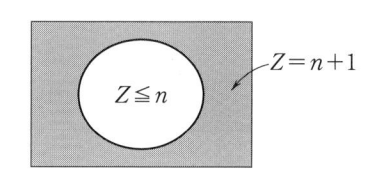

(i),(ii),(iii) より
$$P(Z=k)=\begin{cases}\left(\frac{1}{2}\right)^{k-1}-3\left(\frac{1}{4}\right)^k & (1\leqq k\leqq n),\\ \left(\frac{1}{2}\right)^{n-1}-\left(\frac{1}{4}\right)^n & (k=n+1).\end{cases}$$

(3) (2) より
$$E(Z)=\sum_{k=1}^{n+1}k\cdot P(Z=k)$$
$$=\sum_{k=1}^{n}k\left\{\left(\frac{1}{2}\right)^{k-1}-\frac{3}{4}\left(\frac{1}{4}\right)^{k-1}\right\}+(n+1)\left\{\left(\frac{1}{2}\right)^{n-1}-\left(\frac{1}{4}\right)^n\right\}.$$

ここで
$$\sum_{k=1}^{n}k\left(\frac{1}{2}\right)^{k-1}=\sum_{k=1}^{n}\left(\frac{k+1}{2^{k-2}}-\frac{k+2}{2^{k-1}}\right)=4-\frac{n+2}{2^{n-1}},$$
$$\sum_{k=1}^{n}k\left(\frac{1}{4}\right)^{k-1}=\sum_{k=1}^{n}\frac{1}{9}\left(\frac{3k+1}{4^{k-2}}-\frac{3k+4}{4^{k-1}}\right)=\frac{1}{9}\left(16-\frac{3n+4}{4^{n-1}}\right)$$

であるから,
$$E(Z)=\left(4-\frac{n+2}{2^{n-1}}\right)-\frac{1}{3}\left(4-\frac{3n+4}{4^n}\right)+\left(\frac{n+1}{2^{n-1}}-\frac{n+1}{4^n}\right)$$
$$=\frac{8}{3}+\frac{1}{3}\cdot\frac{1}{4^n}-\frac{1}{2^{n-1}}.$$

⇐ この $E(Z)$ を Z の期待値といいます.

(解説)

(2)の $P(Z=k)$ $(2\leqq k\leqq n)$ は,次のように考えても求めることができます.
$$P(Z=k)$$
$$=P(X=k \text{ かつ } Y\leqq k)+P(X\leqq k \text{ かつ } Y=k)-P(X=k \text{ かつ } Y=k)$$
$$=P(X=k)\cdot P(Y\leqq k)+P(X\leqq k)\cdot P(Y=k)-P(X=k)\cdot P(Y=k).$$

⇐ X, Y は独立です.

ここで
$$P(X=k)=P(Y=k)=\left(\frac{1}{2}\right)^k$$

⇐ k 回目に初めて表の確率.

であるから,(1)の結果も考慮して,
$$P(Z=k)=\left(\frac{1}{2}\right)^k\left\{1-\left(\frac{1}{2}\right)^k\right\}\times 2-\left(\frac{1}{2}\right)^k\left(\frac{1}{2}\right)^k$$
$$=\left(\frac{1}{2}\right)^{k-1}-3\left(\frac{1}{4}\right)^k.$$

(3)では,$\sum_{k=1}^{n}k\left(\frac{1}{2}\right)^{k-1}$, $\sum_{k=1}^{n}k\left(\frac{1}{4}\right)^{k-1}$ を

$$\sum_{k=1}^{n}\{f(k)-f(k+1)\}=f(1)-f(n+1)$$

が利用できる形に変形して和を求めています.

また，$S=\sum_{k=1}^{n}kr^{k-1}$ $(r \neq 1)$ について

$$S=1+2r+3r^2+\cdots+nr^{n-1} \quad \cdots\cdots ①$$
$$rS=r+2r^2+\cdots+(n-1)r^{n-1}+nr^n \quad \cdots\cdots ②$$

であり，① − ② より

$$(1-r)S=1+r+r^2+\cdots+r^{n-1}-nr^n$$
$$=\frac{1-r^n}{1-r}-nr^n.$$

よって

$$\sum_{k=1}^{n}kr^{k-1}=S=\frac{1-(n+1)r^n+nr^{n+1}}{(1-r)^2}$$

となりますから，$r=\dfrac{1}{2}$, $\dfrac{1}{4}$ として和を求めることもできます．

類題 63

1つのサイコロを n 回続けて振る．ただし，a, b はサイコロの目の数であり，(2) では $a>b$ とする．

(1) 出る目の最大値が a である確率を求めよ．
(2) 出る目の最大値が a で最小値が b である確率を求めよ．
(3) 出る目の和が出る目の最大値と最小値の差の2倍に等しい確率を求めよ．

(旭川医科大)

Note

問題 64 Random-Walk とカタラン数◆

数直線上に点Pがあり，硬貨を投げて
$$\begin{cases} \text{表が出れば，正の向きに 1 だけ移動させる,} \\ \text{裏が出れば，負の向きに 1 だけ移動させる} \end{cases}$$
という操作を繰り返すものとする．

最初に点Pは原点Oにあるとする．$n=1, 2, 3, \cdots$ に対して

(1) $2n$ 回の操作後に点Pが原点Oにある確率 p_{2n} を求めよ．

(2) $2n$ 回の操作後に点Pが初めて原点Oに戻る確率 q_{2n} を求めよ．

(大阪教育大)

[考え方]

　操作の回数を横軸，Pの座標を縦軸にとって，条件に適する移動を点と点を結ぶ経路として捉え，その経路の個数を調べます．この問題は直接には数え難いので，"1 対 1 に対応する経路の個数を数える" ことになります．

【解答】

(1) $2n$ 回の操作のうち l 回 ($l=1, 2, \cdots, 2n$) 正の向きに移動させたとすると，Pの座標は
$$l+(-1)\cdot(2n-l)=2l-2n.$$
よって，$2n$ 回後に原点Oにあるのは $l=n$ の場合であり，
$$p_{2n} = {}_{2n}C_n \left(\frac{1}{2}\right)^n \left(\frac{1}{2}\right)^n = {}_{2n}C_n \left(\frac{1}{2}\right)^{2n}.$$

⇐ $p_{2n} = \dfrac{(2n)!}{2^{2n}(n!)^2}$

(2) 移動の回数を x 軸に，点Pの座標を y 軸方向にとる．

このとき，点Pを
$$\begin{cases} \text{正の向きに移動させることは,} \\ \text{負の向きに移動させることは,} \end{cases}$$
$(x, y) \begin{smallmatrix} \nearrow (x+1, y+1) \\ \searrow (x+1, y-1) \end{smallmatrix}$

それぞれ右図の ↗, ↘ が対応する．

(i) 1 回目で正の向きに移動させた場合．

　$2n$ 回の移動で，Pが初めて原点に戻るのは
「経路が O→A(1, 1)→B($2n-1$, 1)→C($2n$, 0) となるように移動し，かつ A→B の経路が x 軸と共有点をもたない」場合である．ここで，
- A(1, 1)→B($2n-1$, 1) の経路全体の集合を U,
- A(1, 1)→B($2n-1$, 1) の経路のうち，
  $\begin{cases} x \text{軸と共有点をもたない経路の集合を } E, \\ x \text{軸と共有点をもつ経路の集合を } F \end{cases}$

とする．

⇐ 次ページの図を参照して下さい．

⇐ 集合 S の要素の個数を $n(S)$ で表すと，$n(E)+n(F)=n(U)$ です．

F の経路のうちの 1 つ K を任意にとり，K と x 軸との最初の共有点を X とする．
　　K の A → X の部分を x 軸に関して対称移動すると，1 つの経路
　　　$K' : A'(1, -1) \to X \to B(2n-1, 1)$
が得られる．
　　A' → B の経路の集合を F' とすると
　　F の経路と F' の経路は 1 対 1 に対応する
　よって，$n(F) = n(F')$ であり
　　$n(E) = n(U) - n(F) = n(U) - n(F')$
　　　　$= {}_{2n-2}C_{n-1} - {}_{2n-2}C_n$
　　　　$= {}_{2n-2}C_{n-1} - \dfrac{n-1}{n} {}_{2n-2}C_{n-1}$
　　　　$= \dfrac{{}_{2n-2}C_{n-1}}{n}.$
　よって，(i) で条件を満たす移動方法は
　　　$1 \times \dfrac{{}_{2n-2}C_{n-1}}{n} \times 1 = \dfrac{{}_{2n-2}C_{n-1}}{n}$ 通り．

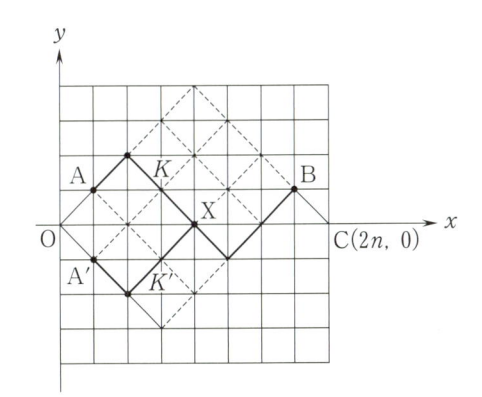

$\Leftarrow$ ${}_{2n-2}C_n = \dfrac{(2n-2)!}{(n-2)!n!}$
　　　　$= \dfrac{n-1}{n} \cdot \dfrac{(2n-2)!}{(n-1)!(n-1)!}$
　　　　$= \dfrac{n-1}{n} {}_{2n-2}C_{n-1}$

(ii) 1 回目で負の方向に移動させた場合．
　同様に考えて，移動の方法は
　　　$\dfrac{{}_{2n-2}C_{n-1}}{n}$ 通り．

　1 つの経路をたどる確率はすべて $\left(\dfrac{1}{2}\right)^{2n}$ であるから，(i), (ii) より

　　　$q_{2n} = 2 \times \dfrac{{}_{2n-2}C_{n-1}}{n} \times \left(\dfrac{1}{2}\right)^{2n} = \dfrac{{}_{2n-2}C_{n-1}}{n}\left(\dfrac{1}{2}\right)^{2n-1}.$

〔解説〕

　この問題は，
　　　(F の経路の個数) = (F' の経路の個数)　　……(*)
を把握できるかどうかが最大のポイントです．
　　F の経路：A(1, 1) → X(k, 0) → B(2n-1, 1)
に対して
　　F' の経路：A'(1, -1) → X(k, 0) → B(2n-1, 1)
が 1 つ対応し，逆に F' の経路に F の経路が 1 つ対応します．
　よって，(*) が成り立ちます．
　また，$n(U)$, $n(F')$ について，詳しく説明すれば次の通りです．

$\Leftarrow$ k は 2, 4, 6, …, $2n-2$ のいずれかです．

(i) A(1, 1) → B(2n-1, 1) の経路において，
　　　　↗ が l 回，↘ が m 回
　とすると
　　　$\begin{cases} l + m = 2n-2, \\ l - m = 0 \end{cases}$ より $\begin{cases} l = n-1, \\ m = n-1. \end{cases}$

よって，
$$n(U) = {}_{2n-2}\mathrm{C}_{n-1}.$$

(ii) A′(1, −1) → B(2n−1, 1) の経路において，
 ↗ が l' 回，↘ が m' 回

とすると
$$\begin{cases} l' + m' = 2n-2, \\ l' - m' = 2 \end{cases} \text{より} \begin{cases} l' = n, \\ m' = n-2. \end{cases}$$

よって，
$$n(F') = {}_{2n-2}\mathrm{C}_n \quad (= {}_{2n-2}\mathrm{C}_{n-2}).$$

なお，(2) の $n(E)$，すなわち
$$\frac{{}_{2(n-1)}\mathrm{C}_{n-1}}{n}$$

は**カタラン数**と呼ばれます．

類題 64

 1枚の硬貨を投げて，A君とB君が次のようなゲームを行う．ゲームの開始時におけるA君，B君の得点はともに0点とする．毎回の硬貨投げの試行で，表が出たときA君の勝ち，裏が出たときB君の勝ちとし，勝った方に +1 点，負けた方に −1 点がそれまでの得点に加えられるとする．

 各試行は独立としてこの施行を続けたとき，次の問に答えよ．

 ただし，硬貨の表と裏の出る確率はともに $\dfrac{1}{2}$ である．また，m と n はともに1以上の整数で $m \leq n$ を満たすとする．

(1) $2n$ 回の試行の後，A君の得点が $2m$ 点である確率を求めよ．
(2) $2n$ 回の試行の後，A君の得点が $2m$ 点で，かつ試行開始後A君の得点がつねにB君の得点より多い確率を求めよ．

(北海道大 [医])

Note

問題 65 確率漸化式(1)(2項間漸化式の作成)

A, B 2人が1つのサイコロを投げてゲームをしている.最初,A が投げ,次回以降は前回勝ったものが投げる.1か2の目が出ればサイコロを投げた人の勝ちで,その他の目が出ればサイコロを投げた人の負けとする.n 回目に A が勝つ確率 p_n を求めよ.

(三重大[医] 改)

[考え方]

p_n と p_{n+1} の間に成り立つ関係式(確率2項間漸化式)を作り,p_n を求めます.n 回目から $n+1$ 回目の遷移図(推移図)をかけば,容易に漸化式が作成できます.

【解答】

$n+1$ 回目に A が勝つのは,

(i) n 回目に A が勝ち,$n+1$ 回目に A が投げて,1 または 2 の目を出す
(ii) n 回目に B が勝ち,$n+1$ 回目に B が投げて,3, 4, 5, 6 のいずれか1つの目を出す

場合があり,(i), (ii) は排反である.よって,

$$p_{n+1} = p_n \times \frac{2}{6} + (1-p_n) \times \frac{4}{6}.$$

$$p_{n+1} = -\frac{1}{3}p_n + \frac{2}{3} \quad (n \geq 1).$$

これより,

$$p_{n+1} - \frac{1}{2} = -\frac{1}{3}\left(p_n - \frac{1}{2}\right).$$

よって,

$$p_n - \frac{1}{2} = \left(p_1 - \frac{1}{2}\right)\left(-\frac{1}{3}\right)^{n-1} \quad (n \geq 1).$$

また,最初は A が投げるから,$p_1 = \frac{2}{6} = \frac{1}{3}$.

したがって

$$p_n = \frac{1}{2} - \frac{1}{6}\left(-\frac{1}{3}\right)^{n-1} = \frac{1}{2}\left\{1 + \left(-\frac{1}{3}\right)^n\right\} \quad (n \geq 1).$$

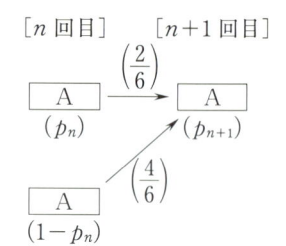

(解説)

一般に,

> 1つの試行を繰り返し行うとき,
> $\begin{cases} \text{事象 } A \text{ が起き, 続いて事象 } A \text{ が起こる確率を } a, \\ \text{事象 } \overline{A} \text{ が起き, 続いて事象 } A \text{ が起こる確率を } b \end{cases}$
> とする.このとき, n 回目の試行において事象 A が起こる確率を p_n とすると
> $$p_{n+1} = ap_n + b(1-p_n).$$

となります.

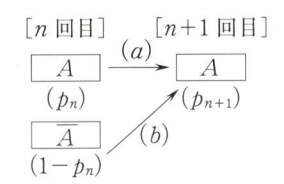

[n 回目]　　[$n+1$ 回目]

$\boxed{A} \xrightarrow{(a)} \boxed{A}$
(p_n)　　　　(p_{n+1})
$\boxed{\overline{A}} \xrightarrow{(b)}$
$(1-p_n)$

類題 65

ある人がサイコロを振る試行によって,部屋 A, B を移動する.サイコロの目の数が 1, 3 のときに限り部屋を移る.また各試行の結果,部屋 A に居る場合はその人の持ち点に 1 点を加え,部屋 B に居る場合は 1 点を減らす.持ち点は負になることもあるとする.第 n 試行の結果,部屋 A, B に居る確率をそれぞれ $P_A(n)$, $P_B(n)$ と表す.最初はその人は部屋 A に居るものとし(つまり, $P_A(0)=1$, $P_B(0)=0$ とする),持ち点は 1 とする.

(1) $P_A(n+1)$, $P_B(n+1)$ を $P_A(n)$, $P_B(n)$ を用いて表せ.

(2) $P_A(n)$, $P_B(n)$ を n を用いて表せ.

(3) 第 n 試行の結果の持ち点を $X(n)$ とする. $E(n) = \sum_{k=-n+1}^{n+1} k \cdot P(X(n)=k)$ を求めよ.

(北海道大 [医] 改)

問題 66 確率漸化式 (2)（3項間漸化式の作成）

投げたとき表が出る確率が p で，裏が出る確率が $1-p$ である硬貨がある．ただし，$0<p<1$ である．

この硬貨を繰り返し投げたとき，n 回目に初めて 2 回連続して表が出る確率を q_n とする．$n \geq 2$ として以下の問に答えよ．

(1) q_2, q_3 を求めよ．
(2) q_{n+2} を q_{n+1}, q_n を用いて表せ．
(3) $(1-p)q_n \leq q_{n+1} \leq q_n$ であることを示せ．

(滋賀医科大 改)

[考え方]

確率の 3 項間漸化式を作るときは，n 回目，$n+1$ 回目から $n+2$ 回目の遷移状態を調べることになりますが，n 回目から $n+2$ 回目を考えるときの事象と $n+1$ 回目から $n+2$ 回目を考えるときの事象が排反でないと面倒なことが起こります．したがって，

　　最後の試行の結果または最初の試行の結果で場合を分ける

など，排反となる場合を考えることが大切です．

【解答】

表が出ることを○，裏が出ることを×で表す．

(1) (i) q_2 について，
　　　○○ の場合であり，$q_2 = p^2$.
　　(ii) q_3 について，
　　　×○○ の場合であり，$q_3 = p^2(1-p)$.

(2) $n+2$ 回目に初めて 2 回連続して表が出るのは，
　(i) 1 回目に表，2 回目に裏が出て，残りの n 回における n 回目（全体では $n+2$ 回目）に初めて 2 回連続して表が出る

1	2	3	4		n	$n+1$	$n+2$
○	×	………			×	○	○

　(ii) 1 回目に裏が出て，残りの $n+1$ 回における $n+1$ 回目（全体では $n+2$ 回目）に初めて 2 回連続して表が出る

1	2	3		n	$n+1$	$n+2$
×	………			×	○	○

場合があり，(i), (ii) は排反である．
よって，
$$q_{n+2} = p(1-p)q_n + (1-p)q_{n+1} \quad (n \geq 2). \quad \cdots\cdots ①$$

(3) 「$(1-p)q_n \leq q_{n+1} \leq q_n \quad (n \geq 2)$」 $\cdots\cdots (*)$

を数学的帰納法で示す．
(I) $n=2$ のとき
$$\begin{cases} (1-p)q_2 = (1-p)p^2 = q_3, \\ q_3 = p^2(1-p) < p^2 = q_2 \end{cases}$$

であるから $(*)$ は成り立つ．

⇐ $0 < p < 1$ より
　$0 < 1-p < 1$

(II) $n=k$ $(k\geq 2)$ のとき (*) が成り立つ,つまり
$$(1-p)q_k \leq q_{k+1} \leq q_k$$
と仮定する.このとき,①を用いると,
$$q_{k+2} - (1-p)q_{k+1} = p(1-p)q_k \geq 0,$$
$$q_{k+2} - q_{k+1} = p(1-p)q_k - pq_{k+1}$$
$$= p\{(1-p)q_k - q_{k+1}\} \leq 0. \text{(帰納法の仮定より)}$$
よって
$$(1-p)q_{k+1} \leq q_{k+2} \leq q_{k+1}$$
であり,$n=k+1$ のときも (*) は成り立つ.

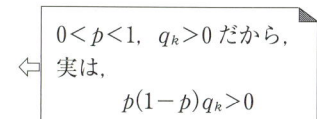

(I),(II) より,2以上の自然数 n に対して (*) は成り立つ.

⇐ $0<p<1$, $q_k>0$ だから,実は,
$$p(1-p)q_k > 0$$

(解説)

(2) この問題では最後の2回が連続して表という設定ですから,漸化式を作成するときは最後の試行の結果ではなく,最初の試行の結果で場合を分けることになります.

(3) 3項間漸化式①の特性方程式
$$t^2 - (1-p)t - p(1-p) = 0$$
の2解を α, β とすると,① は

⇐ 相異なる2実解をもちます.

$$\begin{cases} q_{n+2} - \alpha q_{n+1} = \beta(q_{n+1} - \alpha q_n) \\ q_{n+2} - \beta q_{n+1} = \alpha(q_{n+1} - \beta q_n) \end{cases}$$

と変形でき,これから一般項 q_n を求めることはできます.
 一般項を求めて (*) を証明することも可能ですが,筋のよい解答ではありません.

漸化式を利用して論証する

という姿勢で解答に臨むことが大切です.

類題 66

数直線上を原点から出発して,次の条件に従って正の向きに進む.
 (条件) 硬貨を投げて,表が出れば1進み,裏が出れば2進む.
 n を自然数とし,ちょうど点 n に到達する確率を p_n で表す.
(1) p_{n+2} と p_{n+1}, p_n の間に成り立つ関係式を求めよ.
(2) p_n を求めよ.

(京都大)

178 第8章 確　率

問題 67 完全順列（乱列，攪乱順列）◆

1, 2, 3, …, n と番号を付けられた n 個の箱がある．
1, 2, 3, …, n と番号を付けられた n 個の球を，これら n 個の箱に無作為に1つずつ入れる．このとき，

番号 k の箱に入れられた球の番号を a_k $(k=1, 2, 3, …, n)$

とすれば順列 $(a_1, a_2, a_3, …, a_n)$ を得るが，ひとつの順列が出現する確率はすべて $\dfrac{1}{n!}$ であるとする．

任意の k $(k=1, 2, 3, …, n)$ に対して $a_k \neq k$ であるならば，この順列は乱列と呼ばれる．乱列の個数を $f(n)$，乱列が出現する確率を $p(n)$ とする．

(1) $n \geq 3$ とし，j は $1 \leq j \leq n-1$ を満たす整数とする．
$\begin{cases} a_n=j, \ a_j=n \ \text{である乱列} \ (a_1, a_2, …, a_n) \ \text{の個数}, \\ a_n=j, \ a_j \neq n \ \text{である乱列} \ (a_1, a_2, …, a_n) \ \text{の個数} \end{cases}$
に着目して，$f(n)$ を $f(n-1)$，$f(n-2)$ を用いて表せ．

(2) 2以上の任意の自然数 n に対して $p(n) \geq \dfrac{1}{N}$ が成り立つような，最小の自然数 N を求めよ．

（慶應義塾大　改）

[考え方]
(1) 例えば，$j=1$ の場合で考えてみましょう．
(i) $a_n=1$，$a_1=n$ である乱列
$(a_1, a_2, …, a_{n-1}, a_n)=(n, a_2, …, a_{n-1}, 1)$
は，$(a_2, a_3, …, a_{n-1})$ が $\boxed{2\,3\,4\,\,n-1}$ に対する乱列となるだけの場合があり，$f(n-2)$ 個．
(ii) $a_n=1$，$a_1 \neq n$ である乱列
$(a_1, a_2, …, a_{n-1}, a_n)=(a_1, a_2, …, a_{n-1}, 1)$
については，「$a_1=n$ とならない場合」を考えているので
　"球 ⓝ の番号を ① に書きかえる"
という操作を行えば，

← 天才的発想です！

$(a_1, a_2, …, a_{n-1})$ が $\boxed{1\,2\,3\,\,n-1}$ に対する乱列となるだけの場合があり，$f(n-1)$ 個．
$j=2, 3, …, n-1$ の場合も同様です．

【解答】
(1) j $(j=1, 2, 3, …, n-1)$ に対し

← $j=n$ は除いて下さい．

(i) $a_n=j$，$a_j=n$ である乱列は
$(a_1, …, a_{j-1}, a_{j+1}, …, a_{n-1})$ が $\boxed{1\,\cdots\,j-1\,j+1\,\cdots\,n-1}$
に対する乱列となるだけの場合があり，$f(n-2)$ 個．
(ii) $a_n=j$，$a_j \neq n$ である乱列は，球 ⓝ の番号を ⓙ に書きかえて考えることにより，
$(a_1, …, a_{j-1}, a_j, a_{j+1}, …, a_{n-1})$ が $\boxed{1\,2\,\cdots\,j-1\,j\,j+1\,\cdots\,n-1}$
に対する乱列となるだけの場合があり，$f(n-1)$ 個．
(i)，(ii) は排反であるから，$j=1, 2, 3, …, n-1$ に対する和

をとり
$$f(n)=(n-1)\{f(n-2)+f(n-1)\} \quad (n\geq 3).$$

(2) (1)の結果より
$$p(n)=\frac{f(n)}{n!}=\frac{n-1}{n(n-1)}\cdot\frac{f(n-2)}{(n-2)!}+\frac{n-1}{n}\cdot\frac{f(n-1)}{(n-1)!}$$
$$=\frac{1}{n}p(n-2)+\frac{n-1}{n}p(n-1) \quad (n\geq 3). \quad \cdots\cdots ①$$

ところで
$$f(1)=0, \quad f(2)=1$$
であるから
$$p(1)=0, \quad p(2)=\frac{f(2)}{2!}=\frac{1}{2}. \quad \cdots\cdots ②$$

①,②より
$$p(3)=\frac{1}{3}p(1)+\frac{2}{3}p(2)=\frac{1}{3}. \quad \cdots\cdots ③$$

ここで
$$\lceil p(n)\geq \frac{1}{3} \quad (n\geq 2) \rfloor \quad \cdots\cdots(*)$$

⇐ 推定が必要です．

を数学的帰納法で証明する．

(I) $n=2, 3$ のとき
　②,③より，(*)は成り立つ．

(II) $n=k, k+1$ のとき，(*)が成り立つと仮定すると
$$p(k+2)=\frac{1}{k+2}p(k)+\frac{k+1}{k+2}p(k+1) \quad (①より)$$
$$\geq \frac{1}{k+2}\cdot\frac{1}{3}+\frac{k+1}{k+2}\cdot\frac{1}{3}=\frac{1}{3}. \quad (仮定より)$$

よって，$n=k+2$ のときも(*)は成り立つ．

したがって，$n=2, 3, 4, \cdots$ に対して(*)は成り立つ．

(*)と③より，
$$p(n)\geq \frac{1}{N} \quad (n\geq 2) \quad が成り立つための条件は N\geq 3$$

であり，

　　　　求める N の最小値は，**3**．

(解説)

(1) j ($j=1, 2, 3, \cdots, n-1$) を固定したとき，乱列 $(a_1, a_2, \cdots, a_n)$ は

　(i) $a_n=j, a_j=n$ であるもの

　(ii) $a_n=j, a_j\neq n$ であるもの

の2つの場合に分類され，これらは排反です．

　(i), (ii)の場合の乱列の個数を求めれば，漸化式が得られます．

(2) ①を用いると
$$p(4)=\frac{1}{4}p(2)+\frac{3}{4}p(3)=\frac{3}{8}>\frac{1}{3},$$
$$p(5)=\frac{1}{5}p(3)+\frac{4}{5}p(4)=\frac{11}{30}>\frac{1}{3},$$
　　　　:

であり，(＊)が成り立つことが推定できます．この推定は $p(n)$ の形を知っていないと難しいかもしません．

① より $p(n)$ の一般項（の形）を求めようとすれば，次のようになります．

$$p(n)-p(n-1)=-\frac{1}{n}\{p(n-1)-p(n-2)\} \quad (n\geqq 3)$$

これより

$$n!\{p(n)-p(n-1)\}=-(n-1)!\{p(n-1)-p(n-2)\}$$
$$(n\geqq 3)$$

であり，$n\geqq 2$ として

$$n!\{p(n)-p(n-1)\}=(-1)^{n-2}\cdot 2!\{p(2)-p(1)\}$$
$$=(-1)^n. \quad \left(p(2)=\frac{1}{2}, \ p(1)=0 \ \text{より}\right)$$

すなわち

$$p(n)-p(n-1)=\frac{(-1)^n}{n!}.$$

したがって，

$$p(n)=p(1)+\sum_{k=2}^{n}\{p(k)-p(k-1)\}$$
$$=\sum_{k=2}^{n}\frac{(-1)^k}{k!}=\sum_{k=0}^{n}\frac{(-1)^k}{k!} \ (n\geqq 2)$$

⇐ 有名です．

となります．（これは $n=1$ のときも成り立ちます）

これが既知であれば，

$$p(2)=1-\frac{1}{1!}+\frac{1}{2!}=\frac{1}{2},$$
$$p(3)=1-\frac{1}{1!}+\frac{1}{2!}-\frac{1}{3!}=\frac{1}{3},$$
$$p(4)=p(3)+\frac{1}{4!}>\frac{1}{3},$$
$$p(5)=p(4)-\frac{1}{5!}=p(3)+\left(\frac{1}{4!}-\frac{1}{5!}\right)>\frac{1}{3},$$
$$p(6)=p(5)+\frac{1}{6!}>\frac{1}{3},$$
$$p(7)=p(6)-\frac{1}{7!}=p(5)+\left(\frac{1}{6!}-\frac{1}{7!}\right)>\frac{1}{3},$$
$$\vdots$$

となり

$$\lceil p(n)\geqq \frac{1}{3} \ (n\geqq 2)\rfloor \qquad \cdots\cdots(*)$$

は明らかです．

しかし，$p(n)=\sum_{k=0}^{n}\frac{(-1)^k}{k!}$ を導く作業も簡単といいがたく，推定ができれば，(＊)は「漸化式を利用して，帰納法で証明」するのがよいでしょう．

また，

$$\lim_{n\to\infty}p(n)=\lim_{n\to\infty}\sum_{k=0}^{n}\frac{(-1)^k}{k!}=\frac{1}{e}$$

となります．

類題 67

山梨県で作られた，見ただけでは区別のつかないワインの銘柄（商品の名称）を，試飲することによって当てる競技会がある．この競技会は，あらかじめ知らされた n 銘柄のワインがまったく同じ形状の n 個のグラスに入れてあり，これらを試飲しどのグラスのワインがどの銘柄であるかを当てるものである．

この話を聞いた A 君は，まったくワインの味のわからない人が偶然に当たる確率はどのくらいか計算してみた．

(1) $n=8$ のとき，ちょうど 6 つ当たる確率を求めよ．
(2) $n=4$ のとき，すべてはずれる確率を求めよ．
(3) $n=5$ のとき，すべてはずれる確率を求めよ．
(4) $n=k$ のとき，すべてはずれる確率を $p(k) = \dfrac{f(k)}{k!}$ とする．$k \geqq 3$ のとき，$f(k)$ を $f(k-1)$ と $f(k-2)$ で表せ．
(5) $n=8$ のとき，ちょうど 1 つ当たる確率を求めよ．

（山梨大［医］ 改）

182 第8章 確 率

問題 68 期待値の加法定理（期待値の線形性）◆（数学B）

1から n $(n \geqq 5)$ までの自然数を1つずつ書いたカード n 枚の中から同時に5枚を引き抜くとき，それらのカードに書いてある数字の最小数を X，最大数を Y とする．

(1) $X = k$ である確率 $P(X = k)$ $(k = 1, 2, \cdots, n-4)$ を求めよ．また，$l = 5, 6, \cdots, n$ に対して，$Y = l$ である確率 $P(Y = l)$ と $P(X = n+1-l)$ が等しいことを示せ．

(2) X の期待値 $E(X)$ と Y の期待値 $E(Y)$ の和 $E(X) + E(Y)$ を求めよ．

(3) $Y - X$ の期待値 $E(Y - X)$ と $E(X)$ に対して，$\dfrac{E(Y-X)}{E(X)}$ を求めよ．

(4) $E(X)$ と $E(Y)$ を求めよ．

（札幌医科大［医］）

[考え方]

(4)は次の［期待値の加法定理］を用います．

　　　　　　　　　　　　　［期待値の加法定理］
　　　　　　　確率変数 X，Y について，
　　　　　(i) $E(aX+b) = aE(X) + b$．（ただし，a，b は実数）
　　　　　(ii) $E(X+Y) = E(X) + E(Y)$．

確率変数 X に対して
$X = X_k$ $(k=1, 2, \cdots, n)$
となる確率を $P(X = X_k)$
とするとき，
$$E(X) = \sum_{k=1}^{n} X_k \cdot P(X = X_k)$$
を X の期待値という．
（数学B）

【解答】

(1) 5枚のカードの抜き方の総数は，${}_nC_5$ 通り．

$X = k$ $(1 \leqq k \leqq n-4)$ となるのは，

「k のカードを取り出し　かつ　$k+1$ から n のカードの中から4枚を取り出す」場合であるから，$1 \times {}_{n-k}C_4$ 通り．よって，
$$P(X = k) = \frac{{}_{n-k}C_4}{{}_nC_5}.$$

また，$Y = l$ $(5 \leqq l \leqq n)$ となるのは，

「l のカードを取り出し　かつ　1から $l-1$ のカードの中から4枚を取り出す」場合であるから，$1 \times {}_{l-1}C_4$ 通り．よって，
$$P(Y = l) = \frac{{}_{l-1}C_4}{{}_nC_5}.$$

したがって，
$$P(X = n+1-l) = \frac{{}_{n-(n+1-l)}C_4}{{}_nC_5}$$
$$= \frac{{}_{l-1}C_4}{{}_nC_5} = P(Y = l).$$

(2) $$E(X) + E(Y) = \sum_{k=1}^{n-4} kP(X=k) + \sum_{l=5}^{n} lP(Y=l)$$
$$= \sum_{k=1}^{n-4} kP(X=k) + \sum_{l=5}^{n} lP(X = n+1-l) \quad ((1)より)$$
$$= \sum_{k=1}^{n-4} kP(X=k) + \sum_{k=1}^{n-4} (n+1-k)P(X=k)$$
$$\qquad\qquad (n+1-l = k \text{ とおきかえた})$$
$$= \sum_{k=1}^{n-4} \{k + (n+1-k)\}P(X=k)$$

X のとり得る値は
$1, 2, 3, \cdots, n-4$．
Y のとり得る値は
$5, 6, 7, \cdots, n$．

$$= (n+1)\sum_{k=1}^{n-4} P(X=k) = \boldsymbol{n+1}. \qquad \cdots\cdots(*)$$

⇐ $\sum_{k=1}^{n-4} P(X=k)=1$ です.

(3) $Y-X$ のとり得る値は
$$4, 5, 6, \cdots\cdots, n-1.$$
$Y-X=m$ $(4\leqq m\leqq n-1)$ となるのは,
「$(X, Y)=(1, m+1), (2, m+2), \cdots, (n-m, n)$
のそれぞれに対して,
$X+1$ から $Y-1$ の $m-1$ 枚のカードの中から残りの 3 枚を取り出す」
だけの場合があり,
$$(n-m)\times {}_{m-1}C_3 \text{ 通り}.$$
よって,
$$P(Y-X=m)=\frac{(n-m){}_{m-1}C_3}{{}_nC_5}$$
であり
$$E(Y-X)=\sum_{m=4}^{n-1} mP(Y-X=m)$$
$$=\frac{1}{{}_nC_5}\sum_{m=4}^{n-1}(n-m)m\,{}_{m-1}C_3$$
$$=\frac{4}{{}_nC_5}\sum_{m=4}^{n-1}(n-m)\,{}_mC_4$$
$$=\frac{4}{{}_nC_5}\sum_{k=1}^{n-4}k\,{}_{n-k}C_4 \quad (n-m=k \text{ とおきかえた})$$
$$=4E(X). \qquad \cdots\cdots ①$$

⇐ $n\,{}_{n-1}C_{k-1}=k\,{}_nC_k$
が適用できます.
$\underline{m\,{}_{m-1}C_3=4\,{}_mC_4}$ です.

したがって
$$\frac{E(Y-X)}{E(X)}=4.$$

(4) 期待値の加法定理より
$$E(Y-X)=E(Y)-E(X). \qquad \cdots\cdots ②$$
①, ② より
$$E(Y)=5E(X). \qquad \cdots\cdots ③$$
③ と (*) より
$$E(X)=\frac{n+1}{6}, \quad E(Y)=\frac{5(n+1)}{6}.$$

(解説)

(1)においては問題 63 の差事象の考え方を用いて,
$$P(X=k)=P(X\geqq k)-P(X\geqq k+1) \quad (1\leqq k\leqq n-5)$$
$$P(Y=l)=P(Y\leqq l)-P(Y\leqq l-1) \quad (6\leqq l\leqq n)$$
を計算し,
$$P(X=k)=\frac{{}_{n-k}C_4}{{}_nC_5}, \quad P(Y=l)=\frac{{}_{l-1}C_4}{{}_nC_5}$$
を導くこともできます.

ところで, 期待値の加法定理は, 直接に期待値を求めることが難しい問題 (**類題65** の (3), **類題68** など) に対して, 絶大な効果があります. 使いこなせるようになれば有利であると断言できます.

以下に，期待値の加法定理の証明をしておきます．

(証明)

(i) X のとる値を $x_1, x_2, \cdots, x_n$ とし
$$P(X=x_i)=p_i \quad (i=1, 2, \cdots, n)$$
とすれば
$$E(aX+b)=\sum_{i=1}^{n}(ax_i+b)p_i = a\sum_{i=1}^{n}x_i p_i + b\sum_{i=1}^{n}p_i$$
$$=aE(X)+b. \quad (\sum_{i=1}^{n}p_i=1 \text{ より})$$

(ii) X のとる値が $x_1, x_2, \cdots, x_n$，Y のとる値が $y_1, y_2, \cdots, y_m$ であるとし，X, Y の確率分布（X と P の対応関係）は

X	x_1	x_2	$\cdots$	x_n
P	p_1	p_2	$\cdots$	p_n

Y	y_1	y_2	$\cdots$	y_m
P	q_1	q_2	$\cdots$	q_m

$\Leftarrow \sum_{i=1}^{n}p_i=1, \ \sum_{j=1}^{m}q_j=1.$

とする．
$$P(X=x_i, Y=y_j)=r_{ij}$$
とおくと

X＼Y	y_1	y_2	y_3	$\cdots$	y_m	$\sum_{j=1}^{m}r_{ij}$
x_1	r_{11}	r_{12}	r_{13}	$\cdots$	r_{1m}	p_1
x_2	r_{21}	r_{22}	r_{23}	$\cdots$	r_{2m}	p_2
x_3	r_{31}	r_{32}	r_{33}	$\cdots$	r_{3m}	p_3
$\vdots$	$\vdots$	$\vdots$	$\vdots$		$\vdots$	$\vdots$
x_n	r_{n1}	r_{n2}	r_{n3}	$\cdots$	r_{nm}	p_n
$\sum_{i=1}^{n}r_{ij}$	q_1	q_2	q_3	$\cdots$	q_m	1

$\Leftarrow p_i=\sum_{j=1}^{m}r_{ij},$
$q_j=\sum_{i=1}^{n}r_{ij}.$

したがって
$$E(X+Y)=\sum_{i=1}^{n}\left\{\sum_{j=1}^{m}(x_i+y_j)r_{ij}\right\}=\sum_{i=1}^{n}\left(\sum_{j=1}^{m}x_i r_{ij}\right)+\sum_{i=1}^{n}\left(\sum_{j=1}^{m}y_j r_{ij}\right)$$
$$=\sum_{i=1}^{n}\left(\sum_{j=1}^{m}x_i r_{ij}\right)+\sum_{j=1}^{m}\left(\sum_{i=1}^{n}y_j r_{ij}\right)$$
$$=\sum_{i=1}^{n}\left(x_i\sum_{j=1}^{m}r_{ij}\right)+\sum_{j=1}^{m}\left(y_j\sum_{i=1}^{n}r_{ij}\right)$$
$$=\sum_{i=1}^{n}x_i p_i+\sum_{j=1}^{m}y_j q_j=E(X)+E(Y).$$

(証明終り)

なお，(i), (ii) より

(iii) $E(aX+bY)=aE(X)+bE(Y)$

$\Leftarrow$ (i)かつ(ii)$\Longleftrightarrow$(iii)

が成り立ち，(ii)を繰り返し用いることにより

$$E(X_1+X_2+\cdots+X_n)=E(X_1)+E(X_2)+\cdots+E(X_n)$$

が成り立ちます．

〈参考〉

X と Y が独立のとき

$$\left(\begin{array}{l}\text{すなわち,任意の } i,\ j\ (1\leq i\leq n,\ 1\leq j\leq m) \text{ に対して}\\ P(X=x_i,\ Y=y_j)=r_{ij}=P(X=x_i)\cdot P(Y=y_j)\\ \text{が成り立つとき}\end{array}\right)$$

$$E(XY)=E(X)\cdot E(Y).$$

(証明)

$$\begin{aligned}E(XY)&=\sum_{i=1}^{n}\sum_{j=1}^{m}x_iy_jr_{ij}\\ &=\sum_{i=1}^{n}\sum_{j=1}^{m}x_iP(X=x_i)\cdot y_jP(Y=y_j)\\ &=\sum_{i=1}^{n}x_iP(X=x_i)\cdot\sum_{j=1}^{m}y_jP(Y=y_j)\\ &=E(X)\cdot E(Y).\end{aligned}$$

類題 68

n 個の袋 $A_1,\ A_2,\ \cdots,\ A_n\ (n\geq 2)$ に白球と赤球が入っている.$A_i\ (1\leq i\leq n)$ に入っている白球と赤球の個数の比は $p_i:(1-p_i),\ 0<p_i<1$ である.それぞれの袋 A_i から次のように1回または2回だけ球を取り出す.1回目に1個の球を取り出し,赤球ならばそれでやめ,白球ならばそれをもとに戻してもう1回だけ1個の球を取り出す.

A_i から球を取り出した回数を X_i,赤球を取り出した回数を Y_i とし,n 個の袋から球を取り出した合計回数を X,赤球を取り出した合計回数を Y とする.

(1) $X_i,\ Y_i$ の期待値 $E(X_i),\ E(Y_i)$ を求めよ.

(2) $p_1+p_2+\cdots+p_n=\dfrac{n}{2}$,$p_1\neq\dfrac{1}{2}$ のとき,X の期待値 $E(X)$ は Y の期待値 $E(Y)$ の2倍より大きいことを証明せよ.

(大阪市立大[医] 改)

問題 69 二項分布と二項定理

1回目の試行では n 個のサイコロを振る．2回目の試行では1回目の試行で1以外の目の出たサイコロだけを振る．

1回目および2回目の試行で1の目が出たサイコロの合計数を表す確率変数を X とする．

(1) 確率 $P(X=n)$ を求めよ．

(2) 確率 $P(X=k)$ $(k=0, 1, 2, \cdots, n)$ を求めよ．

(3) $E(X) = \sum_{k=0}^{n} k \cdot P(X=k)$ を求めよ．

(横浜国立大［工］改)

[考え方]

二項定理
$$\sum_{k=0}^{n} {}_n C_k a^{n-k} b^k = (a+b)^n$$

を利用して計算を進めます．

【解答】

(1) $X=n$ となる場合の中で，1回目の試行で1の目のサイコロが k 個 $(0 \leq k \leq n)$ 出て，2回目で振った $n-k$ 個のサイコロがすべて1の目となる確率は，

$${}_n C_k \left(\frac{1}{6}\right)^k \left(\frac{5}{6}\right)^{n-k} \cdot \left(\frac{1}{6}\right)^{n-k} = {}_n C_k \left(\frac{5}{6}\right)^{n-k} \left(\frac{1}{6}\right)^n.$$

よって

$$P(X=n) = \left(\frac{1}{6}\right)^n \sum_{k=0}^{n} {}_n C_k \left(\frac{5}{6}\right)^{n-k}$$

$$= \left(\frac{1}{6}\right)^n \sum_{k=0}^{n} {}_n C_k \left(\frac{5}{6}\right)^{n-k} \cdot 1^k$$

$$= \left(\frac{1}{6}\right)^n \left(\frac{5}{6}+1\right)^n$$

$$= \left(\frac{11}{36}\right)^n.$$

⇐ $n=k$ のときも成り立ちます．

⇐ $\sum_{k=0}^{n} {}_n C_k a^{n-k} b^k = (a+b)^n$ ですね．

(2) $X=k$ となる場合の中で，1回目の試行で1の目のサイコロが i 個 $(0 \leq i \leq k)$ 出て，2回目に振った $n-i$ 個のサイコロのうち $k-i$ 個のサイコロの目が1となる確率 q_i は

$$q_i = {}_n C_i \left(\frac{1}{6}\right)^i \left(\frac{5}{6}\right)^{n-i} \cdot {}_{n-i} C_{k-i} \left(\frac{1}{6}\right)^{k-i} \left(\frac{5}{6}\right)^{n-k}$$

$$= {}_n C_i \cdot {}_{n-i} C_{k-i} \left(\frac{1}{6}\right)^k \left(\frac{5}{6}\right)^{2n-(k+i)}$$

$$= \frac{n!}{(n-i)!\,i!} \cdot \frac{(n-i)!}{(n-k)!(k-i)!} \left(\frac{1}{6}\right)^k \left(\frac{5}{6}\right)^{2n-2k} \cdot \left(\frac{5}{6}\right)^{k-i}$$

$$= \frac{n!}{(n-k)!\,k!} \cdot \frac{k!}{(k-i)!\,i!} \left(\frac{1}{6}\right)^k \left(\frac{5}{6}\right)^{2n-2k} \cdot \left(\frac{5}{6}\right)^{k-i}$$

$$= {}_n C_k \left(\frac{1}{6}\right)^k \left(\frac{5}{6}\right)^{2n-2k} \cdot {}_k C_i \left(\frac{5}{6}\right)^{k-i}.$$

よって

⇐ この形では，$\sum_{i=0}^{k} q_i$ を計算できません．

⇐ $q_i = {}_n C_k \left(\frac{5}{6}\right)^{2n-k} \cdot {}_k C_i \left(\frac{1}{5}\right)^i \left(\frac{1}{6}\right)^{n-i}$ という変形も考えられます．

$$P(X=k) = \sum_{i=0}^{k} q_i$$
$$= {}_nC_k \left(\frac{1}{6}\right)^k \left(\frac{5}{6}\right)^{2n-2k} \sum_{i=0}^{k} {}_kC_i \left(\frac{5}{6}\right)^{k-i}$$
$$= {}_nC_k \left(\frac{1}{6}\right)^k \left(\frac{5}{6}\right)^{2n-2k} \left(\frac{5}{6}+1\right)^k$$
$$= {}_nC_k \left(\frac{11}{36}\right)^k \left(\frac{25}{36}\right)^{n-k} \left(= {}_nC_k \left(\frac{11}{30}\right)^k \left(\frac{5}{6}\right)^{2n-k} \right).$$

⇐ $\sum_{i=0}^{k} {}_kC_i a^{k-i}b^i = (a+b)^k$ ですね.

(3) (2)の結果より
$$E(X) = \sum_{k=0}^{n} k \cdot P(X=k)$$
$$= \sum_{k=0}^{n} k \, {}_nC_k \left(\frac{11}{36}\right)^k \left(\frac{25}{36}\right)^{n-k}$$
$$= \sum_{k=1}^{n} n \, {}_{n-1}C_{k-1} \left(\frac{11}{36}\right)^k \left(\frac{25}{36}\right)^{n-k}$$
$$= \frac{11}{36} n \sum_{k=1}^{n} {}_{n-1}C_{k-1} \left(\frac{11}{36}\right)^{k-1} \left(\frac{25}{36}\right)^{n-k}$$
$$= \frac{11}{36} n \sum_{l=0}^{n-1} {}_{n-1}C_l \left(\frac{11}{36}\right)^l \left(\frac{25}{36}\right)^{n-1-l} \quad (k-1=l \text{ とおいた})$$
$$= \frac{11}{36} n \left(\frac{11}{36}+\frac{25}{36}\right)^{n-1}$$
$$= \frac{11}{36} n.$$

⇐ $k \, {}_nC_k = n \, {}_{n-1}C_{k-1}$ $(1 \le k \le n)$ が成り立ちます.

⇐ $\sum_{l=0}^{n-1} {}_{n-1}C_l a^l b^{n-1-l} = (a+b)^{n-1}$ ですね.

(解説)

(1), (2), (3)とも二項定理を用いて計算を進める問題ですが, (3)は二項分布の期待値を求めることになります. 数学Bの確率分布が試験範囲に含まれている大学を受験する場合は, 二項分布までは必ず学習しておくべきです.

(2)では, $\sum_{i=0}^{k} q_i$ を計算するために
$$ {}_nC_i \cdot {}_{n-i}C_{k-i} = {}_nC_k \cdot {}_kC_i $$
のように, iを1つの二項係数 ${}_kC_i$ の形にまとめる工夫が必要です.
なお, 式変形の方法によっては
$$P(X=k) = {}_nC_k \left(\frac{5}{6}\right)^{2n-k} \left(\frac{11}{30}\right)^k$$

⇐ $X=k$ となる確率です.

となりますが, この形でも正解です.

(3) 確率変数Xのとる値が $0, 1, 2, \cdots, n$ であり,
$$P(X=k) = {}_nC_k p^k q^{n-k} \quad (p+q=1)$$
である確率分布を二項分布といい, $B(n, p)$ で表します.

> 確率変数 X が二項分布 $B(n, p)$ に従うとき
> Xの平均: $E(X) = np$,
> Xの分散: $V(X) = npq$ $(p+q=1)$

⇐ 分散については, [研究] を参照して下さい.

が成り立ちます.
この問題の確率変数Xは, (2)の結果から,
$$\text{``二項分布 } B\left(n, \frac{11}{36}\right) \text{ に従う''}$$
ということになります. 上記の定理を用いれば瞬間的に

$$E(X) = n \times \frac{11}{36}$$

⇐ 189 ページ以降の［研究］を参照して下さい．

が得られます．［解答］においては，定理を証明する場合とまったく同じ方法で $E(X)$ を計算しました．

類題 69

試行 A を行ったとき事象 E の起こる確率は $p\,(0<p<1)$ であり，試行 B を行ったとき事象 F の起こる確率は $q\,(0<q<1)$ であるとする．また，事象 E と事象 F は独立であるとする．

試行 A を m 回，試行 B を n 回行ったとき，事象 E の起こる回数と事象 F の起こる回数との和が r である確率を $P(r)$ とする．

(1) ${}_{m+n}C_r = \sum_{k=0}^{r} {}_m C_k \cdot {}_n C_{r-k}$ が成り立つことを示せ．

(2) $P(r)$ を求めよ．

(3) $p=q$ のとき，$\sum_{r=0}^{m+n} rP(r) = (m+n)p$ となることを示せ．

ただし，任意の正の整数 $s,\ t$ に対して，$s<t$ ならば，${}_s C_t = 0$ とする．

(同志社大［工］改)

[研究]

確率変数 X のとる値が $x_1, x_2, \cdots, x_n$ であり $P(X=x_i)=p_i$ とする． ⇐ $X=x_i$ となる確率が p_i

(i) X の期待値（平均）$E(X)$ の定義
$$E(X)=\sum_{i=1}^{n}x_i p_i.$$

(ii) X の分散 $V(X)$ の定義
$$V(X)=\sum_{i=1}^{n}(x_i-m)^2 p_i \quad (\text{ただし}, m=E(X)).$$

また，
$$\sigma(X)=\sqrt{V(X)} \text{ を } X \text{ の標準偏差という．}$$

(1) 分散 $V(X)$ の計算
$$V(X)=E(X^2)-\{E(X)\}^2.$$

（証明）
$$V(X)=\sum_{i=1}^{n}(x_i-m)^2 p_i=\sum_{i=1}^{n}(x_i^2 p_i-2m x_i p_i+m^2 p_i)$$
$$=\sum_{i=1}^{n}x_i^2 p_i-2m\sum_{i=1}^{n}x_i p_i+m^2\sum_{i=1}^{n}p_i.$$

ここで，$\sum_{i=1}^{n}x_i p_i=m$, $\sum_{i=1}^{n}p_i=1$ であるから，
$$V(X)=\sum_{i=1}^{n}x_i^2 p_i-2m^2+m^2=\sum_{i=1}^{n}x_i^2 p_i-m^2$$
$$=E(X^2)-\{E(X)\}^2.$$

（証明終り）

(2) 期待値の加法定理（線形性）
$$E(aX+bY)=aE(X)+bE(Y) \quad (a, b \text{ は定数}).$$
$$\iff \begin{cases} E(aX+b)=aE(X)+b, \\ E(X+Y)=E(X)+E(Y). \end{cases}$$

⇐ 証明は**問題 68** の解説を参照

(3) 期待値の乗法定理
X, Y が独立ならば
$$E(XY)=E(X)\cdot E(Y).$$

(4) 分散の性質

(i) $$V(aX+b)=a^2 V(X).$$

（証明）
$m=E(x)$ とする．
$$V(aX+b)=\sum_{i=1}^{n}\{(ax_i+b)-E(aX+b)\}^2 p_i$$
$$=\sum_{i=1}^{n}\{(ax_i+b)-(am+b)\}^2 p_i$$
$$=a^2\sum_{i=1}^{n}(x_i-m)^2 p_i$$

$$= a^2 V(x).$$

(証明終り)

(ii) **X, Y が独立であるとき**
$V(X+Y) = V(X) + V(Y)$.

(証明)
$$V(X+Y) = E((X+Y)^2) - \{E(X+Y)\}^2$$
$$= E(X^2 + 2XY + Y^2) - \{E(X) + E(Y)\}^2$$
$$= E(X^2) + 2E(X)E(Y) + E(Y^2)$$
$$\quad - \{E(X)^2 + 2E(X)E(Y) + E(Y)^2\}$$
$$= \{E(X^2) - E(X)^2\} + \{E(Y^2) - E(Y)^2\}$$
$$= V(X) + V(Y).$$

⇐ $E(Y)^2 = \{E(Y)\}^2$ です.

(証明終り)

注 (i), (ii) より, X と Y が独立であるとき
$$V(aX + bY) = a^2 V(X) + b^2 V(Y).$$

(5) 二項分布 $B(n, p)$ の平均, 分散

確率変数 X のとる値が $0, 1, 2, \cdots, n$ であり,
$$P(X=k) = {}_n C_k p^k q^{n-k} \quad (p+q=1)$$
であるとき, X は二項分布 $B(n, p)$ に従うという.
このとき

平均 $E(X) = np$,
分散 $V(X) = npq$. ($p+q=1$)

(証明1)
$$E(X) = \sum_{k=0}^{n} k \, {}_n C_k p^k q^{n-k} = \sum_{k=1}^{n} k \, {}_n C_k p^k q^{n-k}$$
$$= n \sum_{k=1}^{n} {}_{n-1} C_{k-1} p^k q^{n-k} \quad (k \, {}_n C_k = n \, {}_{n-1} C_{k-1} \text{ より})$$
$$= np \sum_{k=1}^{n} {}_{n-1} C_{k-1} p^{k-1} q^{n-k}$$
$$= np(p+q)^{n-1} = np.$$

次に
$$E(X^2) = \sum_{k=0}^{n} k^2 \, {}_n C_k p^k q^{n-k}$$
$$= np \sum_{k=1}^{n} k \, {}_{n-1} C_{k-1} p^{k-1} q^{n-k} \quad (k \, {}_n C_k = n \, {}_{n-1} C_{k-1} \text{ より})$$
$$= np \left\{ \sum_{k=1}^{n} (k-1) \, {}_{n-1} C_{k-1} p^{k-1} q^{n-k} + \sum_{k=1}^{n} {}_{n-1} C_{k-1} p^{k-1} q^{n-k} \right\}$$
$$= np \left\{ (n-1) p \sum_{k=2}^{n} {}_{n-2} C_{k-2} p^{k-2} q^{n-k} + (p+q)^{n-1} \right\}$$
$$\quad ((k-1) \, {}_{n-1} C_{k-1} = (n-1) \, {}_{n-2} C_{k-2} \text{ より}))$$

$$\begin{aligned}&=np\{(n-1)p(p+q)^{n-2}+1\}\\&=np\{(n-1)p+1\}.\end{aligned}$$

よって
$$\begin{aligned}V(X)&=E(X^2)-\{E(X)\}^2\\&=np\{(n-1)p+1\}-(np)^2\\&=np(1-p)=npq.\end{aligned}$$

(証明２)

二項定理より
$$(q+pt)^n=\sum_{k=0}^{n}{}_nC_k q^{n-k}p^k t^k$$
が成り立つ．両辺を t で微分すると，
$$np(q+pt)^{n-1}=\sum_{k=1}^{n}k\,{}_nC_k q^{n-k}p^k t^{k-1}. \quad \cdots\cdots ①$$

① で $t=1$ とおくと
$$np(q+p)^{n-1}=\sum_{k=1}^{n}k\,{}_nC_k q^{n-k}p^k=\sum_{k=0}^{n}k\,{}_nC_k p^k q^{n-k}. \quad \Leftarrow\ {}_nC_k p^k q^{n-k}=P(X=k)$$

$q+p=1$ だから
$$np=\sum_{k=0}^{n}kP(X=k)=E(X).$$

次に，① の両辺を t で微分すると，
$$n(n-1)p^2(q+pt)^{n-2}=\sum_{k=2}^{n}k(k-1)\,{}_nC_k q^{n-k}p^k t^{k-2}. \quad \cdots\cdots ②$$

② で $t=1$ とおくと
$$\begin{aligned}n(n-1)p^2(q+p)^{n-2}&=\sum_{k=2}^{n}k(k-1)\,{}_nC_k q^{n-k}p^k\\&=\sum_{k=0}^{n}k(k-1)\,{}_nC_k q^{n-k}p^k.\end{aligned}$$

$q+p=1$ だから
$$\begin{aligned}n(n-1)p^2&=\sum_{k=0}^{n}k^2\,{}_nC_k p^k q^{n-k}-\sum_{k=0}^{n}k\,{}_nC_k p^k q^{n-k} \quad \Leftarrow\ {}_nC_k p^k q^{n-k}=P(X=k)\\&=\sum_{k=0}^{n}k^2 P(X=k)-\sum_{k=0}^{n}kP(X=k).\\&=E(X^2)-E(X).\end{aligned}$$

よって，
$$\begin{aligned}E(X^2)&=n(n-1)p^2+E(X)\\&=n(n-1)p^2+np\end{aligned}$$
であり
$$\begin{aligned}V(X)&=E(X^2)-\{E(X)\}^2\\&=n(n-1)p^2+np-(np)^2\\&=np(1-p)\\&=npq. \quad (p+q=1)\end{aligned}$$

(証明終り)

医学部攻略の数学 I・A・II・B

改訂版

河合塾講師 黒田 惠悟 著　西山 清二 編集協力

河合塾 SERIES

解答・解説編

河合出版

第1章 関数と方程式

(類題1の解答)

(1) $f(x) = x^2 + (a-1)x + a + 2$ とおくと
$$f(x) = \left(x - \frac{1-a}{2}\right)^2 - \frac{a^2 - 6a - 7}{4}.$$

(i) $f(0) \cdot f(2) < 0$ の場合

$f(x) = 0$ は $0 \leq x \leq 2$ の範囲にただ1つの解をもつ.

$f(0) \cdot f(2) = (a+2)(3a+4) < 0$ より
$$-2 < a < -\frac{4}{3}.$$

(ii) $f(0) \cdot f(2) > 0$ の場合

$f(x) = 0$ が $0 \leq x \leq 2$ の範囲にただ1つの解をもつ条件は

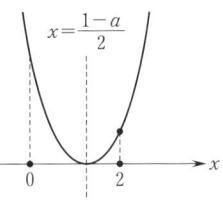

$$\begin{cases} f\left(\dfrac{1-a}{2}\right) = -\dfrac{a^2-6a-7}{4} = 0, \\ 0 < \dfrac{1-a}{2} < 2. \end{cases}$$

$$\iff \begin{cases} (a+1)(a-7) = 0, \\ -3 < a < 1. \end{cases}$$

よって,
$$a = -1.$$

(iii) $f(0) \cdot f(2) = 0$ の場合
$$a = -2 \ \text{または} \ a = -\frac{4}{3}.$$

・$a = -2$ の場合

$f(x) = x^2 - 3x$ であり, 条件に適する.
$(\leftarrow f(x) = 0 \text{ の解は } x = 0, 3)$

・$a = -\dfrac{4}{3}$ の場合

$f(x) = x^2 - \dfrac{7}{3}x + \dfrac{2}{3}$ であり, 条件に不適.
$(\leftarrow f(x) = 0 \text{ の解は } x = \dfrac{1}{3}, 2)$

(i), (ii), (iii)より, 求める a の値の範囲は
$$-2 \leq a < -\frac{4}{3}, \ a = -1.$$

(2) 「$-2 \leq a \leq -1$ の範囲のある a に対して $f(x) = 0$ が $x = x_0$ を解にもつ」

$\iff$ 「$x_0^2 + (a-1)x_0 + a + 2 = 0$ を満たす a $(-2 \leq a \leq -1)$ が存在する」

$\iff$ 「a の方程式
$$(x_0 + 1)a = -x_0^2 + x_0 - 2 \quad \cdots\cdots ①$$
が, $-2 \leq a \leq -1$ の範囲に解をもつ」$\cdots\cdots (*)$

ここで,
$$\begin{cases} x_0 + 1 = 0 \text{ のとき, ① は解をもたない}, \\ x_0 + 1 \neq 0 \text{ のとき, ① の解は } a = \dfrac{-x_0^2 + x_0 - 2}{x_0 + 1} \end{cases}$$

に注意すれば, $(*)$ の条件は, $x_0 + 1 \neq 0$ のもとで
$$1 \leq \frac{x_0^2 - x_0 + 2}{x_0 + 1} \leq 2$$
$$\iff (x_0 + 1)^2 \leq (x_0^2 - x_0 + 2)(x_0 + 1) \leq 2(x_0 + 1)^2$$
$$\iff \begin{cases} (x_0^2 - 2x_0 + 1)(x_0 + 1) \geq 0, \\ (x_0^2 - 3x_0)(x_0 + 1) \leq 0 \end{cases}$$
$$\iff \begin{cases} x_0 \geq -1, \\ x_0 \leq -1 \text{ または } 0 \leq x_0 \leq 3. \end{cases}$$

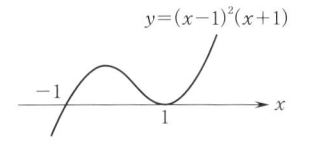

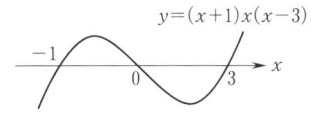

$x_0 \neq -1$ より
$$0 \leq x_0 \leq 3.$$

よって, $f(x) = 0$ の実数解 x のとり得る値の範囲は
$$0 \leq x \leq 3.$$

【別解】

$$f(x) = 0 \iff -x^2 + x - 2 = a(x+1)$$

であるから, $f(x) = 0$ の実数解は, $y = -x^2 + x - 2$ と $y = a(x+1)$ のグラフの共有点の x 座標である.

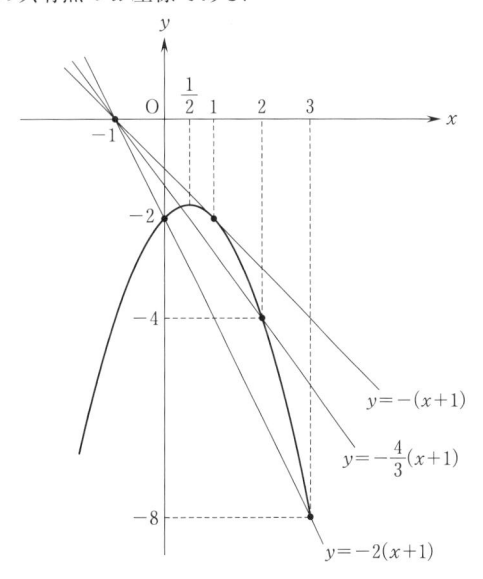

$y=a(x+1)$ が
- 点 $(0, -2)$ を通るとき, $a=-2$,
- 点 $(2, -4)$ を通るとき, $a=-\dfrac{4}{3}$,
- $y=-x^2+x-2$ に接するとき, $a=-1, 7$
  ($D=0$ より, $(a-1)^2-4(a+2)=0$)

である.

(1) グラフより, $0 \leqq x \leqq 2$ の範囲にはただ1つの解をもつ条件は
$$-2 \leqq a < -\dfrac{4}{3}, \ a = -1.$$

(2) グラフより, $-2 \leqq a \leqq -1$ を a が変化するとき, 共有点の x 座標は
$$0 \leqq x \leqq 3$$
を変化する. したがって, $f(x)=0$ の実数解のとり得る範囲は,
$$0 \leqq x \leqq 3.$$

注 $f(x)=0 \iff -x^2+x-2 = a(x+1)$ ……(*)

であり, 方程式は $x=-1$ を解としてもたないから,

(*) $\iff \dfrac{-x^2+x-2}{x+1} = a.$

(1), (2) は,
$$y=\dfrac{-x^2+x-2}{x+1} \text{ と } y=a \text{ のグラフの共有点を考}$$
察することでも解答できる.

(類題2の解答)

(1) $4x^6 - 15x^4 + ax^3 + 15x^2 - 4 = 0$ ……(*)

を満たす x について $x \neq 0$ であり, (*) より

$$4x^3 - 15x + a + \dfrac{15}{x} - \dfrac{4}{x^3} = 0$$

$$\iff 4\left\{\left(x-\dfrac{1}{x}\right)^3 + 3\left(x-\dfrac{1}{x}\right)\right\} - 15\left(x-\dfrac{1}{x}\right) + a = 0$$

よって, $x-\dfrac{1}{x}=t$ とおくとき
$$4t^3 - 3t + a = 0.$$

(2) (1) より
$$-4t^3 + 3t = a. \quad \cdots\cdots(**)$$

(*)の解 x は, (**)を満たす t を $t=t_0$ とすると,
$$x - \dfrac{1}{x} = t_0 \text{ すなわち } x^2 - t_0 x - 1 = 0 \quad \cdots\cdots\text{①}$$
を解いて得られるから,

「任意の実数 t_0 に対して2次方程式①は相異なる2実解をもつ」 ($D = t_0^2 + 4 > 0$ より)

よって,
(**)を満たす相異なる3つの実数 t が存在するような a の範囲を求めればよい.

$$f(t) = -4t^3 + 3t$$
とおくと
$$f'(t) = -12t^2 + 3 = -12\left(t+\dfrac{1}{2}\right)\left(t-\dfrac{1}{2}\right)$$
であり, $y=f(t)$ のグラフは下図の通り.

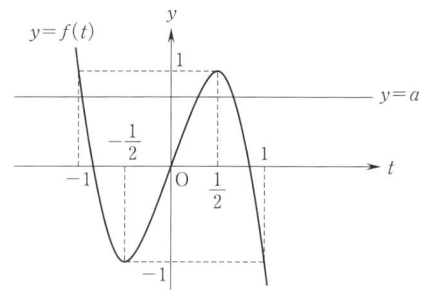

$y=f(t)$, $y=a$ が相異なる3つの共有点をもつ条件を考えて, 求める a の値の範囲は
$$-1 < a < 1.$$

(類題3の解答)

(1) 解と係数の関係より
$$\begin{cases} \alpha+\beta+\gamma = 0, & \cdots\cdots\text{①} \\ \alpha\beta+\beta\gamma+\gamma\alpha = -3, & \cdots\cdots\text{②} \\ \alpha\beta\gamma = -1. & \cdots\cdots\text{③} \end{cases}$$

$A = \alpha^2 - 2$, $B = \beta^2 - 2$, $C = \gamma^2 - 2$ とおく.

- $A + B + C = (\alpha^2+\beta^2+\gamma^2) - 6$
  $= (\alpha+\beta+\gamma)^2 - 2(\alpha\beta+\beta\gamma+\gamma\alpha) - 6$
  $= 0.$ (①, ② より)

- $AB + BC + CA = (\alpha^2-2)(\beta^2-2)$
  $\quad + (\beta^2-2)(\gamma^2-2) + (\gamma^2-2)(\alpha^2-2)$
  $= \alpha^2\beta^2+\beta^2\gamma^2+\gamma^2\alpha^2 - 4(\alpha^2+\beta^2+\gamma^2) + 12$
  $= (\alpha\beta+\beta\gamma+\gamma\alpha)^2 - 2\alpha\beta\gamma(\alpha+\beta+\gamma)$
  $\quad -4 \times 6 + 12 \quad (\alpha^2+\beta^2+\gamma^2=6 \text{ より})$
  $= -3.$ (①, ②, ③ より)

- $ABC = (\alpha^2-2)(\beta^2-2)(\gamma^2-2)$
  $= \alpha^2\beta^2\gamma^2 - 2(\alpha^2\beta^2+\beta^2\gamma^2+\gamma^2\alpha^2)$
  $\quad + 4(\alpha^2+\beta^2+\gamma^2) - 8$
  $= (\alpha\beta\gamma)^2 - 2\times 9 + 4\times 6 - 8$
  $\quad \left(\begin{array}{l}\alpha^2\beta^2+\beta^2\gamma^2+\gamma^2\alpha^2=9, \\ \alpha^2+\beta^2+\gamma^2=6 \text{ より}\end{array}\right)$
  $= -1.$ (① より)

求める3次方程式は
$$x^3 - (A+B+C)x^2 + (AB+BC+CA)x - ABC = 0$$
すなわち,
$$x^3 - 3x + 1 = 0.$$
(与えられた方程式と一致する)

(2) (1)より, α^2-2, β^2-2, γ^2-2 は, α, β, γ を解とする3次方程式の3解だから,
$$\{\alpha^2-2, \beta^2-2, \gamma^2-2\} = \{\alpha, \beta, \gamma\}. \quad \cdots\cdots(*)$$

さて，
$$\begin{cases} \alpha+\beta+\gamma=0, & \cdots\cdots① \\ \alpha\beta\gamma=-1, & \cdots\cdots③ \\ \alpha<\beta<\gamma \end{cases}$$
$\begin{pmatrix}\alpha,\ \beta,\ \gamma\text{は，①より「3つとも負」で} \\ \text{はないから，1つが負で2つが正}\end{pmatrix}$
であるから，
$$\alpha<0<\beta<\gamma. \qquad \cdots\cdots④$$
さらに，①と$\beta>0$より，
$$-\alpha=\beta+\gamma>\gamma.$$
$$0<\beta<\gamma<-\alpha.$$
よって，
$$\beta^2-2<\gamma^2-2<\alpha^2-2. \qquad \cdots\cdots⑤$$
(*), ④, ⑤より
$$\alpha^2-2=\gamma,\ \gamma^2-2=\beta,\ \beta^2-2=\alpha$$
すなわち
$$\boldsymbol{\alpha^2=\gamma+2,\ \beta^2=\alpha+2,\ \gamma^2=\beta+2.}$$

【(2) の別解】
(1) より
$$\{\alpha^2-2,\ \beta^2-2,\ \gamma^2-2\}=\{\alpha,\ \beta,\ \gamma\}. \qquad \cdots\cdots(*)$$
$f(x)=x^3-3x+1$ とおくと
$$f'(x)=3(x-1)(x+1).$$

x		-1		1	
$f'(x)$	$+$	0	$-$	0	$+$
$f(x)$	↗	3	↘	-1	↗

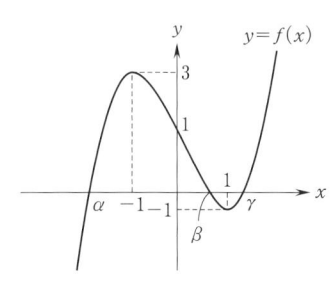

グラフより
$$\alpha<0<\beta<\gamma. \qquad \cdots\cdots④$$
よって，
- $(\alpha^2-2)-(\gamma^2-2)=(\alpha+\gamma)(\alpha-\gamma)>0.$
$$(\alpha+\gamma=-\beta<0,\ \alpha<\gamma\text{より})$$
- $(\gamma^2-2)-(\beta^2-2)=(\gamma+\beta)(\gamma-\beta)>0.$
$$(\gamma+\beta>0,\ \gamma-\beta>0\text{より})$$
よって，
$$\beta^2-2<\gamma^2-2<\alpha^2-2. \qquad \cdots\cdots⑤$$
(*), ④, ⑤より
$$\alpha=\beta^2-2,\ \beta=\gamma^2-2,\ \gamma=\alpha^2-2.$$

〈参考〉
$x^3-3x+1=0\ \cdots(*)$ の解 x_0 について $x_0\ne 0$ であり，$x_0{}^3-3x_0+1=0$ より
$$x_0{}^2=3-\frac{1}{x_0}\ \text{すなわち}\ x_0{}^2-2=1-\frac{1}{x_0}.$$
(*) で $x=\dfrac{1}{1-t}$ とおくと
$$\left(\frac{1}{1-t}\right)^3-3\frac{1}{1-t}+1=0. \qquad \cdots\cdots(**)$$
(**) は，$1-\dfrac{1}{x_0}$ すなわち $x_0{}^2-2$ を解にもつ．

よって，$\alpha^2-2,\ \beta^2-2,\ \gamma^2-2$ を解とする3次方程式は
　(**) すなわち $1-3(1-t)^2+(1-t)^3=0.$
展開して整理すると，
$$t^3-3t+1=0.$$

(類題4の解答)
(1) $X=x+d$ より $x=X-d$ であるから，
$$x^3+ax^2+bx+c=0$$
に代入すると
$$(X-d)^3+a(X-d)^2+b(X-d)+c=0.$$
$$X^3-(3d-a)X^2-(-3d^2+2ad-b)X$$
$$-(d^3-ad^2+bd-c)=0.$$
$X^3-3pX-q=0$ の形となるための条件は
$$3d-a=0\ \text{すなわち}\ \boldsymbol{d=\frac{1}{3}a}.$$
このとき，
$$\boldsymbol{p=\frac{1}{3}(-3d^2+2ad-b)=\frac{1}{9}(a^2-3b)},$$
$$\boldsymbol{q=d^3-ad^2+bd-c=-\frac{1}{27}(2a^3-9ab+27c)}.$$

(2) $u+v$（ただし $uv=p$）が $X^3-3pX-q=0$ の解となるとき，
$$(u+v)^3-3uv(u+v)-q=0.$$
$$u^3+v^3=q. \qquad \cdots\cdots①$$
また，
$$u^3v^3=p^3 \qquad \cdots\cdots②$$
であるから，①，②より $u^3,\ v^3$ は2次方程式
$$t^2-qt+p^3=0$$
の2解であり
$$\boldsymbol{u^3,\ v^3=\frac{q+\sqrt{q^2-4p^3}}{2},\ \frac{q-\sqrt{q^2-4p^3}}{2}}.$$

(3) $\quad x^3+9x^2+15x-29=0 \qquad \cdots\cdots(*)$
$\quad$((1) の $a=9,\ b=15,\ c=-29$ の場合)
において $x=X-3$ とおくと，(1) より
$$X^3-12X-20=0. \qquad \cdots\cdots(**)$$
(2) より

を満たす $u,\ v$ に対して
$$X=u+v\ \text{は}\ (**)\ \text{の解}$$
であり，さらに
$$x=X-3=u+v-3\ \text{は，}(*)\ \text{の解である．}$$
③，④より，$u^3,\ v^3$ は
$$t^2-20t+4^3=0$$
の2解であり
$$u^3,\ v^3=\frac{20\pm\sqrt{20^2-4\cdot 4^3}}{2}=10\pm 6.$$
$u^3=4,\ v^3=16$ としてよく，ω を1の虚数の3乗根の1つとして

$$\begin{cases} u=4^{\frac{1}{3}},\ 4^{\frac{1}{3}}\omega,\ 4^{\frac{1}{3}}\omega^2, \\ v=16^{\frac{1}{3}},\ 16^{\frac{1}{3}}\omega,\ 16^{\frac{1}{3}}\omega^2. \end{cases} \left(\leftarrow \begin{cases} \omega^3=1(\omega\neq 1), \\ \omega^2+\omega+1=0 \end{cases}\right)$$

これらのうち④を満たすものは
$$(u,\ v)=\left(4^{\frac{1}{3}},\ 16^{\frac{1}{3}}\right),\ \left(4^{\frac{1}{3}}\omega,\ 16^{\frac{1}{3}}\omega^2\right),\ \left(4^{\frac{1}{3}}\omega^2,\ 16^{\frac{1}{3}}\omega\right).$$
よって，
$$4^{\frac{1}{3}}+16^{\frac{1}{3}}-3,\ 4^{\frac{1}{3}}\omega+16^{\frac{1}{3}}\omega^2-3,\ 4^{\frac{1}{3}}\omega^2+16^{\frac{1}{3}}\omega-3$$
$$\left(\omega=\frac{-1\pm\sqrt{3}\,i}{2}\right)$$
は $(*)$ の解であるが，これらは相異なるので，求める $(*)$ の3解である．

(類題5の解答)

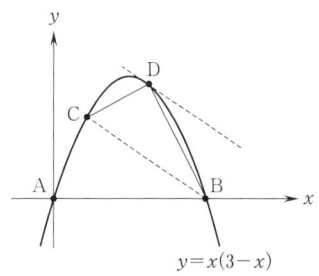

C, D の x 座標をそれぞれ，
$$p,\ t\ (0<p<3,\ 0<t<3)$$
とする．$p<t$ として一般性を失わない．

(I) $C(p,\ p(3-p))$ を固定したとき
$$\Box ABDC=\triangle ABC+\triangle BDC$$
$$\left(\triangle ABC=\frac{3}{2}p(3-p)\right)(\text{一定})$$
であるから，
$$\triangle BDC\ \text{が最大のとき}\ \Box ABDC\ \text{は最大．}$$
このとき，$D(t,\ t(3-t))$ は，直線 BC に平行な曲線 $y=x(3-x)$ の接線と曲線との接点である．
$$\text{直線 BC}:px+y=3p\quad(\text{傾きは}-p)$$
であり，$y=x(3-x)$ について $y'=3-2x$ である．
$$3-2t=-p.$$

$$t=\frac{p+3}{2}.\ (\text{有名事実です！})$$
$t=\dfrac{p+3}{2}$ のとき，D と直線 BC の距離 h は
$$h=\frac{|pt+t(3-t)-3p|}{\sqrt{p^2+1}}=\frac{\left|\frac{1}{4}(3-p)^2\right|}{\sqrt{p^2+1}}$$
$$=\frac{(3-p)^2}{4\sqrt{p^2+1}}$$
であり
$$\triangle BCD=\frac{1}{2}BC\cdot h=\frac{1}{2}(3-p)\sqrt{1+p^2}\cdot h$$
$$=\frac{1}{8}(3-p)^3.$$
よって，C を固定したときの $\Box ABDC$ の最大値 $f(p)$ は，
$$f(p)=\frac{3}{2}p(3-p)+\frac{1}{8}(3-p)^3=\frac{1}{8}(3-p)(3+p)^2.$$

(II) C すなわち $p\ (0<p<3)$ を変化させて，$f(p)$ の最大値を求める．
$$f'(p)=\frac{3}{8}(3+p)(1-p)$$
であるから，増減は次の通り．

p	(0)		1		(3)
$f'(p)$		$+$	0	$-$	
$f(p)$		↗		↘	

$f(p)$ は $p=1$ で最大であり
$$\max f(p)=4.$$
(I), (II) より，求める四角形の面積の最大値は
$$4$$
である．$(C(1,\ 2),\ D(2,\ 2)\ \text{のとき})$

【別解】
$$C(p,\ p(3-p)),\ D(t,\ t(3-t))\ (0<p<t<3)$$

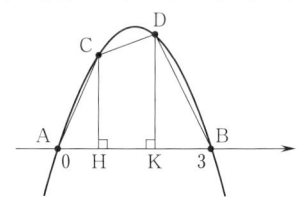

とすると
$$\Box ABDC=\triangle AHC+\Box CHKD+\triangle BKD$$
$$=\frac{1}{2}p^2(3-p)+\frac{1}{2}(t-p)\{p(3-p)+t(3-t)\}$$
$$\quad+\frac{1}{2}t(3-t)^2$$

$$= \frac{1}{2}\{pt(3-p)+t(t-p)(3-t)+t(3-t)^2\}$$
$$= \frac{1}{2}\{pt(3-p)+t(3-t)(3-p)\}$$
$$= \frac{1}{2}t(3-p)(3+p-t)$$
$$\leq \frac{1}{2}\left\{\frac{t+(3-p)+(3+p-t)}{3}\right\}^3$$
((相乗平均)≦(相加平均) より)
$$=4.$$

等号成立は，
$t=3-p=3+p-t\ (>0)$，すなわち $p=1$，$t=2$
のとき．

第2章 三角関数

(類題6の解答)
$$F(\theta)=\sin^2\theta+\sin^2(\theta+\alpha)+\sin^2(\theta+\beta)$$
$$=\frac{1-\cos 2\theta}{2}+\frac{1-\cos(2\theta+2\alpha)}{2}$$
$$\quad+\frac{1-\cos(2\theta+2\beta)}{2} \quad (\leftarrow \text{半角公式})$$
$$=\frac{3}{2}-\frac{1}{2}\{\cos 2\theta+\cos(2\theta+2\alpha)$$
$$\quad+\cos(2\theta+2\beta)\}.$$

よって
$$G(\theta)=\cos 2\theta+\cos(2\theta+2\alpha)+\cos(2\theta+2\beta)$$
が θ に無関係に一定となるように α, β を定めればよい．
一定値を k とすると
$$\begin{cases} G(0)=1+\cos 2\alpha+\cos 2\beta=k, & \cdots\cdots① \\ G\left(\frac{\pi}{4}\right)=-\sin 2\alpha-\sin 2\beta=k, & \cdots\cdots② \\ G\left(\frac{\pi}{2}\right)=-1-\cos 2\alpha-\cos 2\beta=k. & \cdots\cdots③ \end{cases}$$
①+③ より
$$k=0$$
が必要であり，このとき ①，② より
$$\begin{cases} \cos 2\alpha+\cos 2\beta=-1, \\ \sin 2\alpha+\sin 2\beta=0 \end{cases}$$
であり，$0\leq 2\alpha\leq 2\beta\leq 2\pi$ であるから，問題6の【解答1】と全く同様に考えて
$$2\alpha=\frac{2}{3}\pi,\ 2\beta=\frac{4}{3}\pi. \quad (\leftarrow \text{必要条件})$$
逆にこのとき
$$G(\theta)=\cos 2\theta+\cos\left(2\theta+\frac{2}{3}\pi\right)+\cos\left(2\theta+\frac{4}{3}\pi\right)$$
$$=\cos 2\theta+2\cos(2\theta+\pi)\cos\frac{1}{3}\pi$$
$$=\cos 2\theta+2(-\cos 2\theta)\cdot\frac{1}{2}=0$$

となり，十分．
求める α, β は
$$\alpha=\frac{\pi}{3},\ \beta=\frac{2}{3}\pi.$$

注
$$G(\theta)=(1+\cos 2\alpha+\cos 2\beta)\cos 2\theta$$
$$\quad+(-\sin 2\alpha-\sin 2\beta)\sin 2\theta$$
であるから，問題6の【解答2】と同様に，α, β の満たすべき条件は
$$\begin{cases} 1+\cos 2\alpha+\cos 2\beta=0, \\ \sin 2\alpha+\sin 2\beta=0. \end{cases}$$

(類題7の解答)
「実数 x, y が，$\sin x+\sin y=1$ を満たして変化するとき，$\cos x+\cos y=a$ となる」
$$\iff \left「\begin{cases} \sin x+\sin y=1, & \cdots\cdots① \\ \cos x+\cos y=a & \cdots\cdots② \end{cases}\right.$$
を満たす実数 x, y が存在する」 $\cdots\cdots(*)$

①，② と $\sin^2 y+\cos^2 y=1$ より
$$(1-\sin x)^2+(a-\cos x)^2=1 \quad \cdots\cdots③$$
$$\iff \sin x+a\cos x=\frac{1+a^2}{2}$$
$$\iff \sqrt{1+a^2}\sin(x+\gamma)=\frac{1+a^2}{2}$$
$$\iff \sin(x+\gamma)=\frac{\sqrt{1+a^2}}{2}. \quad \cdots\cdots③'$$
$$\left(\text{ただし，}\cos\gamma=\frac{1}{\sqrt{1+a^2}},\ \sin\gamma=\frac{a}{\sqrt{1+a^2}}\right)$$

$(*)$ が成り立つ条件は，③ すなわち ③' を満たす実数 x が存在することであり，この条件は
$$\frac{\sqrt{1+a^2}}{2}\leq 1.$$
よって，$a^2\leq 3$ より
$$-\sqrt{3}\leq a\leq\sqrt{3}.$$
したがって
$$-\sqrt{3}\leq\cos x+\cos y\leq\sqrt{3}.$$

〈参考〉
$\overrightarrow{OA}=\begin{pmatrix}\cos x\\ \sin x\end{pmatrix}$, $\overrightarrow{OB}=\begin{pmatrix}\cos y\\ \sin y\end{pmatrix}$ とすると，
$\sin x+\sin y=1$ を満たすとき
$\overrightarrow{OC}=\overrightarrow{OA}+\overrightarrow{OB}$ の Y 成分は 1.

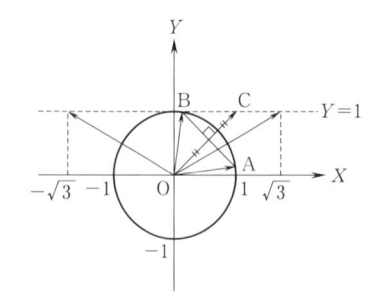

$|\overrightarrow{OC}|=|\overrightarrow{OA}+\overrightarrow{OB}|\leqq|\overrightarrow{OA}|+|\overrightarrow{OB}|=2$
と上図より
$$-\sqrt{3}\leqq(\overrightarrow{OC} \text{の} X \text{成分})\leqq\sqrt{3}.$$
逆に，k を $-\sqrt{3}\leqq k\leqq\sqrt{3}$ を満たす実数として
$$(\overrightarrow{OC} \text{の} X \text{成分})=k$$
となる A, B (すなわち実数 x, y) が存在する．
したがって，$\overrightarrow{OC}$ の X 成分 $\cos x+\cos y$ について
$$-\sqrt{3}\leqq\cos x+\cos y\leqq\sqrt{3}.$$

(類題 8 の解答)

(1)

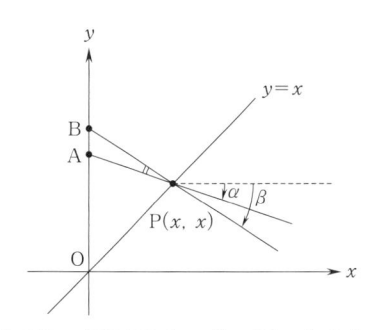

直線 AP，直線 BP と x 軸の正の向きとのなす角をそれぞれ α, β $\left(-\dfrac{\pi}{2}<\alpha, \beta<\dfrac{\pi}{2}\right)$ とすると
$$\tan\alpha=\dfrac{x-8}{x-0}=1-\dfrac{8}{x}, \quad \cdots\cdots ①$$
$$\tan\beta=\dfrac{x-9}{x-0}=1-\dfrac{9}{x}. \quad \cdots\cdots ②$$
$x>0$ より $\tan\beta<\tan\alpha$ であり，
$$-\dfrac{\pi}{2}<\beta<\alpha<\dfrac{\pi}{2}$$
であるから，$\theta=\alpha-\beta$．
よって
$$\tan\theta=\tan(\alpha-\beta)=\dfrac{\tan\alpha-\tan\beta}{1+\tan\alpha\tan\beta}$$
$$=\dfrac{\dfrac{x-8}{x}-\dfrac{x-9}{x}}{1+\dfrac{x-8}{x}\cdot\dfrac{x-9}{x}}$$
$$=\dfrac{x}{2x^2-17x+72}.$$

(2) (1) の結果より
$$\tan\theta=\dfrac{x}{2\left(x-\dfrac{17}{4}\right)^2+\dfrac{287}{8}}$$
であり，$x>0$ のとき $\tan\theta>0$ であるから，
$$0<\theta<\dfrac{\pi}{2}.$$
$x>0$ であるから
$$\tan\theta=\dfrac{1}{2x+\dfrac{72}{x}-17}.$$
ここで，(相加平均)≧(相乗平均) の関係より
$$2x+\dfrac{72}{x}\geqq 2\sqrt{2x\cdot\dfrac{72}{x}}=24.$$
よって
$$\tan\theta\leqq\dfrac{1}{24-17}=\dfrac{1}{7}.$$
等号成立は
$$2x=\dfrac{72}{x} \quad \text{すなわち} \quad x=6 \text{ のとき．}$$
$0<\theta<\dfrac{\pi}{2}$ であるから，$\tan\theta$ が最大のとき θ も最大であり，求める選手の位置 P は
$$\mathbf{P(6, 6).}$$

〈参考〉

3 点 A, B, P を通る円 C_p の半径が最小になるとき $\angle APB=\theta$ は最大．これは円 C_p が直線 $y=x$ に接する場合であり，

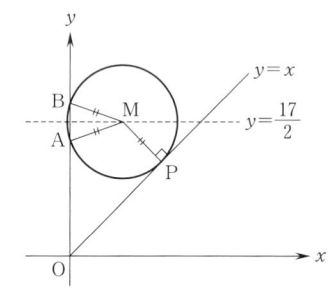

C_p の中心 M について AM=BM=PM より
$$M\left(\dfrac{7}{2}, \dfrac{17}{2}\right).$$
よって，$PM^2=AM^2=\dfrac{50}{4}$ であり，
$$OP^2=OM^2-PM^2=\dfrac{338}{4}-\dfrac{50}{4}=72.$$
P(x, x) $(x>0)$ より
$$x=6.$$

(類題 9 の解答)

(1) $F=\cos A+\cos B+\cos C$ とおく．

(I) A $(0<A<\pi)$ を固定したとき

$$F = \cos A + 2\cos\frac{B+C}{2}\cos\frac{B-C}{2}$$
$$= \cos A + 2\cos\frac{\pi-A}{2}\cos\frac{B-C}{2}$$
$$= \cos A + 2\sin\frac{A}{2}\cos\frac{B-C}{2}. \quad \cdots\cdots ①$$

ここで，
$$B>0, \ C>0 \quad B+C=\pi-A$$
より
$$-\frac{\pi-A}{2} < \frac{B-C}{2} < \frac{\pi-A}{2}$$
であり

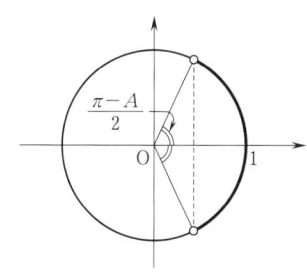

$$\cos\frac{\pi-A}{2} < \cos\frac{B-C}{2} \leqq 1$$

すなわち
$$\sin\frac{A}{2} < \cos\frac{B-C}{2} \leqq 1.$$

辺々に $\sin\frac{A}{2}\ (>0)$ を掛けて
$$\sin^2\frac{A}{2} < \sin\frac{A}{2}\cos\frac{B-C}{2} \leqq \sin\frac{A}{2}. \ \cdots ②$$

①，② より
$$\cos A + 2\sin^2\frac{A}{2} < F \leqq \cos A + 2\sin\frac{A}{2}$$
であり，
$$\cos A = \cos\left(2\cdot\frac{A}{2}\right) = 1 - 2\sin^2\frac{A}{2}$$
であるから
$$1 < F \leqq -2\sin^2\frac{A}{2} + 2\sin\frac{A}{2} + 1.$$
$$\left(\text{等号成立は，} B=C=\frac{\pi-A}{2} \text{のとき}\right)$$

(II) A を $0<A<\pi$ で変化させると
$$-2\sin^2\frac{A}{2} + 2\sin\frac{A}{2} + 1$$
$$= -2\left(\sin\frac{A}{2} - \frac{1}{2}\right)^2 + \frac{3}{2} \leqq \frac{3}{2}$$
$$\left(\text{等号成立は，} \sin\frac{A}{2}=\frac{1}{2} \text{ すなわち } \frac{A}{2}=\frac{\pi}{6} \text{のとき}\right)$$
(I)，(II) より
$$1 < F \leqq \frac{3}{2}.$$

$$\left(\begin{array}{l}\text{等号成立は，}\\ A=\frac{\pi}{3} \text{ かつ } B=C=\frac{\pi-A}{2}\\ \text{すなわち}\\ \quad A=B=C=\frac{\pi}{3}\\ \text{のとき.}\end{array}\right)$$

(2) $G = \cos A \cos B \cos C$ とおく．

(I) $A\ (0<A<\pi)$ を固定したとき，
$$G = \cos A \cdot \frac{1}{2}\{\cos(B+C) + \cos(B-C)\}$$
$$= \frac{1}{2}\cos A\{\cos(\pi-A) + \cos(B-C)\}$$
$$= \frac{1}{2}\cos A\{-\cos A + \cos(B-C)\}. \quad \cdots\cdots ③$$

ここで，$B>0, \ C>0, \ B+C=\pi-A$ より
$$-(\pi-A) < B-C < \pi-A$$
であり

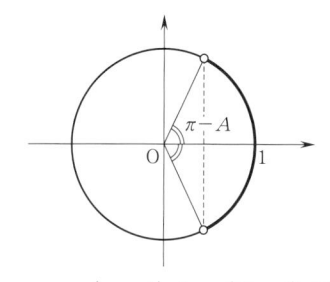

$$\cos(\pi-A) < \cos(B-C) \leqq 1$$

すなわち
$$-\cos A < \cos(B-C) \leqq 1.$$

よって，
$$-2\cos A < -\cos A + \cos(B-C) \leqq 1 - \cos A. \ \cdots ④$$

(i) $0<A\leqq\frac{\pi}{2}$ のとき，$\cos A \geqq 0$ であり

③，④ より
$$-\cos^2 A \leqq G \leqq \frac{1}{2}\cos A(1-\cos A).$$

(ii) $\frac{\pi}{2}<A<\pi$ のとき，$\cos A < 0$ であり

③，④ より
$$\frac{1}{2}\cos A(1-\cos A) \leqq G < -\cos^2 A$$

(II) A を $0<A<\pi$ で変化させると
$$f(A) = \frac{1}{2}\cos A(1-\cos A)$$
$$= -\frac{1}{2}\left(\cos A - \frac{1}{2}\right)^2 + \frac{1}{8}$$
について，
$$\begin{cases} 0 \leqq f(A) \leqq \frac{1}{8} & \left(0<A\leqq\frac{\pi}{2}\right), \\ -1 < f(A) < 0 & \left(\frac{\pi}{2}<A<\pi\right). \end{cases}$$

$g(A)=-\cos^2 A$ について
$$-1<g(A)\leq 0 \ (0<A<\pi).$$
したがって，(I)，(II) より
$$\boldsymbol{-1<G\leq\dfrac{1}{8}}.$$

$\begin{pmatrix}\text{等号成立は，}\\ \cos A=\dfrac{1}{2} \text{ かつ } B=C=\dfrac{\pi-A}{2}\\ \text{すなわち}\\ A=B=C=\dfrac{\pi}{3}\\ \text{のとき．}\end{pmatrix}$

第3章　数　列

(類題10 の解答)

$\alpha<0<\beta$ より $\alpha\beta<0$.

よって，3数 α, β, $\alpha\beta$ が等比数列になるとき，β が等比中項であり
$$\beta^2=\alpha\cdot\alpha\beta. \quad \text{すなわち } \beta=\alpha^2. \quad \cdots\cdots①$$

また，3数 α, β, $\alpha\beta$ が等差数列になるとき
　　$\alpha\beta$ が等差中項　または　α が等差中項

(ⅰ) $\alpha\beta$ が等差中項のとき
$$2\alpha\beta=\alpha+\beta. \quad \cdots\cdots②$$
①，② より
$$2\alpha^3=\alpha+\alpha^2.$$
$$\alpha(2\alpha+1)(\alpha-1)=0.$$
$\alpha<0$ より
$$\alpha=-\dfrac{1}{2}, \ \beta=\dfrac{1}{4}.$$

(ⅱ) α が等差中項のとき
$$2\alpha=\alpha\beta+\beta \quad \cdots\cdots③$$
①，③ より
$$2\alpha=\alpha^3+\alpha^2$$
$$\alpha(\alpha-1)(\alpha+2)=0.$$
$\alpha<0$ より
$$\alpha=-2, \ \beta=4$$

(ⅰ)，(ⅱ) より
$$(\alpha, \beta)=\left(-\dfrac{1}{2}, \ \dfrac{1}{4}\right), \ (-2, 4).$$

(類題11 の解答)

(1) $|x|+|y|\leq n$ が表す領域 D は次図の網かけ部分である．

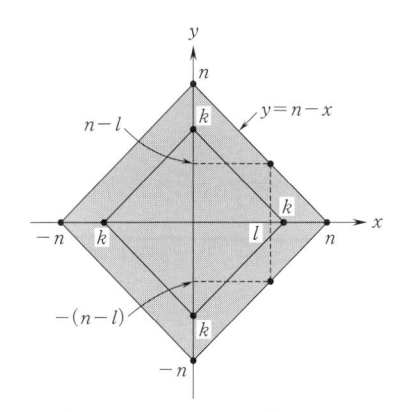

領域 D 内にあり，直線 $x=l$ ($l=0$, 1, 2, $\cdots$, n) 上の格子点について y 座標は，
$$-(n-l), \ \cdots, \ -2, \ -1, \ 0, \ 1, \ 2, \ \cdots, \ (n-l)$$
であり，
$$2(n-l)+1 \text{ 個}.$$

よって，求める個数を $f(n)$ とすると，y 軸に関する対称性より
$$f(n)=2\sum_{l=1}^{n}(2n-2l+1)+(2n+1)$$
$$=2\cdot\dfrac{n}{2}(2n-1+1)+(2n+1)$$
$$=\boldsymbol{2n^2+2n+1}.$$
　　　　（これは，$n=0$ のときも適する）

【(1) の別解】

$k=0$, 1, 2, $\cdots$, n に対して
$$|x|+|y|=k$$
となる (x, y) の個数は，
$$\begin{cases} k=0 \text{ のとき } 1 \text{ 個,} \\ 1\leq k\leq n \text{ のとき } 4k \text{ 個.} \end{cases}$$
よって，求める個数 $f(n)$ は
$$f(n)=1+\sum_{k=1}^{n}4k=\boldsymbol{2n^2+2n+1}.$$
　　　　（これは，$n=0$ のときも適する）

(2) $$|x|+|y|+|z|\leq n \quad \cdots\cdots(*)$$
のとき，整数 z のとり得る値は，
$$z=0, \pm 1, \pm 2, \cdots, \pm n.$$
$z=k$, $z=-k$ ($k=0$, 1, 2, $\cdots$, n) のとき，x, y は
$$|x|+|y|\leq n-k \quad ((*) \text{ より})$$
を満たすから，(x, y, k) の個数は，(1) より
$$f(n-k) \text{ 個．}$$
よって，求める個数は
$$2\sum_{k=1}^{n}f(n-k)+f(n-0)$$
$$=2\sum_{l=0}^{n-1}f(l)+f(n)$$
$$=2\sum_{l=0}^{n-1}(2l^2+2l+1)+(2n^2+2n+1)$$

$$=2\left\{\frac{1}{3}(n-1)n(2n-1)+(n-1)n+n\right\}$$
$$+(2n^2+2n+1)$$
$$=\frac{4}{3}n^3+2n^2+\frac{8}{3}n+1.$$
$$=\frac{1}{3}(2n+1)(2n^2+2n+3)$$

(類題12の解答)

番号は下図の →↑↘ に従ってつけられる.

$[x]$ は, 実数 x を超えない最大の整数を表すとする.

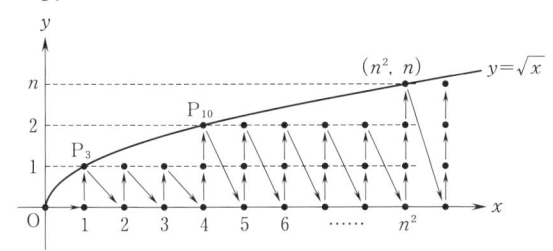

(1) N が, $l^2 \leq N < (l+1)^2$ ($l=0, 1, 2, \cdots$) を満たす整数のとき, L の点で直線 $x=N$ 上にあるものは

$[\sqrt{N}]+1=l+1$ 個. ($l \leq \sqrt{N} < l+1$ より)

よって, L の点で $l^2 \leq x < (l+1)^2$ の範囲にあるものの個数 A_l は

$$A_l = \{(l+1)^2 - l^2\} \cdot (l+1) = (2l+1)(l+1)$$

であり, 点 (n^2, n) までにある L の点の個数は

$$A_0 + A_1 + A_2 + \cdots + A_{n-1} + (n+1)$$
$$=\sum_{l=0}^{n-1} A_l + (n+1) = \sum_{m=1}^{n}(2m-1)\cdot m + (n+1)$$
$$=\sum_{m=1}^{n}(2m^2-m) + (n+1)$$
$$=\frac{2}{6}n(n+1)(2n+1) - \frac{1}{2}n(n+1) + (n+1)$$
$$=\frac{1}{6}(n+1)(4n^2-n+6).$$

よって, 点 (n^2, n) は

$$\frac{1}{6}(n+1)(4n^2-n+6) \text{ 番目}$$

である.

(2) $\dfrac{1}{6}(n+1)(4n^2-n+6) \leq 200$

を満たす最大の自然数 n を求めると
$$n=6$$
であり
点 $(6^2, 6)$ は, $\dfrac{1}{6} \times 7 \times 4 \cdot 6^2 = 168$ 番目.

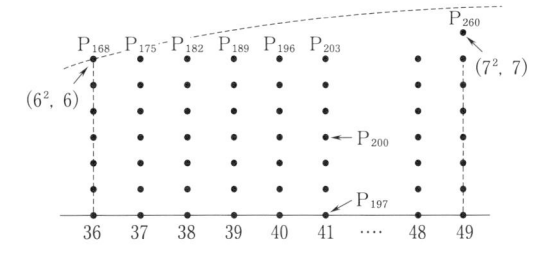

N が $6^2 \leq N < 7^2$ を満たすとき, L の点で直線 $x=N$ 上にあるものは7個であるから, L の点 $(37, 0)$ から点 $(40, 6)$ までの個数は28であり,

P_{196} の座標は $(40, 6)$.

よって,

P_{197} の座標は $(41, 0)$,
P_{198} の座標は $(41, 1)$,
P_{199} の座標は $(41, 2)$,
P_{200} の座標は $(41, 3)$.

【(1)の別解】

L の点で, $0 \leq x \leq n^2$ の範囲に含まれ, 直線 $y=k$ ($k=0, 1, 2, \cdots, n$) 上にあるものは,
$$n^2 - (k^2-1) = n^2 + 1 - k^2 \text{ 個}.$$

よって, $0 \leq x \leq n^2$ の範囲の L の点の個数は,
$$\sum_{k=0}^{n}(n^2+1-k^2) = (n^2+1)(n+1) - \sum_{k=1}^{n}k^2$$
$$=(n^2+1)(n+1) - \frac{1}{6}n(n+1)(2n+1)$$
$$=\frac{1}{6}(n+1)(4n^2-n+6).$$

よって, 点 (n^2, n) は
$$\frac{1}{6}(n+1)(4n^2-n+6) \text{ 番目}$$
である.

(類題13の解答)

(1) 3枚の並べ方は3通りであるが, 4枚目, 5枚目を条件を満たすように並べると次の通り.

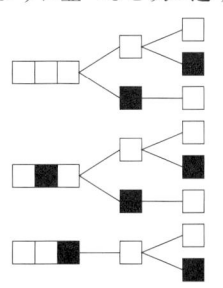

よって
$$a_4 = 5, \quad a_5 = 8.$$

(2) $n+2$ 枚並べたとき, $n+2$ 枚目は白いタイルの場合と黒いタイルの場合がある.

(ⅰ) $n+2$ 枚目が白いタイルの場合

1 2 3 …… n $n+1$ $n+2$
↑白

1 枚目から $n+1$ 枚目までは条件を満たすように白,黒のタイルを並べればよく,この並べ方は a_{n+1} 通り.

(ⅱ) $n+2$ 枚目が黒いタイルの場合

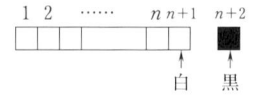

1 2 …… n $n+1$ $n+2$
↑白 ↑黒

$n+1$ 枚目は白いタイルである必要があり,1 枚目から n 枚目までは条件を満たすように白,黒のタイルを並べればよく,この並べ方は a_n 通り.

(ⅰ), (ⅱ) は排反であるから
$$a_{n+2}=a_{n+1}+a_n \ (n\geq 1). \quad \cdots\cdots(*)$$

(3) (*) が
$$\begin{cases} a_{n+2}-\alpha a_{n+1}=\beta(a_{n+1}-\alpha a_n), & \cdots\cdots③ \\ a_{n+2}-\beta a_{n+1}=\alpha(a_{n+1}-\beta a_n). & \cdots\cdots④ \end{cases}$$
の形に変形できるためには,
$$\alpha+\beta=1, \ \alpha\beta=-1$$
であればよく,α, β は
$$t^2-t-1=0$$
の 2 解である.$\alpha<\beta$ としてよく
$$\alpha=\frac{1-\sqrt{5}}{2}, \ \beta=\frac{1+\sqrt{5}}{2}.$$
このとき,③, ④ より
$$\begin{cases} a_{n+1}-\alpha a_n=(a_2-\alpha a_1)\beta^{n-1}, \\ a_{n+1}-\beta a_n=(a_2-\beta a_1)\alpha^{n-1}. \end{cases}$$
ここで
$$\begin{cases} a_2-\alpha a_1=2-\alpha=1+\beta=\beta^2, \\ a_2-\beta a_1=2-\beta=1+\alpha=\alpha^2 \end{cases}$$
($\alpha+\beta=1$ および $\alpha^2-\alpha-1=0$,$\beta^2-\beta-1=0$ より)
であるから
$$\begin{cases} a_{n+1}-\alpha a_n=\beta^{n+1}, & \cdots\cdots⑤ \\ a_{n+1}-\beta a_n=\alpha^{n+1}. & \cdots\cdots⑥ \end{cases}$$
⑤－⑥ より
$$a_n=\frac{1}{\beta-\alpha}(\beta^{n+1}-\alpha^{n+1})$$
$$=\frac{1}{\sqrt{5}}\left\{\left(\frac{1+\sqrt{5}}{2}\right)^{n+1}-\left(\frac{1-\sqrt{5}}{2}\right)^{n+1}\right\}.$$

【(2) の別解】

n 枚のタイルを条件を満たすように並べたとき,
$\begin{cases} n \text{ 枚目が白いタイルである並べ方の数を } b_n, \\ n \text{ 枚目が黒いタイルである並べ方の数を } c_n. \end{cases}$
とすると

$$a_n=b_n+c_n. \ (n=1, 2, 3, \cdots)$$

$n+2$ 枚のタイルを条件を満たすように並べるのは

(ⅰ) $n+1$ 枚を条件を満たすように並べたとき,$n+1$ 枚目が白いタイルの場合,$n+2$ 枚目の並べ方は 2 通り.

(ⅱ) $n+1$ 枚を条件を満たすように並べたとき,$n+1$ 枚目が黒いタイルの場合,$n+2$ 枚目は白いタイルを並べることになり 1 通り.

(ⅰ), (ⅱ) は排反であるから
$$a_{n+2}=2b_{n+1}+c_{n+1}. \quad \cdots\cdots①$$

また,$n+1$ 枚を条件を満たすように並べたとき $n+1$ 枚目が白いタイルとなる並べ方は,1 枚目から n 枚目までを条件を満たすように並べたそれぞれの場合から 1 通りずつ得られるから
$$b_{n+1}=a_n. \quad \cdots\cdots②$$

①, ② と $a_{n+1}=b_{n+1}+c_{n+1}$ より
$$a_{n+2}=(b_{n+1}+c_{n+1})+b_{n+1}$$
$$=a_{n+1}+a_n. \quad \cdots\cdots(*)$$

(類題 14 の解答)

a_n, b_n の定め方より
$$a_{n+1}+b_{n+1}\sqrt{3}=(2+\sqrt{3})^{n+1}$$
$$=(2+\sqrt{3})(2+\sqrt{3})^n$$
$$=(2+\sqrt{3})(a_n+b_n\sqrt{3})$$
$$=(2a_n+3b_n)+(a_n+2b_n)\sqrt{3}.$$

a_n, b_n, a_{n+1}, b_{n+1} は整数(有理数),$\sqrt{3}$ は無理数であるから
$$\begin{cases} a_{n+1}=2a_n+3b_n, \\ b_{n+1}=a_n+2b_n. \end{cases} \quad \cdots\cdots(*)$$
ただし,$a_1+b_1\sqrt{3}=(2+\sqrt{3})^1$ より
$$a_1=2, \ b_1=1.$$

(1) (*) を用いると
$$a_{n+1}-b_{n+1}\sqrt{3}=(2a_n+3b_n)-(a_n+2b_n)\sqrt{3}$$
$$=(2-\sqrt{3})(a_n-b_n\sqrt{3}).$$
よって,数列 $\{a_n-b_n\sqrt{3}\}$ は公比 $2-\sqrt{3}$ の等比数列であり,
$$a_n-b_n\sqrt{3}=(a_1-b_1\sqrt{3})(2-\sqrt{3})^{n-1}$$
$$=(2-\sqrt{3})^n.$$

注 (1) は,次の 1), 2), 3) のように考えても解答できます.

1) 数学的帰納法を用いて「$a_n-b_n\sqrt{3}=(2-\sqrt{3})^n$」を示す.

2) $a_n^2-3b_n^2=1 \ (n\geq 1)$ が成り立つことを示して,
$$a_n-b_n\sqrt{3}=\frac{a_n^2-3b_n^2}{a_n+b_n\sqrt{3}}=\frac{1}{a_n+b_n\sqrt{3}}$$
$$=\frac{1}{(2+\sqrt{3})^n}=(2-\sqrt{3})^n$$
と導く.

3) 二項定理を適用すれば,
$$(2+\sqrt{3})^n=\sum_{k=0}^{n}{}_nC_k2^{n-k}(\sqrt{3})^k$$
$$=\sum_{k:偶数}{}_nC_k2^{n-k}3^{\frac{k}{2}}+\sum_{k:奇数}{}_nC_k2^{n-k}3^{\frac{k-1}{2}}\cdot\sqrt{3}$$
より,
$$a_n=\sum_{k:偶数}{}_nC_k2^{n-k}3^{\frac{k}{2}},\ b_n=\sum_{k:奇数}{}_nC_k2^{n-k}3^{\frac{k-1}{2}}$$
とわかるから
$$(2-\sqrt{3})^n=\sum_{k=0}^{n}{}_nC_k2^{n-k}(-\sqrt{3})^k$$
$$=\sum_{k:偶数}{}_nC_k2^{n-k}3^{\frac{k}{2}}+\sum_{k:奇数}{}_nC_k2^{n-k}3^{\frac{k-1}{2}}(-\sqrt{3})$$
$$=a_n-b_n\sqrt{3}.$$

(2) (1) より
$$\begin{cases}(2+\sqrt{3})^n=a_n+b_n\sqrt{3},&\cdots\cdots①\\(2-\sqrt{3})^n=a_n-b_n\sqrt{3}.&\cdots\cdots②\end{cases}$$
①+② より
$$(2+\sqrt{3})^n+(2-\sqrt{3})^n=2a_n.$$
$$(2+\sqrt{3})^n=2a_n-(2-\sqrt{3})^n.\quad\cdots\cdots③$$
ここで $0<2-\sqrt{3}<1$ だから
$$0<(2-\sqrt{3})^n<1\quad\cdots\cdots④$$
であり, ③, ④ より
$$2a_n-1<(2+\sqrt{3})^n<2a_n.$$
$2a_n-1,\ 2a_n$ は連続した 2 整数であるから, $(2+\sqrt{3})^n$ の整数部分は $2a_n-1$ であり, 奇数である.

(類題 15 の解答)
$$x_{n+1}=f(x_n)=x_n+x_n^3\ (n\geqq 0)$$
であり, x_0 は整数であるから, 帰納的に
x_n は整数 $(n=0,\ 1,\ 2,\ \cdots)$.
$a_n=x_n-(-1)^nx_0\ (n\geqq 0)$ とおき
「a_n は 3 で割り切れる $(n\geqq 1)$」 $\cdots\cdots(*)$
を数学的帰納法で示す.
(I) $n=1$ のとき
$$a_1=x_1+x_0=(x_0+x_0^3)+x_0$$
$$=(x_0^3-x_0)+3x_0$$
$$=(x_0-1)x_0(x_0+1)+3x_0.$$
$(x_0-1)x_0(x_0+1)$ は連続した 3 整数の積であるから 3 の倍数であり, a_1 は 3 の倍数である.
よって, $n=1$ のとき $(*)$ は成り立つ.
(II) $n=k$ のとき, $(*)$ は成り立つ, つまり
$$a_k=x_k-(-1)^kx_0\ は\ 3\ の倍数\quad\cdots\cdots①$$
と仮定すると
$$a_{k+1}=x_{k+1}-(-1)^{k+1}x_0$$
$$=(x_k+x_k^3)+(-1)^kx_0$$
$$=(x_k+x_k^3)+(x_k-a_k)$$
$$=(x_k^3-x_k)+3x_k-a_k$$
$$=(x_k-1)x_k(x_k+1)+3x_k-a_k$$
$(x_k-1)x_k(x_k+1)$ は連続した 3 整数の積であるから 3 の倍数であり, ① と合わせて
a_{k+1} は 3 の倍数である.
よって $n=k+1$ のときも $(*)$ は成り立つ.
(I), (II) より
すべての正の整数 n に対して $x_n-(-1)^nx_0$ は 3 の倍数である

注
「a_n は 3 で割り切れる $(n\geqq 0)$」
を数学的帰納法で示してもよい.
(I) $n=0$ のとき
$a_0=x_0-(-1)^0x_0=0$ が 3 の倍数であることは明らかである.
(II) 以降は同様である.

(類題 16 の解答)
$x^2-4x-1=0$ を解いて
$$\alpha=2+\sqrt{5},\ \beta=2-\sqrt{5}.$$
であり,
$$\alpha+\beta=4,\ \alpha\beta=-1.\quad\cdots\cdots①$$
(1) $S_1=\alpha^1+\beta^1=4.$
$S_2=\alpha^2+\beta^2=(\alpha+\beta)^2-2\alpha\beta=18.$ (① より)
$S_3=\alpha^3+\beta^3=(\alpha+\beta)^3-3\alpha\beta(\alpha+\beta)=76.$
(① より)
また, $n\geqq 3$ のとき
$$S_n=\alpha^n+\beta^n$$
$$=(\alpha+\beta)(\alpha^{n-1}+\beta^{n-1})-\alpha\beta(\alpha^{n-2}+\beta^{n-2})$$
$$=4S_{n-1}+S_{n-2}.\quad\cdots\cdots(*)$$
(① より)
(2) $\beta=2-\sqrt{5}$ について, $-1<\beta<0$ であるから
$$-1<\beta^3<0$$
よって, β^3 以下の最大の整数は -1.
(3) $S_1=4,\ S_2=18$ は整数であり,
$S_n,\ S_{n+1}$ が整数と仮定すると, $(*)$ より
$$S_{n+2}=4S_{n+1}+S_n$$
であるから, S_{n+2} も整数である.
よって, 数学的帰納法により
$S_n\ (n=1,\ 2,\ 3,\ \cdots)$ は整数である.
$$S_{2003}=\alpha^{2003}+\beta^{2003}$$
より
$$\alpha^{2003}=S_{2003}-\beta^{2003}.\quad\cdots\cdots②$$
また, $-1<\beta<0$ だから
$$-1<\beta^{2003}<0\quad\cdots\cdots③$$
であり, ②, ③ より
$$S_{2003}<\alpha^{2003}<S_{2003}+1.$$
S_{2003} は整数であるから
α^{2003} の整数部分 $[\alpha^{2003}]$ は S_{2003}. $\cdots\cdots④$

ここで，正の整数 N の1の位を $f(N)$ で表すことにすれば，(1) より
$$f(S_1)=4, \ f(S_2)=8$$
であり，
$$\begin{aligned}f(S_3)&=f(4S_2+S_1)=f(4f(S_2)+f(S_1))\\&=f(4\cdot 8+4)=6,\\f(S_4)&=f(4S_3+S_2)=f(4f(S_3)+f(S_2))\\&=f(4\cdot 6+8)=2,\\f(S_5)&=f(4S_4+S_3)=f(4f(S_4)+f(S_3))\\&=f(4\cdot 2+6)=4=f(S_1),\\f(S_6)&=f(4S_5+S_4)=f(4f(S_5)+f(S_4))\\&=f(4\cdot 4+2)=8=f(S_2)\end{aligned}$$
であるから，帰納的に
$$f(S_{n+4})=f(S_n). \ (n=1, \ 2, \ 3, \ \cdots)$$
すなわち
数列 $\{f(S_n)\}$ は周期4の周期数列
であり
$$f(S_{2003})=f(S_{3+4\cdot 500})=f(S_3)=6. \quad \cdots\cdots ⑤$$
④，⑤ より
$$f([\alpha^{2003}])=f(S_{2003})=6.$$
すなわち
α^{2003} 以下の最大の整数の1の位は 6.

注 「$f(S_{n+4})=f(S_n) \ (n\geqq 1)$」 $\quad \cdots\cdots (**)$
は数学的帰納法により厳密に証明できる．
(I) $n=1, \ 2$ のとき，【解答】より
$$\begin{cases}f(S_5)=1=f(S_1),\\f(S_6)=8=f(S_2)\end{cases}$$
であり，$(**)$ は成り立つ．
(II) $n=k, \ k+1$ のとき，$(**)$ が成り立つと仮定すると
$$\begin{aligned}f(S_{k+6})&=f(4S_{k+5}+S_{k+4})\\&=f(4f(S_{k+5})+f(S_{k+4}))\\&=f(4f(S_{k+1})+f(S_k)) \ (仮定より)\\&=f(4S_{k+1}+S_k)\\&=f(S_{k+2}).\end{aligned}$$
よって，$n=k+2$ のときも $(**)$ は成り立つ．

【別解】
(1) 題意より
$$\begin{cases}\alpha^2=4\alpha+1,\\\beta^2=4\beta+1.\end{cases} \therefore \begin{cases}\alpha^n=4\alpha^{n-1}+\alpha^{n-2}, & \cdots\cdots ⑥\\\beta^n=4\beta^{n-1}+\beta^{n-2}. & \cdots\cdots ⑦\end{cases}$$
⑥+⑦ より
$$\alpha^n+\beta^n=4(\alpha^{n-1}+\beta^{n-1})+(\alpha^{n-2}+\beta^{n-2}).$$
すなわち
$$S_n=4S_{n-1}+S_{n-2}.$$

(類題17の解答)

(ii) で $n=1$ とすると，$a_1a_2=2a_1a_1$.
$a_1=1$ より，
$$a_2=2.$$
(ii) で $n=2$ とすると
$$a_1a_2+a_2a_3=2(a_1a_2+a_2a_1).$$
$a_1=1, \ a_2=2$ より
$$a_3=3.$$
(ii) で $n=3$ とすると
$$a_1a_2+a_2a_3+a_3a_4=2(a_1a_3+a_2a_2+a_3a_1).$$
$a_1=1, \ a_2=2, \ a_3=3$ より
$$a_4=4.$$
よって
$$\lceil a_n=n \ (n\geqq 1) \rfloor \quad \cdots\cdots(*)$$
と推定される．これを数学的帰納法で証明する．
(I) $n=1$ のとき
$a_1=1$ であり，$(*)$ は成り立つ．
(II) $n=1, \ 2, \ 3, \ \cdots, \ k$ のとき $(*)$ が成り立つ，つまり
$$a_1=1, \ a_2=2, \ a_3=3, \ \cdots, \ a_k=k$$
と仮定する．このとき，(ii) より
$$\begin{aligned}&a_1a_2+a_2a_3+\cdots+a_{k-1}a_k+a_ka_{k+1}\\&=2(a_1a_k+a_2a_{k-1}+\cdots+a_{k-1}a_2+a_ka_1).\end{aligned}$$
仮定を用いると
$$\sum_{l=1}^{k-1}l(l+1)+ka_{k+1}=2\sum_{l=1}^{k}l(k-l+1). \quad \cdots\cdots ①$$
ここで
$$\begin{aligned}&\sum_{l=1}^{k-1}l(l+1)\\&=\frac{1}{3}\sum_{l=1}^{k-1}\{l(l+1)(l+2)-(l-1)l(l+1)\}\\&=\frac{1}{3}(k-1)k(k+1).\end{aligned}$$
$$\begin{aligned}&\sum_{l=1}^{k}l(k-l+1)\\&=(k+1)\sum_{l=1}^{k}l-\sum_{l=1}^{k}l^2\\&=\frac{1}{2}k(k+1)^2-\frac{1}{6}k(k+1)(2k+1)\\&=\frac{1}{6}k(k+1)(k+2).\end{aligned}$$
よって ① より
$$\begin{aligned}ka_{k+1}&=2\cdot\frac{1}{6}k(k+1)(k+2)\\&\quad -\frac{1}{3}(k-1)k(k+1)\\&=k(k+1).\end{aligned}$$
よって，$a_{k+1}=k+1$ であり，$n=k+1$ のときも $(*)$ は成り立つ．
(I), (II) より，すべての自然数 n に対して $(*)$ は

成り立ち，
$$a_n = n \quad (n \geq 1).$$

注

① は $\sum_{l=1}^{k-1} l(l+1)$ という表現を用いているので，厳密には $k \geq 2$ の場合に意味をもちます．

したがって，(II)の論証は，次のように $k=1$ の場合，$k \geq 2$ の場合に分ける方が安全です．しかし，入試では場合を分けなくても減点されることは少ないと思われます．

・$k=1$ の場合，(ii) より
$$a_k a_{k+1} = 2a_1 a_k \quad \text{すなわち} \quad ka_{k+1} = 2 \cdot 1 \cdot k$$
であり
$$a_{k+1} = 2 = k+1.$$

・$k \geq 2$ の場合，(ii) と仮定を用いると
$$\sum_{l=1}^{k-1} l(l+1) + ka_{k+1} = 2\sum_{l=1}^{k} l(k-l+1) \quad \cdots \cdots ①$$
が成り立つから，【解答】のように考えて
$$a_{k+1} = k+1.$$

よって，$n = k+1$ のときも（＊）は成り立つ．

また，次のように少し工夫をして数学的帰納法を用いるのもよいでしょう．

(I) $n=1, 2$ のとき，
$a_1 = 1, a_2 = 2$ であり（＊）は成り立つ．

(II) $n=1, 2, 3, \cdots, k \ (k \geq 2)$ のとき（＊）が成り立つ，
つまり，
$$a_1 = 1, \ a_2 = 2, \ a_3 = 3, \ \cdots, \ a_k = k$$
と仮定すると，(ii) と仮定より
$$\sum_{l=1}^{k-1} l(l+1) + ka_{k+1} = 2\sum_{l=1}^{k} l(k-l+1) \quad \cdots \cdots ①$$
が成り立つから，【解答】のように考えて
$$a_{k+1} = k+1.$$
よって，$n=k+1$ のときも（＊）は成り立つ．

第4章 整数・整式

(類題18の解答)

$n=1$ のとき，$n^3+3 = 4$ は素数ではない．
$n=2$ のとき，$n^7+7 = 135 = 3^3 \cdot 5$ は素数ではない．
$n \geq 3$ のとき，
$$n = 3k, \ 3k+1, \ 3k+2 \quad (k は自然数)$$
と書ける．

(i) $n=3k$ のとき，$n^3+3 = 3(9k^2+1)$ は，$9k^2+1 \geq 10$ より素数ではない．

(ii) $n=3k+1$ のとき，二項定理より
$$(3k+1)^5 = {}_5C_0(3k)^5 + {}_5C_1(3k)^4 + \cdots + {}_5C_5(3k)^0$$
$$= 3N+1 \quad (N は自然数)$$

と書ける．
よって，$n^5+5 = (3N+1)+5 = 3(N+2)$ は素数ではない．

(iii) $n=3k+2$ のとき，$n+1 = 3(k+1)$ は素数ではない．

以上より，4個の整数 $n+1, n^3+3, n^5+5, n^7+7$ がすべて素数となるような正の整数 n は存在しない．

【$n \geq 3$ の部分の別解】

$n+1, n^3+3, n^5+5, n^7+7$ がすべて素数となる正の整数 n が存在すると仮定すると，$n+1$ は3の倍数ではないので，n を3で割った余りは0か1．
また，n^3+3 は3の倍数ではないので，n を3で割った余りは1か2．
よって，n を3で割った余りは1である．
このとき，
$$n^5+5 = (n^5-1)+6$$
$$= (n-1)(n^4+n^3+n^2+n+1)+6$$
となり，$n-1$ は3の倍数，$n^4+n^3+n^2+n+1$ は整数であるから，n^5+5 は3の倍数となり矛盾．
よって，$n \geq 3$ のとき，4個の整数 $n+1, n^3+3, n^5+5, n^7+7$ がすべて素数となる正の整数 n は存在しない．

(類題19の解答)

$$\begin{cases} a_1 = b_1 = 1, \\ a_{n+1} = 2a_n b_n, \\ b_{n+1} = 2a_n^2 + b_n^2. \end{cases}$$

(1) まず，帰納的に a_n, b_n は整数である．
$n \geq 3$ のとき，
「a_n は3で割り切れるが，b_n は3で割り切れない」 $\cdots\cdots(*)$
を数学的帰納法で示す．

(I) $n=3$ のとき，$a_1 = b_1 = 1$ より，
$a_2 = 2, \ b_2 = 3, \ a_3 = 12, \ b_3 = 17$ であり，(*)は成り立つ．

(II) $n=k \ (\geq 3)$ のとき(*)が成り立つ，つまり，
$a_k = 3a_k', \ b_k = 3b_k' \pm 1$（$a_k', b_k'$ は整数）と仮定する．このとき，
$$a_{k+1} = 2a_k b_k = 3(2a_k' b_k),$$
$$b_{k+1} = 2a_k^2 + b_k^2 = 2(3a_k')^2 + (3b_k' \pm 1)^2$$
$$= 3(6a_k'^2 + 3b_k'^2 \pm 2b_k') + 1$$
となり，$n=k+1$ でも(*)は成り立つ．

(I), (II) より，$n \geq 3$ のとき，a_n は3で割り切れるが，b_n は3で割り切れない．

(2) まず帰納的に，$n \geq 2$ で a_n は偶数，b_n は奇数である．

$n \geq 2$ のとき,
「a_n と b_n は互いに素である」 ……(**)
ことを数学的帰納法で示す.

(I) $n=2$ のとき,$a_2=2$,$b_2=3$ より
(**)は成り立つ.

(II) $n=k$ (≥ 2) のとき(*)が成り立つと仮定する.このとき,a_{k+1} と b_{k+1} が互いに素でないと仮定すると,a_{k+1} と b_{k+1} は3以上のある素数 p の倍数である.
$$a_{k+1}=2a_k b_k$$
であるから,a_k または b_k は p の倍数である.
ここで,a_k が p の倍数ならば,
$$b_{k+1}=2a_k{}^2+b_k{}^2$$
より,
$$b_k{}^2=b_{k+1}-2a_k{}^2$$
であるから b_k も p の倍数となる.
これは a_k と b_k が p の倍数となるから帰納法の仮定に矛盾する.
また,b_k が p の倍数ならば,
$$b_{k+1}=2a_k{}^2+b_k{}^2$$
より,
$$2a_k{}^2=b_{k+1}-b_k{}^2$$
であるから,a_k も p の倍数となる.
これも a_k と b_k が p の倍数となるから帰納法の仮定に矛盾する.
よって,$n=k+1$ でも(**)は成り立つ.

(I),(II)より,$n \geq 2$ のとき,a_n と b_n は互いに素である.

(類題20の解答)

(1) 方程式 $x^2-y^2=k$ の奇数解を
$$(x, y)=(2m+1, 2n+1) \quad (m, n は整数)$$
とする.このとき
$$k=(2m+1)^2-(2n+1)^2$$
$$=4m(m+1)-4n(n+1).$$
$m(m+1)$,$n(n+1)$ は連続した2整数の積であるから,ともに2の倍数である.
よって,k は8の倍数である.

(2) k が8の倍数であるとき,与えられた方程式は
$$x^2-y^2=8p \quad (p は 0 または正の整数) \cdots(*)$$
である.例えば
$$\begin{cases} x+y=4p, & \cdots\cdots① \\ x-y=2 & \cdots\cdots② \end{cases}$$
を満たす x,y は(*)の解であり,①,②より
$$\begin{cases} x=2p+1, \\ y=2p-1. \end{cases}$$
すなわち
(*)を満たす奇数解 $(2p+1, 2p-1)$ が存在する.

よって,k が8の倍数であれば $x^2-y^2=k$ は奇数解をもつ.

(1)と合わせて,$x^2-y^2=k$ が奇数解をもつための必要十分条件は,
「**k が8の倍数**」
である.

(類題21の解答)

(1) 題意より,q_1,q_2 を負でない整数として
$$\begin{cases} n_1=7q_1+R(n_1), \\ n_2=7q_2+R(n_2) \end{cases}$$
とおける.このとき
$$n_1 \cdot n_2 = (7q_1+R(n_1))(7q_2+R(n_2))$$
$$=7(7q_1q_2+q_1R(n_2)+q_2R(n_1))$$
$$+R(n_1) \cdot R(n_2)$$
であり
$$R(n_1 \cdot n_2)=R(R(n_1) \cdot R(n_2)). \quad \cdots\cdots(*)$$

(2) $R(3^2)=R(9)=2$ であり,(*)を利用すると
$$R(3^4)=R(3^2 \cdot 3^2)=R(R(3^2) \cdot R(3^2))$$
$$=R(2 \cdot 2)=4,$$
$$R(3^8)=R(3^4 \cdot 3^4)=R(R(3^4) \cdot R(3^4))$$
$$=R(4 \cdot 4)=2.$$
よって
$$\boldsymbol{R(3^{10})}=R(3^8 \cdot 3^2)=R(R(3^8) \cdot R(3^2))$$
$$=R(2 \cdot 2)=\boldsymbol{4}.$$
さらに
$$R(3^{20})=R(3^{10} \cdot 3^{10})=R(R(3^{10}) \cdot R(3^{10}))$$
$$=R(4 \cdot 4)=2,$$
$$R(3^{40})=R(3^{20} \cdot 3^{20})=R(R(3^{20}) \cdot R(3^{20}))$$
$$=R(2 \cdot 2)=4,$$
$$R(3^{80})=R(3^{40} \cdot 3^{40})=R(R(3^{40}) \cdot R(3^{40}))$$
$$=R(4 \cdot 4)=2.$$
よって
$$\boldsymbol{R(3^{100})}=R(3^{80} \cdot 3^{20})=R(R(3^{80}) \cdot R(3^{20}))$$
$$=R(2 \cdot 2)=\boldsymbol{4}.$$

【(2)の別解】

(*)より
$$R(3^6)=R(3^4 \cdot 3^2)=R(R(3^4) \cdot R(3^2))$$
$$=R(4 \cdot 2)=1, \quad (\leftarrow \langle 参考 \rangle を参照)$$
$$R(3^{12})=R(3^6 \cdot 3^6)=R(R(3^6) \cdot R(3^6))$$
$$=R(1 \cdot 1)=1.$$
帰納的に
$$R(3^{6n})=1 \quad (n=1, 2, 3, \cdots).$$
よって
$$\boldsymbol{R(3^{10})}=R(3^6 \cdot 3^4)=R(R(3^6) \cdot R(3^4))$$
$$=R(1 \cdot R(3^4))=R(3^4)=\boldsymbol{4}.$$
$$\boldsymbol{R(3^{100})}=R(3^{6 \times 16} \cdot 3^4)=R(R(3^{6 \times 16}) \cdot R(3^4))$$

$$= R(1 \cdot R(3^4)) = R(3^4) = 4.$$

〈参考〉

> p を素数とし，n と p が互いに素であるならば，
> $$n^{p-1} \text{ を } p \text{ で割った余りは } 1$$
> である．

この定理を "Fermat の小定理" といいます．
受験数学の整数問題には，この定理が背景となっている問題が数多くあります．
この定理を知っていれば
$$k^4 = k^{5-1} \equiv 1 \pmod 5 \ (k=1, 2, 3, 4),$$
$$k^6 = k^{7-1} \equiv 1 \pmod 7 \ (k=1, 2, 3, 4, 5, 6),$$
$$k^{10} = k^{11-1} \equiv 1 \pmod{11} \ (k=1, 2, 3, \cdots, 10),$$
などが直ちにわかります．

(類題 22 の解答)

(1) $4m+6n=7$ を満たす整数 $m=m_0, n=n_0$ が存在すると仮定すれば
$$7 = 4m_0 + 6n_0 = 2(2m_0 + 3n_0).$$
これは，7 が 2 の倍数であることを示し，矛盾である．よって，$4m+6n=7$ を満たす整数 m, n は存在しない．

(2)
$$3m+5n=2 \qquad \cdots\cdots ①$$
とおく．① を満たす整数 m, n として，$m=-1$, $n=1$ がとれ
$$3(-1)+5\cdot 1 = 2. \qquad \cdots\cdots ②$$
① − ② より
$$3(m+1)+5(n-1)=0,$$
$$3(m+1)=5(1-n). \qquad \cdots\cdots ③$$
③ の右辺は 5 の倍数であり，3 と 5 は互いに素であるから，m, n が整数のとき
$$\begin{cases} m+1 = 5l, \\ 1-n = 3l. \end{cases} \ (l \text{ は整数})$$
したがって，① を満たすすべての整数の組 (m, n) は，
$$(m, n) = (5l-1, 1-3l). \ (l \text{ は整数})$$

(3) ak を b で割ったときの商を $Q(k)$ とすると，(余りは $r(k)$)
$$ak = bQ(k) + r(k). \ (k \text{ は整数})$$
さて，整数 i, j について
$$1 \leq i \leq b-1, \ 1 \leq j \leq b-1, \ i \neq j$$
が成り立つとき，$1 \leq i \leq j \leq b-1$ として一般性を失わない．
このとき，$r(j) = r(i)$ と仮定すると，
$$\begin{cases} ai = bQ(i) + r(i), & \cdots\cdots ④ \\ aj = bQ(j) + r(i) & \cdots\cdots ⑤ \end{cases}$$
であるから，⑤ − ④ より

$$a(j-i) = b(Q(j)-Q(i)). \qquad \cdots\cdots ⑥$$

⑥ の右辺は b の倍数であり，a と b は互いに素であるから
$$j-i \text{ は } b \text{ の倍数}. \qquad \cdots\cdots ⑦$$
ところが，$0 < j-i \leq b-2$ であるから
$$j-i \text{ は } b \text{ の倍数ではない}. \qquad \cdots\cdots ⑧$$
⑦，⑧ は矛盾するから，
$$i \neq j \text{ ならば } r(i) \neq r(j).$$

(4) $k = 1, 2, \cdots, b-1$ に対して，ak は b で割り切れないから，$r(k)$ は $1, 2, \cdots, b-1$ のいずれかの値をとる．よって
$$\{r(1), r(2), \cdots, r(b-1)\} \subseteq \{1, 2, \cdots, b-1\}. \ \cdots\cdots ⑨$$
また，(3) より
$$r(1), r(2), \cdots, r(b-1) \text{ はすべて相異なる}. \ \cdots\cdots ⑩$$
⑨，⑩ より
$$\{r(1), r(2), \cdots, r(b-1)\} = \{1, 2, \cdots, b-1\}.$$
よって，
$$r(k) = 1, \ 1 \leq k \leq b-1$$
を満たす整数 k がただ 1 つ存在し，
$$ak = bQ(k) + 1 \qquad \cdots\cdots (*)$$
と表せる．ただし，$Q(k)$ は ak を b で割ったときの商である．
$(*)$ より
$$ak + b(-Q(k)) = 1$$
であるから，
$$am + bn = 1$$
を満たす整数 m, n として
$$m = k, \ n = -Q(k)$$
が存在する．

(類題 23 の解答)

$$\frac{1}{x} + \frac{1}{2y} + \frac{1}{3z} = \frac{4}{3}. \qquad \cdots\cdots (*)$$

(1) $x=1$ のとき，$(*)$ より
$$\frac{1}{2y} + \frac{1}{3z} = \frac{1}{3}.$$
$$3z + 2y = 2yz.$$
$$(2y-3)(z-1) = 3.$$
$2y-3$, $z-1$ は整数であり，$0 \leq z-1$ であるから

$z-1$	1	3
$2y-3$	3	1

よって
$$(y, z) = (3, 2), (2, 4).$$

(2) y, z は正の整数であるから，
$$0 < \frac{1}{2y} \leq \frac{1}{2}, \ 0 < \frac{1}{3z} \leq \frac{1}{3}$$
であり

$$\frac{1}{x} < \frac{1}{x} + \frac{1}{2y} + \frac{1}{3z} \leqq \frac{1}{x} + \frac{1}{2} + \frac{1}{3}. \quad \cdots\cdots ①$$

(∗) と ① より

$$\frac{1}{2} \leqq \frac{1}{x} < \frac{4}{3} \quad \text{すなわち} \quad \frac{3}{4} < x \leqq 2.$$

x は正の整数であるから

$$x = 1, \ 2.$$

(3) (2)より, $x=1$ または $x=2$ である.
 (i) $x=1$ のとき, (1) より
 $$(x, y, z) = (1, 3, 2), \ (1, 2, 4).$$
 (ii) $x=2$ のとき, (∗) より
 $$\frac{1}{2y} + \frac{1}{3z} = \frac{5}{6}.$$
 $$3z + 2y = 5yz.$$
 $$25yz - 10y - 15z = 0.$$
 $$(5y-3)(5z-2) = 6.$$

ここで
$$\begin{cases} 5y-3 \text{ は 5 で割ると 2 余る整数,} \\ 5z-2 \text{ は 5 で割ると 3 余る整数} \end{cases}$$
であり, $5y-3 \geqq 2$, $5z-2 \geqq 3$ であるから
$$(5y-3, \ 5z-2) = (2, \ 3).$$
$$\therefore \ (y, z) = (1, 1).$$

(i), (ii) より, 方程式 (∗) の正の整数解 (x, y, z) は

$$(x, \ y, \ z) = (1, \ 3, \ 2), \ (1, \ 2, \ 4), \ (2, \ 1, \ 1).$$

(類題 24 の解答)

(1)
$$30! = 30 \cdot 29 \cdot 28 \cdots 3 \cdot 2 \cdot 1$$

の各因数 1, 2, 3, …, 30 の中に

2 の倍数は $\frac{30}{2} = 15$ 個,

2^2 の倍数は $\left[\frac{30}{2^2}\right] = 7$ 個,

2^3 の倍数は $\left[\frac{30}{2^3}\right] = 3$ 個,

2^4 の倍数は $\left[\frac{30}{2^4}\right] = 1$ 個,

($[x]$ は x 以下の最大の整数を表す)

2^k ($k \geqq 5$) の倍数はない.

よって, 2^k が $30!$ を割り切るような最大の自然数 k は

$$k = 1+3+7+15 = \mathbf{26}.$$

(2) (1)と同様に考えて, 5^l が $30!$ を割り切るような最大の自然数 l は

$$l = \left[\frac{30}{5}\right] + \left[\frac{30}{5^2}\right] = 6 + 1 = 7.$$

$30!$ の末尾に連続して並ぶ 0 の個数と, $30!$ が $10(=2 \times 5)$ で何回割れるかの回数は同じであるから, 求める数は

7.

(3) (1), (2) と同様に 30! が素数 3, 7, 11, 13, 17, 19, 23, 29 でそれぞれ何回割り切れるかを調べると,

3 は $\left[\frac{30}{3}\right] + \left[\frac{30}{3^2}\right] + \left[\frac{30}{3^3}\right] = 14$ 回,

7 は $\left[\frac{30}{7}\right] = 4$ 回,

11 は $\left[\frac{30}{11}\right] = 2$ 回,

13 は $\left[\frac{30}{13}\right] = 2$ 回,

17, 19, 23, 29 は 1 回ずつとなる.

よって,
$$n! = 2^{26} \cdot 3^{14} \cdot 5^7 \cdot 7^4 \cdot 11^2 \cdot 13^2 \cdot 17 \cdot 19 \cdot 23 \cdot 29$$

であり, これを $10^7 (= 2^7 \cdot 5^7)$ で割った

$$2^{19} \cdot 3^{14} \cdot 7^4 \cdot 11^2 \cdot 13^2 \cdot 17 \cdot 19 \cdot 23 \cdot 29$$

の一の位を求めればよい.

$2^{19} = 2^{10} \cdot 2^9 = 1024 \times 512$ の一の位は 8,
$3^{14} = (3^4)^3 \cdot 3^2 = (81)^3 \cdot 9$ の一の位は 9,
7^4 の一の位は 1,
11^2 の一の位は 1,
13^2 の一の位は 9,
$17 \cdot 19 \cdot 23 \cdot 29$ の一の位は 1

であるから

$$8 \times 9 \times 1 \times 1 \times 9 \times 1 = 648$$

より, 求める数字は

8.

(類題 25 の解答)

(1) $(\vec{a}+\vec{b}) \cdot (\vec{a}+\vec{b}) = |\vec{a}|^2 + 2\vec{a} \cdot \vec{b} + |\vec{b}|^2$
$= (\sqrt{2})^2 + 2 \cdot \sqrt{2} \cdot \sqrt{2} \cos 120° + (\sqrt{2})^2 = \mathbf{2}.$

(2) $|k\vec{a}+l\vec{b}|^2 = k^2|\vec{a}|^2 + 2kl\vec{a} \cdot \vec{b} + l^2|\vec{b}|^2$
$= 2k^2 - 2kl + 2l^2 = 2(k^2 - kl + l^2).$
$(k^2 - kl + l^2)$ は整数であるから, $|k\vec{a}+l\vec{b}|^2$ は偶数である.

(3) (2) より, $|k\vec{a}+l\vec{b}|^2 = 2(k^2 - kl + l^2).$ ……①
 (i) k, l のどちらか一方が奇数で, 他方が偶数のとき,
 $k^2 - kl + l^2 = (奇数) - (偶数) + (偶数) = (奇数).$
 (ii) k, l のいずれも奇数のとき,
 $k^2 - kl + l^2 = (奇数) - (奇数) + (奇数) = (奇数)$

(i), (ii) と ① より, k または l が奇数のとき $|k\vec{a}+l\vec{b}|^2$ は 4 の倍数ではない.

(4) 対偶命題は

「m, n が整数であり, $|m\vec{a}+n\vec{b}|$ が整数であるならば, $m=n=0$ である」 ……(∗)

(∗) が成り立つことを示す.

$|m\vec{a}+n\vec{b}|=C$（C は整数）とすると(1)より C^2 は偶数であり，C は偶数である．

よって，$|m\vec{a}+n\vec{b}|^2(=C^2)$ は 4 の倍数であり，(3)から m も n も偶数である．

よって，$m=2m'$, $n=2n'$, $C=2C'$（m', n', C' は整数）と書け，
$$|m\vec{a}+n\vec{b}|^2=C^2 \quad \cdots\cdots ②$$
に代入すると
$$|2m'\vec{a}+2n'\vec{b}|^2=(2C')^2$$
$$|m'\vec{a}+n'\vec{b}|^2=C'^2 \quad \cdots\cdots ③$$

③ は ② と同型であるから，上の操作を繰り返すと，m と n は 2 で何度でも割り切れる整数となる．このような整数は 0 しかないから
$$m=n=0$$
であり，（*）は成り立つ．対偶命題が成り立ったので，元の命題

「m, n が整数であり，$m=n=0$ でないならば，$|m\vec{a}+n\vec{b}|$ は整数でない」

も成り立つ．

(類題 26 の解答)

(1) $$[x]+\left[x+\frac{1}{2}\right]=[2x]. \quad \cdots\cdots ①$$

(i) $0 \leqq \alpha < \frac{1}{2}$ のとき，
$$\begin{cases} [x]=[m+\alpha]=m, \\ \left[x+\frac{1}{2}\right]=\left[m+\alpha+\frac{1}{2}\right]=m, \\ [2x]=[2m+2\alpha]=2m. \end{cases}$$
よって，① は成り立つ．

(ii) $\frac{1}{2} \leqq \alpha < 1$ のとき，
$$\begin{cases} [x]=[m+\alpha]=m, \\ \left[x+\frac{1}{2}\right]=\left[m+\alpha+\frac{1}{2}\right]=m+1, \\ [2x]=[2m+2\alpha]=2m+1. \end{cases}$$
よって，① は成り立つ．

(2) $$[x]+\left[x+\frac{1}{n}\right]+\cdots+\left[x+\frac{n-1}{n}\right]=[nx]. \quad \cdots\cdots ②$$
$$[x]+\left[x+\frac{1}{n}\right]+\cdots+\left[x+\frac{n-1}{n}\right]$$
$$=\sum_{k=0}^{n-1}\left[x+\frac{k}{n}\right]$$
$$=\sum_{k=0}^{n-1}\left[m+\alpha+\frac{k}{n}\right]. \quad \cdots\cdots ③$$

ここで，$\frac{l-1}{n} \leqq \alpha < \frac{l}{n}$ のとき（l は $1 \leqq l \leqq n$ を満たす整数）
$$\frac{l-1+k}{n} \leqq \alpha+\frac{k}{n} < \frac{l+k}{n}$$

であるから，
$k=0, 1, 2, \cdots, n-l$ ならば $\left[m+\alpha+\frac{k}{n}\right]=m$,
$\quad \cdots\cdots ④$
$k=n-l+1, n-l+2, \cdots, n-1$ ならば
$$\left[m+\alpha+\frac{k}{n}\right]=m+1 \quad \cdots\cdots ⑤$$
である．さらにまた，
$$l-1 \leqq n\alpha < l$$
であるから
$$[nx]=[nm+n\alpha]=mn+l-1. \quad \cdots\cdots ⑥$$
よって，③，④，⑤，⑥ より，
$$[x]+\left[x+\frac{1}{n}\right]+\cdots+\left[x+\frac{n-1}{n}\right]$$
$$=\sum_{k=0}^{n-l}m+\sum_{k=n-l+1}^{n-1}(m+1)$$
$$=m(n-l+1)+(m+1)(l-1)$$
$$=mn+l-1$$
$$=[nx]$$
となり，② は成り立つ．

(類題 27 の解答)

(1) $m=2$ のとき，${}_2C_1$ を割り切る最大の自然数は 2 であるから成り立つ．

$m \geqq 3$ のとき，${}_mC_1=m$ であるから
${}_mC_k \, (2 \leqq k \leqq m-1)$ がすべて m で割り切れることを示せばよい．
$$k \cdot {}_mC_k = m \cdot {}_{m-1}C_{k-1}$$
において，右辺は m で割り切れるから，左辺も m で割り切れる．さらに，k は $2 \leqq k \leqq m-1$ であるから m では割り切れない．

よって，${}_mC_k$ は m で割り切れる．

よって，m が素数のとき，$d_m=m$ である．

(2) すべての自然数 k に対し，
「k^m-k が d_m で割り切れる」 $\cdots\cdots$（*）
ことを数学的帰納法で示す．

(I) $k=1$ のとき，$k^m-k=0$ は自然数 d_m で割り切れる．

(II) $k=l$ のとき（*）が成り立つ．すなわち，
$$l^m-l \text{ は } d_m \text{ で割り切れる} \quad \cdots\cdots ①$$
と仮定する．このとき，二項定理より，
$$(l+1)^m-(l+1)$$
$$=l^m+\sum_{i=1}^{m-1}{}_mC_i l^{m-i}+1-(l+1)$$
$$=\sum_{i=1}^{m-1}{}_mC_i l^{m-i}+(l^m-l).$$

ここで，条件より $\sum_{i=1}^{m-1}{}_mC_i l^{m-i}$ は d_m で割り切れ，

また，① でもあるから $(l+1)^m-(l+1)$ は d_m で割り切れる．

よって，(*) は $k=l+1$ でも成り立つ．

(I)，(II) より，すべての自然数 k に対し，k^m-k は d_m で割り切れる．

(3) (*) は $k=0$ でも成り立つから，$k=d_m-1$ とすれば，
$$(d_m-1)^m-(d_m-1)$$
$$=\left\{\sum_{i=0}^{m-1}(-1)^i{}_mC_id_m{}^{m-i}+(-1)^m\right\}-(d_m-1)$$
$$=(d_m{}^m-{}_mC_1d_m{}^{m-1}+\cdots-{}_mC_{m-1}d_m+1)-(d_m-1)$$
$$\hspace{4cm}(m \text{ は偶数})$$
$$=(d_m \text{ の倍数})+2$$
は，d_m で割り切れる．

よって，$d_m=1$ または 2 である．

(類題 28 の解答)

(1)
$$\begin{cases} f(-1)=-1+a-b+c, & \cdots\cdots① \\ f(0)=c, & \cdots\cdots② \\ f(1)=1+a+b+c & \cdots\cdots③ \end{cases}$$
とおくと，①−②，③−② より
$$f(-1)-f(0)=-1+a-b,$$
$$f(1)-f(0)=1+a+b$$
であり $f(-1)$，$f(0)$，$f(1)$ は整数であるから
$$\begin{cases} a-b=f(-1)-f(0)+1 \text{ は整数,} \\ a+b=f(1)-f(0)-1 \text{ は整数} \end{cases}$$
である．また
$$f(n)=n^3+an^2+bn+c$$
$$=n^3+\frac{(a+b)+(a-b)}{2}n^2$$
$$\quad+\frac{(a+b)-(a-b)}{2}n+c$$
$$=n^3+\frac{a+b}{2}n(n+1)+\frac{a-b}{2}n(n-1)+c.$$

ここで任意の整数 n に対して
$$n(n+1), n(n-1) \text{ は 2 の倍数}$$
であり，$a+b$，$a-b$，$c(=f(0))$ は整数であるから，$f(n)$ は整数である．

注 ①，②，③ より
$$a=\frac{f(1)+f(-1)-2f(0)}{2}, \ b=\frac{f(1)-f(-1)-2}{2},$$
$$c=f(0)$$
となるから，問題 28 と同様に変形して解答してもよい．

(2) $$g(x)=f(x+1997) \quad \cdots\cdots④$$
とおくと
$$g(x)=(x+1997)^3+a(x+1997)^2$$
$$\qquad\quad +b(x+1997)+c$$
$$=x^3+a'x^2+b'x+c' \ (a', b', c' \text{ は実数})$$
と表せる．
$$g(-1)=f(1996), \ g(0)=f(1997), \ g(1)=f(1998)$$
はすべて整数であるから，(1) より

すべての整数 m に対して $g(m)$ は整数である．

また，④ より任意の整数 n に対して
$$f(n)=g(n-1997)$$
であり，$g(n-1997)$ は整数であるから
$f(n)$ は整数である．

(類題 29 の解答)

(1) $P_1(x)$ は 1 次式であり，
$$P_1(x)=ax+b \ (a, b \text{ は定数})$$
とおくと，$P_1(0)=2^0-1=0$，$P_1(1)=2^1-1=1$ であるから
$$\begin{cases} b=0, \\ a+b=1. \end{cases} \therefore \begin{cases} a=1, \\ b=0. \end{cases}$$
よって
$$P_1(x)=x. \quad \cdots\cdots①$$
さて，$P_2(x)-P_1(x)$ は 2 次式であり，$k=0, 1$ に対して
$$P_2(k)-P_1(k)=(2^k-1)-(2^k-1)=0.$$
よって，因数定理より
$$P_2(x)-P_1(x)=cx(x-1) \ (c \text{ は定数}) \cdots\cdots②$$
と表せる．

$P_2(2)=2^2-1=3$ および $P_1(2)=2$（① より）であるから

② で $x=2$ とおいて
$$3-2=c\cdot 2\cdot 1. \quad \therefore c=\frac{1}{2}.$$
したがって，
$$\boldsymbol{P_2(x)-P_1(x)=\frac{1}{2}x(x-1)}. \quad \cdots\cdots③$$

次に，$P_3(x)-P_2(x)$ は 3 次式であり，$k=0, 1, 2$ に対して
$$P_3(k)-P_2(k)=(2^k-1)-(2^k-1)=0.$$
よって，因数定理より
$$P_3(x)-P_2(x)=dx(x-1)(x-2) \ (d \text{ は定数})$$
$$\cdots\cdots④$$
と表せる．$P_3(3)=2^3-1=7$ および
$$P_2(3)=P_1(3)+\frac{1}{2}\cdot 3\cdot 2=6 \quad (③ \text{ より})$$
であるから，④ で $x=3$ とおいて
$$7-6=d\cdot 3\cdot 2\cdot 1. \quad \therefore d=\frac{1}{6}.$$
したがって，
$$\boldsymbol{P_3(x)-P_2(x)=\frac{1}{6}x(x-1)(x-2)}.$$

(2) 「$P_n(x)=\sum_{m=1}^{n}\dfrac{1}{m!}x(x-1)(x-2)\cdots(x-(m-1))$
$\qquad\qquad\qquad\qquad (n\geqq 1)$」……(∗)

を数学的帰納法で示す．

(I) $n=1$ のとき
$$(右辺)=\dfrac{1}{1!}x=x=P_1(x)$$
であり，(∗) は成り立つ．

(II) $n=l$ のとき，(∗) が成り立つと仮定する．
$P_{l+1}(x)-P_l(x)$ は $l+1$ 次式であり，
$k=0,\ 1,\ \cdots,\ l$ に対して
$$P_{l+1}(k)-P_l(k)=(2^k-1)-(2^k-1)=0.$$
よって因数定理より
$$P_{l+1}(x)-P_l(x)=Ax(x-1)\cdots(x-l)\ \cdots\cdots ⑤$$
と表せる．また，
$$P_{l+1}(l+1)=2^{l+1}-1 \quad\cdots\cdots ⑥$$
であり，帰納法の仮定より
$P_l(l+1)$
$=\sum_{m=1}^{l}\dfrac{1}{m!}(l+1)l(l-1)\cdots((l+1)-(m-1))$
$=\sum_{m=1}^{l}\dfrac{(l+1)!}{m!(l+1-m)!}=\sum_{m=1}^{l}{}_{l+1}C_m$
$=\sum_{m=0}^{l+1}{}_{l+1}C_m-({}_{l+1}C_0+{}_{l+1}C_{l+1})$
$=(1+1)^{l+1}-2=2^{l+1}-2$ (← 二項定理より)
であるから，⑤ で $x=l+1$ とおいて ⑥ を用いると
$(2^{l+1}-1)-(2^{l+1}-2)$
$\quad =A(l+1)l(l-1)\cdots 3\cdot 2\cdot 1.$
よって，$A=\dfrac{1}{(l+1)!}$ であり
$$P_{l+1}(x)-P_l(x)=\dfrac{1}{(l+1)!}x(x-1)\cdots(x-l).$$
したがって
$P_{l+1}(x)=P_l(x)+\dfrac{1}{(l+1)!}x(x-1)\cdots(x-l).$
$\quad =\sum_{m=1}^{l+1}\dfrac{1}{m!}x(x-1)(x-2)\cdots(x-(m-1))$
であり，$n=l+1$ のときも (∗) は成り立つ．

【(2)の別解】(一致の定理を用いると…)
$F_n(x)=P_n(x)$
$\qquad\quad -\sum_{m=1}^{n}\dfrac{1}{m!}x(x-1)(x-2)\cdots(x-(m-1))$
とおくと
$\qquad F_n(x)$ は高々 n 次式である．
また，$k=0,\ 1,\ 2,\ \cdots,\ n$ に対して
$F_n(k)$
$=P_n(k)-\sum_{m=1}^{n}\dfrac{1}{m!}k(k-1)(k-2)\cdots(k-(m-1))$

$=(2^k-1)-\sum_{m=1}^{k}\dfrac{1}{m!}k(k-1)(k-2)\cdots(k-(m-1))$
$\qquad\qquad \begin{pmatrix}m\geqq k+1\ \text{のとき}\\ k(k-1)\cdots(k-(m-1))=0\ \text{より}\end{pmatrix}$
$=(2^k-1)-\sum_{m=1}^{k}\dfrac{k!}{m!(k-m)!}$
$=(2^k-1)-\sum_{m=1}^{k}{}_kC_m$
$=(2^k-1)-(\sum_{m=0}^{k}{}_kC_m-{}_kC_0)$
$=(2^k-1)-(2^k-1)=0.$ (← 二項定理より)
よって，一致の定理より，恒等的に
$$F(x)=0.$$
すなわち
$$P_n(x)=\sum_{m=1}^{n}\dfrac{1}{m!}x(x-1)(x-2)\cdots(x-(m-1)).$$

(類題 30 の解答)

(1) $\alpha=z+\overline{z}=2\cos 20°$ であり，
$\alpha^3=8\cos^3 20°$
$\quad =2\{\cos(3\cdot 20°)+3\cos 20°\}.$
$\qquad\qquad (\cos 3\theta=4\cos^3\theta-3\cos\theta\ \text{より})$
$\quad =2(\cos 60°+3\cos 20°)$
$\quad =1+3\alpha.$
よって，α は整数を係数とする 3 次方程式
$$x^3-3x-1=0$$
の解である．

〈参考〉

─［ド・モアブルの定理］───
整数 n に対して，
$(\cos\theta+i\sin\theta)^n=\cos n\theta+i\sin n\theta$
────────────

が成り立つことを用いると
$$z^3=(\cos 20°+i\sin 20°)^3=\cos 60°+i\sin 60°,$$
であり，
$$(\overline{z})^3=\overline{z^3}=\cos 60°-i\sin 60°.$$
また，
$$z\overline{z}=\cos^2 20°+\sin^2 20°=1$$
であるから
$\alpha^3=(z+\overline{z})^3=z^3+(\overline{z})^3+3z\overline{z}(z+\overline{z})$
$\quad =2\cos 60°+3\alpha=1+3\alpha.$

(2) $f(x)=x^3-3x-1$ とおくと，
$$f'(x)=3x^2-3=3(x+1)(x-1).$$
$f(x)$ の増減表とグラフは次の通り．

x	$\cdots$	-1	$\cdots$	1	$\cdots$
$f'(x)$	$+$	0	$-$	0	$+$
$f(x)$	↗	1	↘	-3	↗

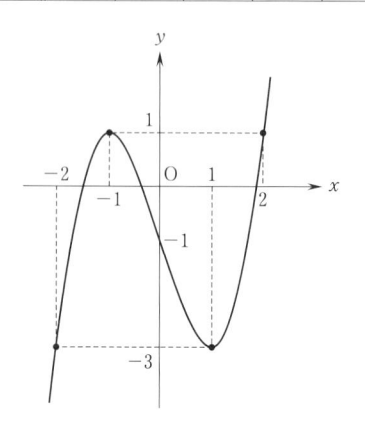

極大値 $f(-1)=1>0$, 極小値 $f(1)=-3<0$ であるから, 方程式 $f(x)=0$ は相異なる 3 個の実数解をもつ.

さらに,
$$f(-2)=-3<0,\ f(0)=-1<0,\ f(2)=1>0$$
であるから, $f(x)=0$ の実数解は,
$$-2<x<-1,\ -1<x<0,\ 1<x<2$$
の範囲に存在し, 3 解とも整数ではない. ……(*)

次に, $f(x)=0$ が有理数の解
$$x=\frac{q}{p}\ (p と q は互いに素な整数,\ p>0)$$
をもつと仮定すると,
$$\left(\frac{q}{p}\right)^3-3\left(\frac{q}{p}\right)-1=0. \quad\cdots\cdots①$$
① より,
$$\frac{q^3}{p}=p(3q+p). \quad\cdots\cdots①'$$
①' の右辺は整数であるから, 左辺も整数である.

さらに, p と q は互いに素であるから
$$p=1.$$
よって, $f(x)=0$ の有理数の解は $x=q$ であり, $f(x)=0$ は整数解をもつことになる.

これは (*) に矛盾する.

したがって,
$f(x)=0$ の解はいずれも有理数ではない.

(3) (1) より
$$\alpha^3-3\alpha-1=0. \quad\cdots\cdots③$$
さて, 有理数を係数とする 2 次方程式
$$ax^2+bx+c=0\ (a\neq 0)$$

が α を解にもつとすると,
$$a\alpha^2+b\alpha+c=0.$$
両辺を a で割り, $s=\dfrac{b}{a}$, $t=\dfrac{c}{a}$ とおくと, s, t は有理数であり,
$$\alpha^2+s\alpha+t=0. \quad\cdots\cdots④$$
④ より
$$\begin{aligned}\alpha^3&=\alpha\cdot\alpha^2=\alpha(-s\alpha-t)\\&=-s\alpha^2-t\alpha\\&=-s(-s\alpha-t)-t\alpha\\&=(s^2-t)\alpha+st\end{aligned}$$
であり, これを ③ に代入すると
$$(s^2-t-3)\alpha+st-1=0.$$
s, t は有理数, α は無理数であるから
$$\begin{cases}s^2-t-3=0, & \cdots\cdots⑤\\ st=1. & \cdots\cdots⑥\end{cases}$$
⑤$\times s$ と ⑥ より
$$s^3-3s-1=0.$$
これは, 方程式 $x^3-3x-1=0$ が有理数 s を解にもつことを示し, (2) に矛盾する.

したがって, 有理数を係数とする 2 次方程式で, $\alpha(=2\cos 20°)$ を解とするものは存在しない.

【(3) の別解】

有理数を係数とする 2 次方程式 $g(x)=0$ が α を解にもつとする.

このとき, x^3-3x-1 を $g(x)$ で割った商は 1 次式であり商を $rx+s$, 余りを $tx+u$ とすると
$$x^3-3x-1=g(x)(rx+s)+tx+u. \quad\cdots\cdots⑦$$
ここで, r, s, t, u はいずれも有理数である.

⑦ で $x=\alpha$ とおくと
$$0=t\alpha+u.\ (④, ③ および g(\alpha)=0 より)$$

(i) $t\neq 0$ のとき
$$\alpha=-\frac{u}{t}.\ (有理数)$$
となり, (2) に矛盾する.

(ii) $t=0$ のとき
$$u=0.$$
このとき, ⑦ より
$$x^3-3x-1=g(x)(rx+s)\ (r\neq 0)$$
$$\iff f(x)=g(x)(rx+s)\ (r\neq 0)$$
であり,
$$f\left(-\frac{s}{r}\right)=0.$$
これは, $x=-\dfrac{s}{r}$ (有理数) が $f(x)=0$ の解であることを示し, (2) に矛盾する.

(i), (ii) いずれにしても (2) に矛盾するから, 有理

数を係数とする2次方程式で α を解とするものは存在しない.

(類題31の解答)

(1)　「$f_n(x)$ は $n-1$ 次の整式である」 ……(*)
を数学的帰納法で示す.

(I)　$n=1$, 2 のとき
$$f_1(x)=1, \quad f_2(x)=x$$
であるから, (*) は成り立つ.

(II)　$n=k$, $k+1$ のとき, (*) が成り立つ, つまり
$$f_k(x) \text{ は } k-1 \text{ 次式}, \quad f_{k+1}(x) \text{ は } k \text{ 次式}$$
と仮定すると,
$$f_{k+2}(x)=xf_{k+1}(x)-f_k(x)$$
であるから, $f_{k+2}(x)$ は $k+1$ 次の整数である.
よって, $n=k+2$ のときも (*) は成り立つ.

(I), (II) より, $n=1$, 2, 3, … に対して
$f_n(x)$ は $n-1$ 次の整数である.

(2)　「$f_n(2\cos\theta)=\dfrac{\sin n\theta}{\sin\theta}\ (n\geq 1)$」 ……(**)
を数学的帰納法で示す.

(I)　$n=1$, 2 のとき
$$f_1(2\cos\theta)=1=\frac{\sin\theta}{\sin\theta},$$
$$f_2(2\cos\theta)=2\cos\theta=\frac{\sin 2\theta}{\sin\theta}$$
であるから, (**) は成り立つ.

(II)　$n=k$, $k+1$ のとき, (**) が成り立つ, つまり
$$f_k(2\cos\theta)=\frac{\sin k\theta}{\sin\theta}, \quad f_{k+1}(2\cos\theta)=\frac{\sin(k+1)\theta}{\sin\theta}$$
と仮定すると
$$\begin{aligned}f_{k+2}(2\cos\theta)&=2\cos\theta\cdot f_{k+1}(2\cos\theta)-f_k(2\cos\theta)\\&=\frac{2\sin(k+1)\theta\cos\theta-\sin k\theta}{\sin\theta}\quad\text{(仮定より)}\\&=\frac{\{\sin(k+2)\theta+\sin k\theta\}-\sin k\theta}{\sin\theta}\quad\text{(積→和)}\\&=\frac{\sin(k+2)\theta}{\sin\theta}.\end{aligned}$$
よって, $n=k+2$ のときも (**) は成り立つ.

(I), (II) より, $n=1$, 2, 3, … に対して, (**) は成り立つ.

(3)　$f_n(x)=0$ を満たす $x\ (-2<x<2)$ は
$$x=2\cos\theta\ (0<\theta<\pi)$$
とおけ,
$$f_n(2\cos\theta)=0. \quad\cdots\cdots\text{①}$$
また, (2) より $0<\theta<\pi$ のとき
$$f_n(2\cos\theta)=\frac{\sin n\theta}{\sin\theta}$$
であるから,
$$\text{①}\iff \sin n\theta=0.$$
ここで, $0<n\theta<n\pi$ であるから
$$n\theta=\pi,\ 2\pi,\ 3\pi,\ (n-1)\pi.$$
よって,
$$\theta=\frac{\pi}{n},\ \frac{2\pi}{n},\ \frac{3\pi}{n},\ \cdots,\ \frac{(n-1)\pi}{n}.$$
したがって, $f_n(x)=0$ を満たす $x\ (-2<x<2)$ は,
$$\boldsymbol{x_k=2\cos\frac{k\pi}{n}}\ (k=1,\ 2,\ 3,\ \cdots,\ n-1)$$
として,
$$\boldsymbol{x_1,\ x_2,\ x_3,\ \cdots,\ x_{n-1}}$$
である.

第5章　整式で表された関数の微分積分

(類題32の解答)

題意より, $x>0$, $y>0$, $z>0$ であり,
$$x+y+z=6, \quad\cdots\cdots\text{①}$$
$$xy+yz+zx=9. \quad\cdots\cdots\text{②}$$

(1)　直方体の体積を V_1 とすると, $V_1=xyz$ であり
「実数 x, y, z が ①, ②, $x>0$, $y>0$, $z>0$ を満たして変化するとき, $V_1=k$ となる」
$\iff$「①, ②, $xyz=k$ を満たす正の数 x, y, z が存在する」
$\iff$「3次方程式 $t^3-6t^2+9t-k=0$ の正の3解（重解は2個に数える）をもつ」
であり,
「$Y=f(t)=t^3-6t^2+9t$ と $Y=k$ のグラフが $t>0$ の範囲で3つの共有点をもつ（接する場合も含める）」 ……(*)
ような k の値の範囲を求めればよい.
$$f'(t)=3t^2-12t+9=3(t-1)(t-3)$$

t		1		3	
$f'(t)$	+	0	−	0	+
$f(t)$	↗	4	↘	0	↗

であり, $Y=f(t)$ のグラフは次図のようである.

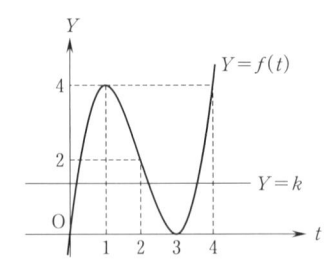

(*)の成り立つ条件は，グラフより，
$$0 < k \leq 4.$$
したがって，$V_1 = xyz$ のとり得る値の範囲は
$$0 < V_1 \leq 4.$$
であり，求める最大値は **4**.

(2) 3つの立方体の体積の和を V_2 とすると，
$$\begin{aligned}V_2 &= x^3 + y^3 + z^3 \\ &= (x+y+z)(x^2+y^2+z^2-xy-yz-zx)+3xyz \\ &= (x+y+z)\{(x+y+z)^2-3(xy+yz+zx)\}+3xyz \\ &= 6(6^2-3\cdot 9)+3k \quad (①, ② より) \\ &= 54+3k.\end{aligned}$$
$0 < k \leq 4$ より
$$V_2 \leq 66$$
であり，求める最大値は **66**.

(類題 33 の解答)

(問題33と同等の内容をもつ類題です．問題33と同じ解法では芸がないので，(2)は視点をかえて解答してみます．)

(1) $f(x) = x^3 - \dfrac{3}{4}x$ より，
$$f'(x) = 3x^2 - \dfrac{3}{4} = 3\left(x+\dfrac{1}{2}\right)\left(x-\dfrac{1}{2}\right).$$
$-1 \leq x \leq 1$ において増減を調べると

x	-1		$-\dfrac{1}{2}$		$\dfrac{1}{2}$		1
$f'(x)$		$+$	0	$-$	0	$+$	
$f(x)$	$-\dfrac{1}{4}$	↗	$\dfrac{1}{4}$	↘	$-\dfrac{1}{4}$	↗	$\dfrac{1}{4}$

よって，区間 $-1 \leq x \leq 1$ における
$$\text{最大値は } \dfrac{1}{4} \quad \left(x = -\dfrac{1}{2},\ 1\right),$$
$$\text{最小値は } -\dfrac{1}{4} \quad \left(x = -1,\ \dfrac{1}{2}\right).$$

(2) $g(x) = x^3 + ax^2 + bx + c$ (a, b, c は定数) とし，$h(x) = g(x) - f(x)$ とおくと
$$h(x) = ax^2 + \left(b+\dfrac{3}{4}\right)x + c. \quad \cdots\cdots (*)$$
(1)の結果と $|g(x)| \leq \dfrac{1}{4}$ を用いると

$$\begin{cases} h(-1) = g(-1) - f(-1) \geq -\dfrac{1}{4} - \left(-\dfrac{1}{4}\right) = 0, \\ h\left(-\dfrac{1}{2}\right) = g\left(-\dfrac{1}{2}\right) - f\left(-\dfrac{1}{2}\right) \leq \dfrac{1}{4} - \dfrac{1}{4} = 0, \\ h\left(\dfrac{1}{2}\right) = g\left(\dfrac{1}{2}\right) - f\left(\dfrac{1}{2}\right) \geq -\dfrac{1}{4} - \left(-\dfrac{1}{4}\right) = 0, \\ h(1) = g(1) - f(1) \leq \dfrac{1}{4} - \dfrac{1}{4} = 0.\end{cases}$$

であるから，(*)と合わせ，
$$a - \left(b+\dfrac{3}{4}\right) + c \geq 0, \quad \cdots\cdots ①$$
$$\dfrac{1}{4}a - \dfrac{1}{2}\left(b+\dfrac{3}{4}\right) + c \leq 0, \quad \cdots\cdots ②$$
$$\dfrac{1}{4}a + \dfrac{1}{2}\left(b+\dfrac{3}{4}\right) + c \geq 0, \quad \cdots\cdots ③$$
$$a + \left(b+\dfrac{3}{4}\right) + c \leq 0. \quad \cdots\cdots ④$$

④－①，③－② より
$$\begin{cases} b+\dfrac{3}{4} \leq 0, \\ b+\dfrac{3}{4} \geq 0.\end{cases}$$
よって，$b + \dfrac{3}{4} = 0$.
このとき，①，④ より
$$\begin{cases} a + c \geq 0, \\ a + c \leq 0.\end{cases}$$
よって，
$$a + c = 0. \quad \cdots\cdots ⑤$$
また，②，③ より
$$\begin{cases} \dfrac{1}{4}a + c \leq 0, \\ \dfrac{1}{4}a + c \geq 0.\end{cases}$$
よって，
$$\dfrac{1}{4}a + c = 0. \quad \cdots\cdots ⑥$$
⑤，⑥ より $a = c = 0$ であり，$b + \dfrac{3}{4} = 0$ と合わせ，(*) より
$$h(x) = g(x) - f(x) = 0. \quad (\text{恒等的に } 0)$$

(類題 34 の解答)

(1) 3次関数 $f(x)$ が $x = \alpha$ で極大値 0 をとるから
$$f'(\alpha) = 0, \quad f(\alpha) = 0.$$
よって，$f(x)$ は $(x-\alpha)^2$ を因数にもち，$\alpha \neq 0$ であるから
$$f(x) = x(x-\alpha)^2 \quad (f(x) \text{ は } x \text{ も因数にもっている})$$
とおける．このとき
$$f'(x) = (x-\alpha)(3x-\alpha)$$
であり，$x = \beta$ で極値をとるから

第5章 整式で表された関数の微分積分　23

$$f'(\beta)=(\beta-\alpha)(3\beta-\alpha)=0.$$

$\alpha \neq \beta$ より

$$\alpha=3\beta. \qquad \cdots\cdots ①$$

また，極小値 $f(\beta)=-32$ より

$$\beta(\beta-\alpha)^2=-32. \qquad \cdots\cdots ②$$

①，② より

$$\beta^3=-8.$$

よって，

$$\beta=-2, \quad \alpha=-6.$$

したがって

$$f(x)=x(x+6)^2=x(x^2+12x+36)$$

であり，$f(x)=x(x^2+px+q)$ と比較して

$$\boldsymbol{p=12, \quad q=36}.$$

(2)　　$$f(x)=x^3+12x^2+36x$$

であり，$y=f(x)$ を x 軸方向に c だけ平行移動すると $y=g(x)$ となるから

$$g(x)=(x-c)^3+12(x-c)^2+36(x-c).$$

よって，

$$\begin{aligned}&f(x)-g(x)\\&=\{x^3-(x-c)^3\}+12\{x^2-(x-c)^2\}+36\{x-(x-c)\}\\&=c\{3x^2-3(c-8)x+c^2-12c+36\}.\end{aligned}$$

$y=f(x)$ と $y=g(x)$ が 2 点で交わる条件は

$$3x^2-3(c-8)x+c^2-12c+36=0 \qquad \cdots\cdots ③$$

が相異なる 2 実解をもつことであり

$$D=9(c-8)^2-12(c^2-12c+36)>0.$$

$$-3c^2+144>0 \text{ すなわち } c^2<48.$$

$c>0$ より

$$0<c<4\sqrt{3}.$$

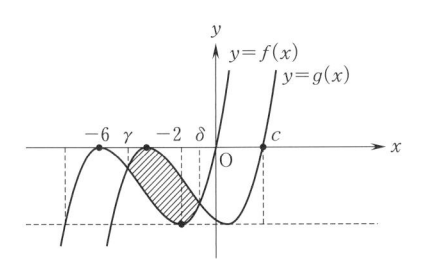

$y=f(x)$ と $y=g(x)$ の交点の x 座標を $\gamma, \delta\ (\gamma<\delta)$ とすると γ, δ は ③ の 2 実解であり，

$$\gamma+\delta=c-8, \quad \gamma\delta=\frac{1}{3}(c^2-12c+36). \quad\cdots\cdots ④$$

また，

$$3x^2-3(c-8)x+c^2-12c+36=3(x-\gamma)(x-\delta)$$

であり，題意の面積 S は

$$\begin{aligned}S&=\int_\gamma^\delta \{g(x)-f(x)\}\,dx\\&=-3c\int_\gamma^\delta (x-\gamma)(x-\delta)\,dx\\&=-3c\cdot\left(-\frac{1}{6}\right)(\delta-\gamma)^3=\frac{c}{2}\{(\delta-\gamma)^2\}^{\frac{3}{2}}\end{aligned}$$

$$\begin{aligned}&=\frac{c}{2}\{(\delta+\gamma)^2-4\delta\gamma\}^{\frac{3}{2}}\\&=\frac{c}{2}\left\{(c-8)^2-\frac{4(c^2-12c+36)}{3}\right\}^{\frac{3}{2}}\\&=\frac{c}{2}\left(\frac{48-c^2}{3}\right)^{\frac{3}{2}}\\&=\frac{\sqrt{3}\,c}{18}(48-c^2)^{\frac{3}{2}}.\end{aligned}$$

注　　$\gamma=\dfrac{3(c-8)-\sqrt{D}}{6}, \ \delta=\dfrac{3(c-8)+\sqrt{D}}{6}$
$$(D=3(48-c^2))$$

だから

$$S=\frac{c}{2}(\delta-\gamma)^3=\frac{c}{2}\left(\frac{\sqrt{D}}{3}\right)^3=\frac{\sqrt{3}\,c}{18}\sqrt{(48-c^2)^3}.$$

(類題 35 の解答)

(1) 直線 l の方程式を $y=mx+n\ (m, n$ は定数) とおき，2 つの接点の x 座標を $\alpha, \beta\ (\alpha\neq\beta)$ とすると

$$x^4+ax^3+bx^2-(mx+n)=(x-\alpha)^2(x-\beta)^2.$$

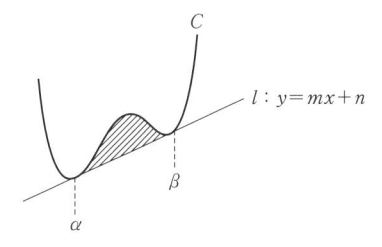

ここで

$$\begin{aligned}&(x-\alpha)^2(x-\beta)^2\\&=x^4-2(\alpha+\beta)x^3+(\alpha^2+\beta^2+4\alpha\beta)x^2\\&\qquad\qquad-2\alpha\beta(\alpha+\beta)x+\alpha^2\beta^2\end{aligned}$$

であるから

$$\begin{cases}a=-2(\alpha+\beta), & \cdots\cdots ①\\ b=(\alpha+\beta)^2+2\alpha\beta, & \cdots\cdots ②\\ m=2\alpha\beta(\alpha+\beta), & \cdots\cdots ③\\ n=-(\alpha\beta)^2. & \cdots\cdots ④\end{cases}$$

①，② より

$$\begin{cases}\alpha+\beta=-\dfrac{a}{2}, & \cdots\cdots ①'\\ \alpha\beta=\dfrac{4b-a^2}{8} & \cdots\cdots ②'\end{cases}$$

であり，α, β は t の 2 次方程式

$$t^2+\frac{a}{2}t+\frac{4b-a^2}{8}=0 \qquad \cdots\cdots(*)$$

の 2 解である．

「C に相異なる 2 点で接する直線 $l: y=mx+n$ が存在する」

$\iff$「①，②，③，④ を満たす実数 $\alpha, \beta\ (\alpha\neq\beta)$, m, n が存在する」

⟺「①, ②を満たす実数 $\alpha, \beta\ (\alpha \neq \beta)$ が存在する」
⟺「(∗) が相異なる 2 実解をもつ」
であり，この条件は
$$D=\left(\frac{a}{2}\right)^2-\frac{4b-a^2}{2}>0.$$
よって，a, b の満たすべき条件は
$$3a^2-8b>0.$$
(変曲点が存在する条件と同じです)

注 このとき，①′, ②′ を ③, ④ に代入して
$$\begin{cases} m=-\dfrac{a(4b-a^2)}{8}, \\ n=-\dfrac{(4b-a^2)^2}{64} \end{cases} \quad (\leftarrow \text{実数 } m, n \text{ は定められます})$$
であり，$l: y=-\dfrac{a(4b-a^2)}{8}x-\dfrac{(4b-a^2)^2}{64}$．

(2) $\alpha<\beta$ として一般性を失わない．このとき題意の面積 S は
$$\begin{aligned}
S &= \int_\alpha^\beta \{x^4+ax^3+bx^2-(mx+n)\}dx \\
&= \int_\alpha^\beta (x-\alpha)^2(x-\beta)^2 dx \quad ((1) \text{より}) \\
&= \int_\alpha^\beta (x-\alpha)^2\{(x-\alpha)-(\beta-\alpha)\}^2 dx \\
&= \int_\alpha^\beta \{(x-\alpha)^4-2(\beta-\alpha)(x-\alpha)^3 \\
&\qquad\qquad +(\beta-\alpha)^2(x-\alpha)^2\} dx \\
&= \left[\frac{1}{5}(x-\alpha)^5-\frac{1}{2}(\beta-\alpha)(x-\alpha)^4 \right. \\
&\qquad\qquad \left. +\frac{1}{3}(\beta-\alpha)^2(x-\alpha)^3\right]_\alpha^\beta \\
&= \frac{1}{30}(\beta-\alpha)^5 = \frac{1}{30}\{(\beta-\alpha)^2\}^{\frac{5}{2}} \\
&= \frac{1}{30}\{(\alpha+\beta)^2-4\alpha\beta\}^{\frac{5}{2}} \\
&= \frac{1}{30}\left\{\left(\frac{a}{2}\right)^2-\frac{4b-a^2}{2}\right\}^{\frac{5}{2}} \quad (①', ②' \text{より}) \\
&= \frac{1}{960}(3a^2-8b)^{\frac{5}{2}}.
\end{aligned}$$

注 $S=\int_\alpha^\beta (x-\alpha)^2(x-\beta)^2 dx = \int_\alpha^\beta (x-\alpha)^2(\beta-x)^2 dx$
$\qquad = \dfrac{2!2!}{5!}(\beta-\alpha)^5 = \dfrac{1}{30}(\beta-\alpha)^5$．

(類題 36 の解答)

$$\begin{cases} f(x)=\dfrac{x^{2n}}{2n+1}-\dfrac{x^{n+1}}{n+2}+\dfrac{x^{n-1}}{n}-1, \\ g(x)=xf(x)=\dfrac{x^{2n+1}}{2n+1}-\dfrac{x^{n+2}}{n+2}+\dfrac{x^n}{n}-x \end{cases}$$

とする．
方程式 $f(x)=0$ は $x=0$ を解にもたず，方程式 $g(x)=0$ の 0 以外の解が $f(x)=0$ の解である．

さて，
$$\begin{aligned}
g'(x) &= x^{2n}-x^{n+1}+x^{n-1}-1 \\
&= (x^{n+1}+1)(x^{n-1}-1).
\end{aligned}$$

(i) n が偶数の場合 ($n+1$, $n-1$ は奇数)
$$\begin{cases} x^{n+1}+1=0 \text{ となる実数 } x \text{ は } x=-1 \text{ のみ}, \\ x^{n-1}-1=0 \text{ となる実数 } x \text{ は } x=1 \text{ のみ} \end{cases}$$
である．

(ii) n が奇数の場合 ($n+1$, $n-1$ は偶数)
$$\begin{cases} x^{n+1}+1>0, \\ x^{n-1}-1=0 \text{ となる実数 } x \text{ は } x=\pm 1 \end{cases}$$
である．

(i), (ii) いずれにしても
$$g'(x)=0 \iff x=-1,\ 1$$
であり，$g(x)$ の増減は次の通り．

x		-1		0		1	
$g'(x)$	$+$	0	$-$	$-$	$-$	0	$+$
$g(x)$	↗		↘	0	↘		↗

ここで
$$g(-1)=-\frac{1}{2n+1}-\frac{1}{n+2}+\frac{1}{n}+1>0,$$
$$g(1)=\frac{1}{2n+1}-\frac{1}{n+2}+\frac{1}{n}-1<0$$
であり
$$\lim_{x\to-\infty} g(x)=-\infty,\ \lim_{x\to\infty} g(x)=\infty$$
であるから
方程式 $g(x)=0$ の 0 以外の実数解は 2 個である．
したがって，
方程式 $f(x)=0$ の実数解の個数は，**2 個**
である．

注
$$\begin{aligned}
f'(x) &= \frac{2n}{2n+1}x^{2n-1}-\frac{n+1}{n+2}x^n+\frac{n-1}{n}x^{n-2} \\
&= x^{n-2}\left(\frac{2n}{2n+1}x^{n+1}-\frac{n+1}{n+2}x^2+\frac{n-1}{n}\right)
\end{aligned}$$
であり，直接 $f(x)$ の増減を調べるのは困難です．
ところが，$g(x)=xf(x)$ について，
$$\begin{aligned}
g'(x) &= x^{2n}-x^{n+1}+x^{n-1}-1 \\
&= (x^{n+1}+1)(x^{n-1}-1)
\end{aligned}$$
であり，$g(x)$ の増減を調べることは可能です．
そこで方程式 $g(x)=0$ の実数解の個数を調べることにより，方程式 $f(x)=0$ の実数解の個数を求めました．
少々クイズのような雰囲気があり，$g(x)$ に着目できないと手も足も出ないでしょう．

(類題 37 の解答)

$f(x)=x^3-3x$ とおくと,
$$x^3-3x-p=0 \iff f(x)=p.$$
よって,
$\alpha(p)$, $\gamma(p)$ は, $y=f(x)$ と $y=p$ のグラフの共有点の x 座標のうち, それぞれ最小のもの, 最大のものである.
$$f'(x)=3x^2-3=3(x+1)(x-1)$$
であり, $f(x)$ の増減は次の通り.

x		-1		1	
$f'(x)$	$+$	0	$-$	0	$+$
$f(x)$	↗	2	↘	-2	↗

$y=f(x)$ のグラフをかくと,

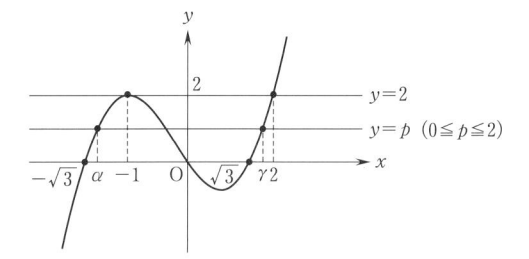

さらに,
・$p=0$ のとき,
$$x^3-3x=0 \iff x(x^2-3)=0$$
より,
$$\alpha(0)=-\sqrt{3}, \ \gamma(0)=\sqrt{3}.$$
・$p=2$ のとき,
$$x^3-3x-2=0 \iff (x+1)^2(x-2)=0$$
より,
$$\alpha(2)=-1, \ \gamma(2)=2.$$
したがって
$$\int_0^2 \{\gamma(p)-\alpha(p)\}dp$$
$$\left(=\lim_{n\to\infty}\sum_{k=1}^n\{\gamma(p_k)-\alpha(p_k)\}\Delta p\right.$$
$$\left.\left(ただし, \ p_k=\frac{2k}{n}, \ \Delta p = p_{k+1}-p_k = \frac{2}{n}\right)\right)$$
$$=(次図の斜線部分の面積)$$

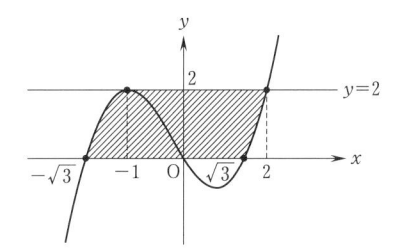

$$=\int_{-\sqrt{3}}^{-1}(x^3-3x)\,dx+3\times 2-\int_{\sqrt{3}}^2(x^3-3x)\,dx$$
$$=\left[\frac{x^4}{4}-\frac{3}{2}x^2\right]_{-\sqrt{3}}^{-1}+6-\left[\frac{x^4}{4}-\frac{3}{2}x^2\right]_{\sqrt{3}}^2$$
$$=1+6-\frac{1}{4}$$
$$=\frac{27}{4}.$$

【別解】
$$\begin{cases} f_1(x)=x^3-3x \ (x\leq -1), & \leftarrow 単調増加 \\ f_2(x)=x^3-3x \ (x\geq 1), & \leftarrow 単調増加 \end{cases}$$
とすると,
$$\begin{cases} p=f_1(\alpha)=\alpha^3-3\alpha, \\ p=f_2(\gamma)=\gamma^3-3\gamma \end{cases}$$
であり
$$\gamma(p)=f_2^{-1}(p), \ \alpha(p)=f_1^{-1}(p)$$
さて, $0\leq p\leq 2$ のとき
$$-\sqrt{3}\leq \alpha \leq -1, \ \sqrt{3}\leq \gamma \leq 2$$
であり,
$$\int_0^2\{\gamma(p)-\alpha(p)\}dp=\int_0^2\gamma(p)dp-\int_0^2\alpha(p)dp$$
において, それぞれ $p=f_2(\gamma)$, $p=f_1(\alpha)$ と置換すると,
$$\int_0^2\{\gamma(p)-\alpha(p)\}dp$$
$$=\int_{\sqrt{3}}^2\gamma\frac{dp}{d\gamma}d\gamma-\int_{-\sqrt{3}}^{-1}\alpha\frac{dp}{d\alpha}d\alpha$$
$$=\int_{\sqrt{3}}^2\gamma(3\gamma^2-3)d\gamma-\int_{-\sqrt{3}}^{-1}\alpha(3\alpha^2-3)d\alpha$$
$$=\left[\frac{3}{4}\gamma^4-\frac{3}{2}\gamma^2\right]_{\sqrt{3}}^2-\left[\frac{3}{4}\alpha^4-\frac{3}{2}\alpha^2\right]_{-\sqrt{3}}^{-1}$$
$$=\left(6-\frac{9}{4}\right)-\left(-\frac{3}{4}-\frac{9}{4}\right)$$
$$=\frac{27}{4}.$$

注 $\int_0^2\gamma(p)dp=\int_0^2f_2^{-1}(p)dp=\int_{\sqrt{3}}^2f_2^{-1}(f_2(\gamma))\frac{dp}{d\gamma}d\gamma$
$(p=f_2(\gamma)$ と置換$)$
$$=\int_{\sqrt{3}}^2\gamma(3\gamma^2-3)d\gamma.$$

第6章 図形と方程式

(類題38の解答)

(1) $C_1: (x-1)^2+(y-3)^2=4$,
$L: kx-y-4k+7=0$

であり、

C_1 の中心 $P(1, 3)$, 半径は 2.

C_1 と L が異なる2点で交わるから、

(PとLの距離) $<$ (C_1の半径)

であり、

$$\frac{|k-3-4k+7|}{\sqrt{k^2+1}} < 2.$$
$$|3k-4| < 2\sqrt{k^2+1}.$$
$$5k^2-24k+12 < 0.$$
$$\frac{12-2\sqrt{21}}{5} < k < \frac{12+2\sqrt{21}}{5}.$$

(2) 2点 A, B を通る円の方程式は、l を定数として、

$$(x^2+y^2-2x-6y+6)+l(kx-y-4k+7)=0 \quad \cdots\cdots ①$$

とおける。① より

$$x^2+y^2-(2-lk)x-(6+l)y+6+l(-4k+7)=0. \quad \cdots\cdots ①'$$

円の中心が x 軸上にあるための条件は

$$6+l=0.$$

よって、$l=-6$ であり、①' より

$$x^2+y^2-2(1+3k)x=-24k+36.$$
$$\{x-(1+3k)\}^2+y^2=9k^2-18k+37 \ (>0).$$

したがって、C_2 の中心 Q は

$$Q(1+3k, \ 0).$$

(3)

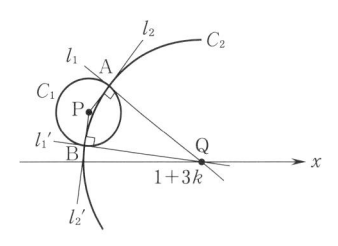

点 A, 点 B のそれぞれにおいて、C_1 と C_2 の接線が直交するから、

$$\begin{cases} AP^2+AQ^2=PQ^2, \\ BP^2+BQ^2=PQ^2. \end{cases}$$

また、

$$\begin{cases} AP=BP=2, \\ AQ=BQ=\sqrt{9k^2-18k+37} \end{cases}$$

であるから、

$$4+(9k^2-18k+37)=(3k)^2+(-3)^2.$$

よって、

$$k=\frac{16}{9}.$$

注

$$\begin{cases} \text{Aにおける } C_1, C_2 \text{ の接線をそれぞれ } l_1, l_2, \\ \text{Bにおける } C_1, C_2 \text{ の接線をそれぞれ } l_1', l_2' \end{cases}$$

とする。

・$l_1 \perp l_2$ であり、$l_2 \perp AQ$ であるから、

l_1 は直線 AQ に一致する。

・$l_1 \perp l_2$ であり、$l_1 \perp AP$ であるから、

l_2 は直線 AP に一致する。

よって、

$$l_1 \perp l_2 \Longleftrightarrow AQ \perp AP.$$

同様に考えて、

$$l_1' \perp l_2' \Longleftrightarrow BQ \perp BP.$$

したがって、C_1, C_2 の2接線が直交する条件は、

$$\begin{cases} AP^2+AQ^2=PQ^2, \\ BP^2+BQ^2=PQ^2 \end{cases}$$

となります。

(類題39の解答)

(1) l と C の方程式より y を消去すると

$$(x-1)^2+(mx-1)^2=1.$$
$$(m^2+1)x^2-2(1+m)x+1=0. \quad \cdots\cdots (*)$$

l と C が2点で交わるための条件は、

$$\frac{D}{4}=(1+m)^2-(m^2+1)>0. \ (D \text{ は} (*) \text{の判別式})$$

よって、

$$m>0.$$

(2) $m>0$ のとき、$(*)$ の2実解を α, β とおくと

$$\alpha+\beta=\frac{2(1+m)}{m^2+1}, \quad \alpha\beta=\frac{1}{m^2+1}$$

であり、α, β は P, Q の x 座標である。

R(X, Y) とすると

$$\begin{cases} X=\dfrac{\alpha+\beta}{2}=\dfrac{1+m}{m^2+1}, & \cdots\cdots ① \\ Y=mX. & \cdots\cdots ② \end{cases}$$

(R は $l: y=mx$ 上にあるから)

ただし、

$$m>0. \quad \cdots\cdots ③$$

② より、$X \neq 0$ のとき

$$m=\frac{Y}{X}. \quad \cdots\cdots ②'$$

①, ②, ③ を満たす実数 m が存在する条件を求めればよく、①, ③ より $X \neq 0$ が必要.

このとき ①, ②', ③ より m を消去して

$$X=\frac{1+\dfrac{Y}{X}}{\left(\dfrac{Y}{X}\right)^2+1} \ (X \neq 0) \ \text{かつ} \ \frac{Y}{X}>0$$

$$\Longleftrightarrow X^2+Y^2=X+Y \ (X \neq 0) \ \text{かつ} \ XY>0$$

$$\Longleftrightarrow \left(X-\frac{1}{2}\right)^2+\left(Y-\frac{1}{2}\right)^2=\frac{1}{2} \ \text{かつ} \ XY>0.$$

(これは $X \neq 0$ を満たしている)

よって，R(X, Y) の描く図形を図示すると，下図の太線部分．

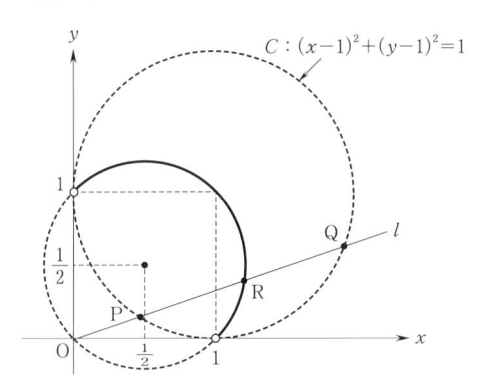

R の軌跡の方程式は
$$\begin{cases} \left(x-\dfrac{1}{2}\right)^2+\left(y-\dfrac{1}{2}\right)^2=\dfrac{1}{2}, \\ x>0, \quad y>0. \end{cases}$$

注

$X=\dfrac{1+m}{m^2+1}$ であるとき，正の実数 m が存在するためには $X>0$ が必要．

$X>0$ のもとで解答しても同じ結果が得られます．

【(1) の別解】

C の中心 M$(1, 1)$ と直線 $l : mx-y=0$ との距離 d は
$$d=\dfrac{|m-1|}{\sqrt{m^2+1}}.$$

C と l が 2 点 P, Q で交わる条件は，$d<1$ すなわち
$$\dfrac{|m-1|}{\sqrt{m^2+1}}<1.$$

これより
$$(m-1)^2-(m^2+1)<0.$$

よって
$$m>0.$$

(類題 40 の解答)

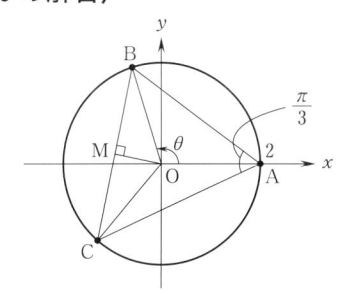

$\angle \text{BAC}=\dfrac{\pi}{3}$ であるから，円周角と中心角の関係

より
$$\angle \text{BOC}=\dfrac{2}{3}\pi.$$

さて，$\overrightarrow{\text{OB}}$ と x 軸の正の向きとのなす角を θ とすると，$\overrightarrow{\text{OC}}$ と x 軸の正の向きとのなす角は $\theta+\dfrac{2}{3}\pi$ であり
$$\text{B}(2\cos\theta, 2\sin\theta),$$
$$\text{C}\left(2\cos\left(\theta+\dfrac{2}{3}\pi\right), 2\sin\left(\theta+\dfrac{2}{3}\pi\right)\right).$$

ただし，$0<\theta$ かつ $\theta+\dfrac{2}{3}\pi<2\pi$ より
$$0<\theta<\dfrac{4}{3}\pi. \qquad \cdots\cdots ①$$

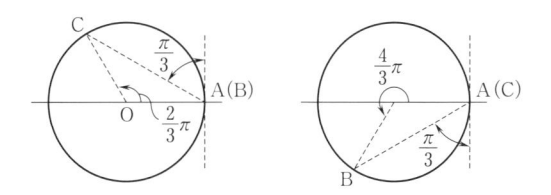

G(X, Y) とすると
$$\begin{cases} X=\dfrac{1}{3}\left\{2+2\cos\theta+2\cos\left(\theta+\dfrac{2}{3}\pi\right)\right\}, \\ Y=\dfrac{1}{3}\left\{0+2\sin\theta+2\sin\left(\theta+\dfrac{2}{3}\pi\right)\right\}. \end{cases}$$

和→積の公式を用いると
$$\begin{cases} X=\dfrac{2}{3}\left\{1+2\cos\left(\theta+\dfrac{\pi}{3}\right)\cos\dfrac{\pi}{3}\right\} \\ \quad =\dfrac{2}{3}\left\{1+\cos\left(\theta+\dfrac{\pi}{3}\right)\right\}, \qquad \cdots\cdots ② \\ Y=\dfrac{2}{3}\left\{2\sin\left(\theta+\dfrac{\pi}{3}\right)\cos\dfrac{\pi}{3}\right\} \\ \quad =\dfrac{2}{3}\sin\left(\theta+\dfrac{\pi}{3}\right). \qquad \cdots\cdots ③ \end{cases}$$

すなわち
$$\begin{cases} \dfrac{3}{2}\left(X-\dfrac{2}{3}\right)=\cos\left(\theta+\dfrac{\pi}{3}\right), & \cdots\cdots ②' \\ \dfrac{3}{2}Y=\sin\left(\theta+\dfrac{\pi}{3}\right). & \cdots\cdots ③' \end{cases}$$

「①, ②, ③」すなわち「①, ②', ③'」を満たす実数 θ が存在する条件を求めればよく，②', ③' と $\cos^2\left(\theta+\dfrac{\pi}{3}\right)+\sin^2\left(\theta+\dfrac{\pi}{3}\right)=1$ より θ を消去すると
$$\dfrac{9}{4}\left(X-\dfrac{2}{3}\right)^2+\dfrac{9}{4}Y^2=1.$$
$$\left(X-\dfrac{2}{3}\right)^2+Y^2=\dfrac{4}{9}.$$

ただし，①, ②, ③ より
$$0\leqq X<1, \quad -\dfrac{2}{3}\leqq Y\leqq\dfrac{2}{3}.$$

したがって，重心 G の軌跡は

円 $\left(x-\dfrac{2}{3}\right)^2+y^2=\dfrac{4}{9}$ の $x<1$ の部分.

〈参考〉
$\angle \mathrm{BOC}=\dfrac{2}{3}\pi$ であり，BC の中点を M とすると

$$\mathrm{OM}=\mathrm{OB}\cos\angle \mathrm{BOM}=2\cos\dfrac{\pi}{3}=1.$$

すなわち
$$|\overrightarrow{\mathrm{OM}}|=1. \quad \cdots\cdots ④$$

また，G は重心だから
$$\overrightarrow{\mathrm{OG}}=\dfrac{\overrightarrow{\mathrm{OA}}+2\overrightarrow{\mathrm{OM}}}{3}.$$

よって
$$\dfrac{2}{3}\overrightarrow{\mathrm{OM}}=\overrightarrow{\mathrm{OG}}-\dfrac{1}{3}\overrightarrow{\mathrm{OA}}. \quad \cdots\cdots ⑤$$

④，⑤ より
$$\left|\overrightarrow{\mathrm{OG}}-\dfrac{1}{3}\overrightarrow{\mathrm{OA}}\right|=\dfrac{2}{3}|\overrightarrow{\mathrm{OM}}|=\dfrac{2}{3}.$$

$\dfrac{1}{3}\overrightarrow{\mathrm{OA}}=\overrightarrow{\mathrm{OA'}}$ とおくと
$$|\overrightarrow{\mathrm{A'G}}|=\dfrac{2}{3} \quad (一定).$$

したがって，G は
$\mathrm{A'}\left(\dfrac{2}{3},\ 0\right)$ を中心とする半径 $\dfrac{2}{3}$ の円周上を動く.

注 $\begin{pmatrix} \text{M の存在範囲は，} x<\dfrac{1}{2} \text{ に限定されるから} \\ \text{G の存在範囲は，} x<1 \text{ となります．} \end{pmatrix}$

(類題 41 の解答)

$\mathrm{P}(x,\ y)$，$\mathrm{Q}(X,\ Y)$ とおくと，Q は半直線 OP 上にあるから
$$\overrightarrow{\mathrm{OP}}=k\overrightarrow{\mathrm{OQ}}\ (k>0) \quad \cdots\cdots ①$$
とおけ，条件より
$$|\overrightarrow{\mathrm{OP}}|\cdot|\overrightarrow{\mathrm{OQ}}|=3 \quad (\to |\overrightarrow{\mathrm{OQ}}|\neq 0)$$
であるから ① を代入して
$$k|\overrightarrow{\mathrm{OQ}}|^2=3. \quad \cdots\cdots ②$$

①，② より
$$\overrightarrow{\mathrm{OP}}=\dfrac{3}{|\overrightarrow{\mathrm{OQ}}|^2}\overrightarrow{\mathrm{OQ}}=\dfrac{3}{X^2+Y^2}\begin{pmatrix}X\\Y\end{pmatrix}.$$

よって，
$$x=\dfrac{3X}{X^2+Y^2},\quad y=\dfrac{3Y}{X^2+Y^2}. \quad \cdots\cdots ③$$

(1) $r=1$ のとき
$$C: x^2+y^2-2x=0. \quad \cdots\cdots ④$$

③ かつ ④ を満たす実数 $x,\ y$ が存在する条件を求めればよく，④ に ③ を代入して

$$\dfrac{(3X)^2}{(X^2+Y^2)^2}+\dfrac{(3Y)^2}{(X^2+Y^2)^2}-2\dfrac{3X}{X^2+Y^2}=0$$
$$\iff 9-6X=0\ かつ\ X^2+Y^2\neq 0$$
$$\iff X=\dfrac{3}{2}.\ (X^2+Y^2\neq 0\ は満たされる)$$

よって，T の方程式は
$$x=\dfrac{3}{2}.$$

(2) $r\neq 1$ のとき ③ かつ
$$(x-1)^2+y^2=r^2 \quad \cdots\cdots ⑤$$
を満たす実数 $x,\ y$ が存在する条件を求めればよく，⑤ に ③ を代入して

$$\left(\dfrac{3X}{X^2+Y^2}-1\right)^2+\left(\dfrac{3Y}{X^2+Y^2}\right)^2=r^2$$
$$\iff \dfrac{9(X^2+Y^2)}{(X^2+Y^2)^2}-\dfrac{6X}{X^2+Y^2}+1-r^2=0$$
$$\iff (1-r^2)(X^2+Y^2)-6X+9=0$$
$$\qquad\qquad かつ\ X^2+Y^2\neq 0$$
$$\iff X^2-\dfrac{6}{1-r^2}X+Y^2+\dfrac{9}{1-r^2}=0$$
$$\qquad\qquad かつ\ X^2+Y^2\neq 0$$
$$\iff \left(X-\dfrac{3}{1-r^2}\right)^2+Y^2=\dfrac{9r^2}{(1-r^2)^2}$$
$$\qquad (X^2+Y^2\neq 0\ は満たされる)$$

よって
$$T:\left(x-\dfrac{3}{1-r^2}\right)^2+y^2=\dfrac{9r^2}{(1-r^2)^2}$$

であり
中心 $\left(\dfrac{3}{1-r^2},\ 0\right)$，半径 $\dfrac{3r}{|1-r^2|}$
の円である.

(類題 42 の解答)

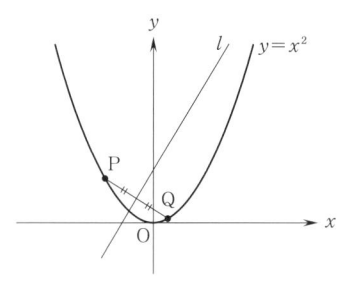

$\mathrm{P}(p,\ p^2)$，$\mathrm{Q}(q,\ q^2)\ (p\neq q)$ とする.

$a\neq 0$ としてよく，P，Q が $l: y=ax+1$ に関して対称であるための条件は，
$$\begin{cases} \overrightarrow{\mathrm{PQ}}\perp \vec{l} \quad (\vec{l}\ は\ l\ の方向ベクトル), \\ \mathrm{PQ}\ の中点が\ l\ 上にある \end{cases}$$
であり

$$\begin{cases}\begin{pmatrix}q-p\\q^2-p^2\end{pmatrix}\cdot\begin{pmatrix}1\\a\end{pmatrix}=0,\\ \dfrac{p^2+q^2}{2}=a\dfrac{p+q}{2}+1\end{cases}$$

$$\iff\begin{cases}(q-p)+a(q-p)(q+p)=0, &\cdots\cdots\text{①}\\ (p+q)^2-a(p+q)-2pq=2. &\cdots\cdots\text{②}\end{cases}$$

$q-p\neq 0$ であるから，① より
$$1+a(p+q)=0.$$
よって
$$p+q=-\dfrac{1}{a}. \qquad\cdots\cdots\text{③}$$

②，③ より
$$pq=\dfrac{1}{2}\{(p+q)^2-a(p+q)\}-1$$
$$=\dfrac{1}{2a^2}-\dfrac{1}{2}. \qquad\cdots\cdots\text{④}$$

③，④ より p, q は t の 2 次方程式
$$t^2+\dfrac{1}{a}t+\dfrac{1}{2}\left(\dfrac{1}{a^2}-1\right)=0 \qquad\cdots\cdots\text{⑤}$$
の 2 解である．

題意を満たす相異なる 2 点 P, Q が存在するための条件は，⑤ が相異なる 2 つの実数解をもつことであり，この条件は
$$\left(\dfrac{1}{a}\right)^2-2\left(\dfrac{1}{a^2}-1\right)>0$$
$$\iff 2-\dfrac{1}{a^2}>0 \iff a^2>\dfrac{1}{2}.$$

よって，求める a の範囲は
$$a<-\dfrac{1}{\sqrt{2}},\ \dfrac{1}{\sqrt{2}}<a.$$

注
③ と
$$p^2+q^2=a(p+q)+2 \qquad\cdots\cdots\text{②}$$
より，
$$p^2+q^2=1. \qquad\cdots\cdots\text{②}'$$
「題意を満たす相異なる 2 点 P, Q が存在する」
$\iff$「①，② すなわち ③，②$'$ を満たす相異なる 2 つの実数 p, q が存在する」
$\iff$「pq 平面上で，
$$\text{円 }p^2+q^2=1,\ \text{直線 }p+q+\dfrac{1}{a}=0$$
が異なる 2 交点をもつ」
であり，この条件は
$$\dfrac{\left|\dfrac{1}{a}\right|}{\sqrt{1^2+1^2}}<1 \iff \left|\dfrac{1}{a}\right|<\sqrt{2}$$
$$\iff |a|>\dfrac{1}{\sqrt{2}}.$$
よって，
$$a<-\dfrac{1}{\sqrt{2}},\ \dfrac{1}{\sqrt{2}}<a.$$

(類題 43 の解答)

(1) $D=\{(x,y)\mid |x+y|+|x-y|\leq 2\}$
とする．$(x,y)\in D$ のとき
$$\begin{cases}|x+(-y)|+|x-(-y)|=|x-y|+|x+y|\leq 2,\\ |(-x)+y|+|(-x)-y|=|x-y|+|x+y|\leq 2,\\ |(-x)+(-y)|+|(-x)-(-y)|\\ \qquad =|x+y|+|x-y|\leq 2,\\ |y+x|+|y-x|=|x+y|+|x-y|\leq 2\end{cases}$$
が成り立つから，

D は x 軸，y 軸，原点，直線 $y=x$ に関して対称である．

$x\geq 0$, $y\geq 0$, $y\leq x$ のとき
$$|x+y|+|x-y|\leq 2$$
$$\iff (x+y)+(x-y)\leq 2 \iff x\leq 1$$
であるから，点 P の存在する範囲 D は下図の網かけおよび斜線部分である（境界も含む）．

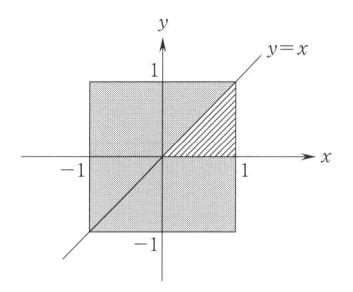

注
(1) は
 (i) $x+y\geq 0$ かつ $x-y\geq 0$,
 (ii) $x+y\geq 0$ かつ $x-y<0$,
 (iii) $x+y<0$ かつ $x-y\geq 0$,
 (iv) $x+y<0$ かつ $x-y<0$
の 4 つに場合を分けて解答してもよい．

(2) $x+y=X$, $x^2+y^2=Y$ とおくと，Q(X,Y) であり
$$xy=\dfrac{1}{2}\{(x+y)^2-(x^2+y^2)\}=\dfrac{1}{2}(X^2-Y).$$
よって，x, y は 2 次方程式
$$t^2-Xt+\dfrac{1}{2}(X^2-Y)=0 \qquad\cdots\cdots\text{①}$$
の 2 解である．

(1) より，
$$D=\{(x,y)\mid -1\leq x\leq 1,\ -1\leq y\leq 1\}$$
であり，Q(X,Y) の存在し得る領域を E とすると
「$(X,Y)\in E$」
$\iff$「$x+y=X$, $x^2+y^2=Y$ を満たす実数 $x\ (-1\leq x\leq 1)$, $y\ (-1\leq y\leq 1)$ が存在する」
$\iff$「2 次方程式 ① が $-1\leq t\leq 1$ に 2 実解をもつ」 $\cdots\cdots(*)$

$$f(t) = t^2 - Xt + \frac{1}{2}(X^2 - Y)$$
$$= \left(t - \frac{X}{2}\right)^2 + \frac{1}{4}(X^2 - 2Y)$$

とおくと，(∗)の条件は

$$\begin{cases} f\left(\dfrac{X}{2}\right) = \dfrac{1}{4}(X^2 - 2Y) \leqq 0, \\ -1 \leqq \dfrac{X}{2} \leqq 1, \\ f(-1) = 1 + X + \dfrac{1}{2}X^2 - \dfrac{1}{2}Y \geqq 0, \\ f(1) = 1 - X + \dfrac{1}{2}X^2 - \dfrac{1}{2}Y \geqq 0. \end{cases}$$

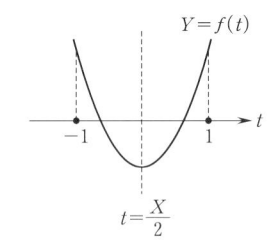

すなわち

$$\begin{cases} Y \geqq \dfrac{1}{2}X^2, \\ -2 \leqq X \leqq 2, \\ Y \leqq (X+1)^2 + 1, \\ Y \leqq (X-1)^2 + 1. \end{cases}$$

したがって，Q の存在する範囲 E は下図の斜線部分である．(境界も含む)

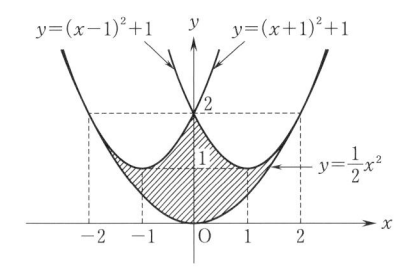

(類題44の解答)

$$\begin{cases} S_1 : x^2 + y^2 = 4, & \cdots\cdots① \\ S_2 : (x-a)^2 + y^2 = 4 & \cdots\cdots② \end{cases}$$

とおく．

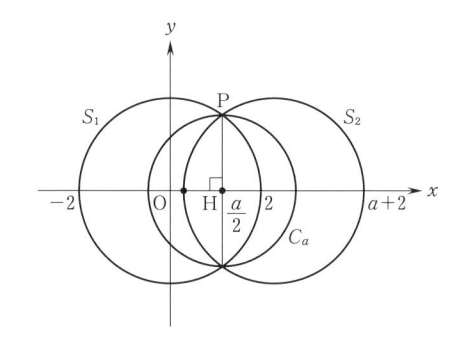

S_1, S_2 が交わる条件は
$$2 - 2 < |a| < 2 + 2$$
であるから，$0 < a < 4$ のとき2円 S_1, S_2 は交わる．

S_1, S_2 の共通弦の方程式は，①−② より
$$x = \frac{a}{2}.$$

よって，C_a の中心は $\left(\dfrac{a}{2}, 0\right)$. 半径は図における PH であり，
$$PH = \sqrt{OP^2 - OH^2} = \sqrt{4 - \frac{a^2}{4}}$$

であるから
$$C_a : \left(x - \frac{a}{2}\right)^2 + y^2 = 4 - \frac{a^2}{4}.$$

a について整理すると，
$$a^2 - 2xa + 2(x^2 + y^2 - 4) = 0. \quad\cdots\cdots③$$

a が $0 < a < 4$ の範囲を動くとき円 C_a が通過する領域 E は

「a についての2次方程式 ③ が $0 < a < 4$ の範囲に実数解をもつ」 $\cdots\cdots(\ast)$

ような点 (x, y) の範囲である．
$$f(a) = a^2 - 2xa + 2(x^2 + y^2 - 4)$$
とおく．

(i) $f(0) \cdot f(4) < 0$ の場合

(∗)は成り立つ．
$$f(0) \cdot f(4) = 4(x^2 + y^2 - 4)(x^2 + y^2 - 4x + 4)$$
$$= 4(x^2 + y^2 - 4)\{(x-2)^2 + y^2\}$$

であるから，$f(0) \cdot f(4) < 0$ より
$$x^2 + y^2 < 4 \text{ かつ } (x, y) \neq (2, 0)$$
すなわち，$x^2 + y^2 < 4$.

(ii) $f(0) \cdot f(4) > 0$ の場合

(∗)が成り立つ条件は
$$\begin{cases} f(0) = 2(x^2 + y^2 - 4) > 0, \\ f(4) = 2(x^2 + y^2 - 4x + 4) > 0, \\ 0 < x < 4, \\ \dfrac{D}{4} = x^2 - 2(x^2 + y^2 - 4) \geqq 0 \quad (D \text{ は判別式}) \end{cases}$$
すなわち，

$$\begin{cases} x^2+y^2>4, \\ (x,\ y)\neq(2,\ 0), \\ 0<x<4, \\ \dfrac{x^2}{8}+\dfrac{y^2}{4}\leqq 1. \end{cases}$$

(iii) $f(0)\cdot f(4)=0$ の場合

・$f(0)=2(x^2+y^2-4)=0$ のとき, $x^2+y^2=4$ であり
$$f(a)=a(a-2x).$$
(∗)が成り立つ条件は
$$0<2x<4 \text{ すなわち } 0<x<2.$$

・$f(4)=2\{(x-2)^2+y^2\}=0$ のとき, $(x,\ y)=(2,\ 0)$ であり
$$f(a)=a(a-4).$$
よって,（∗）は成り立たない.

以上(i), (ii), (iii)により, C_a の存在範囲は下図の網かけ部分(境界は実線部分を含み, 破線部分, 点 $(2,\ 0),\ (0,\ 2),\ (0,\ -2)$ は含まない).

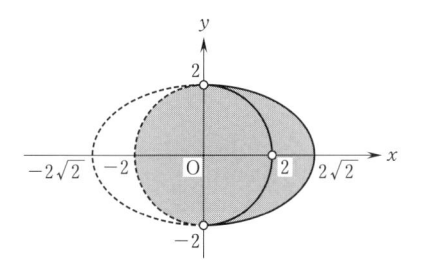

(類題 45 の解答)

(1) $l: mx-y+n=0$ と $\mathrm{P}(-1,\ 0),\ \mathrm{Q}(1,\ 0)$ との距離 $s,\ t$ はそれぞれ
$$s=\dfrac{|-m+n|}{\sqrt{m^2+1}},\quad t=\dfrac{|m+n|}{\sqrt{m^2+1}}$$
$st=1$ より
$$\dfrac{|-m+n|}{\sqrt{m^2+1}}\cdot\dfrac{|m+n|}{\sqrt{m^2+1}}=1$$
$$\iff |n^2-m^2|=m^2+1$$
$$\iff (n^2-m^2)^2-(m^2+1)^2=0$$
$$\iff (n^2-2m^2-1)(n^2+1)=0$$
$$\iff n^2-2m^2-1=0.\ (n^2+1>0 \text{ より})$$
よって, 求める関係式は
$$n^2=2m^2+1 \text{ すなわち } \dfrac{m^2}{\left(\dfrac{1}{\sqrt{2}}\right)^2}-n^2=-1$$
であり, これを満たす点 $(m,\ n)$ 全体を図示すると

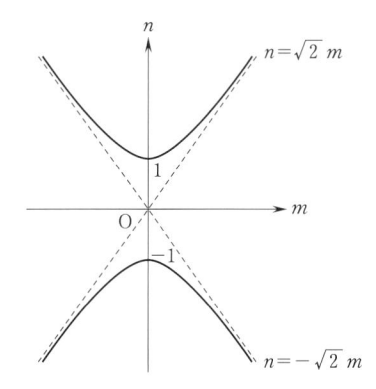

(2) 「$(X,\ Y)\in E$」
$\iff$「$\begin{cases} n^2=2m^2+1 \\ Y=mX+n \end{cases}$ を満たす実数 $m,\ n$ が存在する」
$\iff$「$(Y-mX)^2=2m^2+1$ を満たす実数 m が存在する」
$\iff$「m の方程式
$$(X^2-2)m^2-2XYm+(Y^2-1)=0 \quad\cdots\cdots\text{①}$$
が実数解をもつ」 $\cdots\cdots(\ast)$
である.

(i) $X^2-2=0$ すなわち $X=\pm\sqrt{2}$ のとき
①は,
$$\mp 2\sqrt{2}\,Ym+(Y^2-1)=0$$
であり,（∗）が成り立つ条件は, $Y\neq 0$.

(ii) $X^2-2\neq 0$ すなわち $X\neq\pm\sqrt{2}$ のとき
（∗）が成り立つ条件は,
$$\dfrac{D}{4}=(XY)^2-(X^2-2)(Y^2-1)\geqq 0$$
$$\iff X^2+2Y^2\geqq 2.$$

(i), (ii) より
$$E:\begin{cases} x=\pm\sqrt{2} \text{ かつ } y\neq 0, \\ x\neq\pm\sqrt{2} \text{ かつ } x^2+2y^2\geqq 2 \end{cases}$$
であり, E を図示すると, 次図の斜線部分(2点 $(\pm\sqrt{2},\ 0)$ 以外の境界を含む).

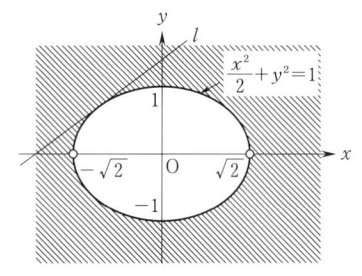

(3) E の境界である楕円 $C': x^2+2y^2=2$ と $l: y=mx+n$ より y を消去すると
$$x^2+2(mx+n)^2=2.$$
すなわち

$(2m^2+1)x^2+4mnx+2(n^2-1)=0.$

C' と l が接する条件は
$(2mn)^2-2(2m^2+1)(n^2-1)=0$
$\iff n^2=2m^2+1.$

$l: y=mx+n$ は y 軸に平行な直線ではないから，(1) の結果を考慮すれば
「l に対して $st=1$ が成り立つ」
$\iff$ 「$n^2=2m^2+1$」
$\iff$ 「l が楕円 $C': x^2+2y^2=2$ に接する（かつ y 軸に平行ではない）」

であるから確かに題意は成り立ち，$C=C'$ である。

注 (3) は
直線 $y=mx+n$ ($n^2=2m^2+1$) の包絡線が楕円 $C: x^2+2y^2=2$ であることを主張しています．

(類題 46 の解答)

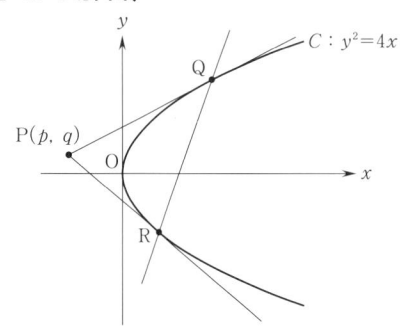

(1) $Q(x_1, y_1)$, $R(x_2, y_2)$ とおくと，Q, R における C の接線の方程式は，それぞれ
$y_1y=2(x+x_1),$
$y_2y=2(x+x_2).$

これらは $P(p, q)$ を通るから，
$\begin{cases} y_1q=2(p+x_1), \\ y_2q=2(p+x_2). \end{cases}$

すなわち，
$\begin{cases} 2x_1-qy_1=-2p, \\ 2x_2-qy_2=-2p. \end{cases}$

これは，直線 $2x-qy=-2p$ が 2 点 Q, R を通ることを示している．2 点 Q, R を通る直線はただ 1 つ存在するから，求める直線 QR の方程式は
$$2x-qy+2p=0.$$

(2)

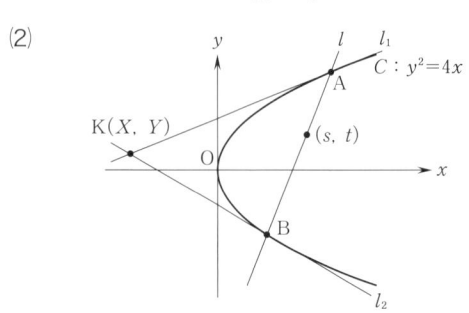

$K(X, Y)$ とおくと，(1) の結果より，直線 AB すなわち l の方程式は，
$$2x-Yy+2X=0.$$

K の軌跡を L とすると
$(X, Y) \in L$
$\iff$ 「$l: 2x-Yy+2X=0$ が点 (s, t) を通る」
$\iff 2s-Yt+2X=0$ すなわち $2X-tY+2s=0.$

よって，K の軌跡 L は
直線 $2x-ty+2s=0.$

【別解】
(1) C 上の点 $(u^2, 2u)$ における接線の方程式は
$2uy=2(x+u^2).$

これが $P(p, q)$ を通るとき，
$2uq=2(p+u^2)$

すなわち
$u^2-qu+p=0.$ ……①

$q^2>4p$ より，① は相異なる 2 つの実数解をもつ．これらを α, β ($\alpha \neq \beta$) とすると
$Q(\alpha^2, 2\alpha)$, $R(\beta^2, 2\beta)$

としてよく，直線 QR の方程式は，
$y=\dfrac{2\beta-2\alpha}{\beta^2-\alpha^2}(x-\alpha^2)+2\alpha$
$\iff (\alpha+\beta)y=2x+2\alpha\beta.$ ……②

ここで，① の解と係数の関係より
$\begin{cases} \alpha+\beta=q, \\ \alpha\beta=p. \end{cases}$

これらを，② に代入すると，
$$qy=2x+2p.$$
これが求める直線 QR の方程式である．

(2) 直線 l の方程式は
$x=m(y-t)+s$

とおける．これと $C: y^2=4x$ より x を消去すると，
$y^2=4m(y-t)+4s$
$y^2-4my+4(mt-s)=0.$ ……③

③ は相異なる 2 つの実数解 γ, δ をもち，
$\begin{cases} \gamma+\delta=4m, & \cdots\cdots④ \\ \gamma\delta=4(mt-s). & \cdots\cdots⑤ \end{cases}$

また，$A\left(\dfrac{\gamma^2}{4}, \gamma\right)$, $B\left(\dfrac{\delta^2}{4}, \delta\right)$ としてよく，A, B における C の接線 l_1, l_2 の方程式は，それぞれ
$l_1: \gamma y=2\left(x+\dfrac{\gamma^2}{4}\right),$ ……⑥
$l_2: \delta y=2\left(x+\dfrac{\delta^2}{4}\right).$ ……⑦

⑥ − ⑦ より
$(\gamma-\delta)y=\dfrac{1}{2}(\gamma^2-\delta^2).$

これより

$$y = \frac{1}{2}(\gamma+\delta).$$

これと⑥より,
$$x = \frac{1}{4}\gamma\delta.$$

よって, K(X, Y) について,
$$\begin{cases} X = \dfrac{\gamma\delta}{4} = mt-s, & \text{(⑤より)} \\ Y = \dfrac{\gamma+\delta}{2} = 2m. & \text{(④より)} \end{cases}$$

これらを満たす実数 m が存在する条件は
$$X = \frac{Y}{2}t-s \text{ すなわち } 2X-tY+2s=0.$$

よって, K(X, Y) の軌跡は
$$\text{直線 } \boldsymbol{2x-ty+2s=0}$$
である.

(類題47の解答)

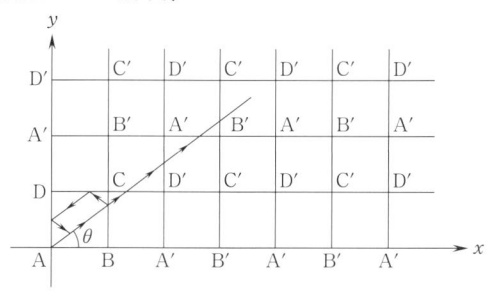

正方形 ABCD 内での光の進行(反射点)は「反射する辺に関して次々に対称移動して作られる正方形でできる平面図形内における光の直進(直進する光と平面図形の辺との交点)」として捉えることができる. 任意に対称移動を繰り返したとき, A′, B′, C′, D′ はそれぞれ A, B, C, D に対応する点である. もとの正方形の4頂点を
$$A(0, 0), B(1, 0), C(1, 1), D(0, 1)$$
として考えても一般性を失わない. このとき
A′($2p_1$, $2q_1$) (p_1, q_1 は 0 以上の整数), ……①
B′($2p_2+1$, $2q_2$) (p_2, q_2 は 0 以上の整数), …②
C′($2p_3+1$, $2q_3+1$) (p_3, q_3 は 0 以上の整数),
D′($2p_4$, $2q_4+1$) (p_4, q_4 は 0 以上の整数)
である.
また, 平面図形内における光の進路は
$$\text{直線 } l_\theta : y = x\tan\theta \quad \left(0<\theta<\frac{\pi}{2}\right)$$
であり, l_θ が A′, B′, C′, D′ のいずれかを通れば最初に通る点に対応する点 A, B, C, D で光が止まることになる.

(1) $\tan\theta = 0.3$ のとき
$$l_\theta : y = (0.3)x$$

l_θ が格子点 (m, n) を通るとすれば, $10n = 3m$.
よって,
$$(m, n) = (10N, 3N) \quad (N \text{ は整数})$$
であり, 最初に通る点は m, n が互いに素な点 (10, 3).
この点は点 D′ の形であり, 光は点 **D** で止まる.

(2) (i)「P が頂点 B で止まる」
$\iff$「l_θ が格子点として B′(m, n) を最初に通る」
$\iff$ $n = m\tan\theta$ かつ m と n は互いに素
$\iff$ $\tan\theta = \dfrac{n}{m}$ (m, n は互いに素)

ただし, ②より m は奇数, n は偶数である.

(ii)「P が頂点 C で止まる」(iii)「P が頂点 D で止まる」場合も同様に考えて

B で止まる条件は
$$\tan\theta = \frac{n}{m}. \text{ (m は奇数, n は偶数で互いに素)}$$

C で止まる条件は
$$\tan\theta = \frac{n}{m}. \text{ (m, n はともに奇数で互いに素)}$$

D で止まる条件は
$$\tan\theta = \frac{n}{m}. \text{ (m は偶数, n は奇数で互いに素)}$$

(3) P が頂点 A で止まるとすれば, l_θ が格子点として A′(m, n) を最初に通ることになる. このとき
$$n = m\tan\theta \text{ より } \tan\theta = \frac{n}{m}.$$

ここで, ①より m, n は偶数であり, 約分を実行して
$$\tan\theta = \frac{n'}{m'} \quad (m', n' \text{ は互いに素})$$

の形となる. よって, (2) より
P は B, C, D のいずれかで止まることになる.
これは不合理.
したがって, P は **A** に止まることはない.

第7章 ベクトル・空間図形

(類題48の解答)

(1) $l\vec{a} + m\vec{b} + n\vec{c} = \vec{0}$ が成り立つとき, $l \neq 0$ と仮定すると
$$\vec{a} = -\frac{m}{l}\vec{b} - \frac{n}{l}\vec{c}.$$

すなわち
$$\vec{OA} = m'\vec{OB} + n'\vec{OC} \quad \left(m' = -\frac{m}{l}, \; n' = -\frac{n}{l}\right).$$

これは, 点 A が平面 OBC 上にあることを示し, 4点 O, A, B, C が四面体の4頂点であることに矛盾する. よって,

$$l=0.$$
同様に考えて，$m=0$，$n=0$ であり，
$$l=m=n=0.$$

注 $l=0$ より，
$$m\vec{b}+n\vec{c}=\vec{0}.$$
$m\neq 0$ と仮定すると
$$\vec{b}=-\frac{n}{m}\vec{c} \quad \text{すなわち} \quad \overrightarrow{OB}=-\frac{n}{m}\overrightarrow{OC}.$$
これは点 B が直線 OC 上にあることを示し，3点 O，B，C が三角形の 3 頂点であることに矛盾する．
よって，$m=0$．
このとき，$n\vec{c}=\vec{0}$ であり $\vec{c}=\overrightarrow{OC}\neq\vec{0}$ より
$$n=0.$$

(2)

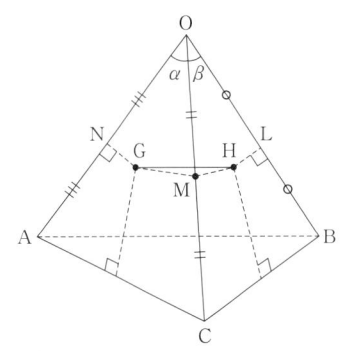

$\overrightarrow{GH}\parallel\overrightarrow{AB}$ であるための条件は，適当な実数 k を用いて
$$\overrightarrow{GH}=k\overrightarrow{AB} \qquad \cdots\cdots(*)$$
と表せることであり
$(*)\iff r(\vec{b}+s\vec{c})-p(\vec{a}+q\vec{c})=k(\vec{b}-\vec{a})$
$\iff (k-p)\vec{a}+(r-k)\vec{b}+(rs-pq)\vec{c}=\vec{0}$
$\iff k-p=r-k=rs-pq=0$ ((1) より)
$\iff p=k$ かつ $r=k$ かつ $pq=rs$
$\iff p=r$ かつ $pq=rs$. (ただし，$k=p$) ……(**)

ここで，三角形 AOC，三角形 BOC は鋭角三角形であるから外心 G，H は三角形の内部にあり，辺 AC の中点 M とは異なるから，$p\neq 0$，$r\neq 0$．
よって，
$$(**) \iff p=r \text{ かつ } q=s.$$
すなわち，$\overrightarrow{GH}\parallel\overrightarrow{AB}$ である条件は，
$$p=r \text{ かつ } q=s. \qquad \cdots\cdots①$$

(3) M は三角形 OAC の外心であるから，OA の中点を N とすると，
$$MG\perp OC, \quad NG\perp OA$$
であり，
$$\begin{cases} \overrightarrow{MG}\cdot\overrightarrow{OC}=p(\vec{a}+q\vec{c})\cdot\vec{c}=0. \\ \overrightarrow{NG}\cdot\overrightarrow{OA}=\left\{p(\vec{a}+q\vec{c})-\frac{1}{2}(\vec{a}-\vec{c})\right\}\cdot\vec{a}=0. \end{cases}$$

$\left(\overrightarrow{NG}=\overrightarrow{MG}-\overrightarrow{MN}=\overrightarrow{MG}-\frac{1}{2}\overrightarrow{CA} \text{ より}\right)$
$|\vec{a}|=a$, $|\vec{c}|=c$, $\vec{a}\cdot\vec{c}=ac\cos\alpha$ であるから
$$\begin{cases} p(ac\cos\alpha+qc^2)=0, & \cdots\cdots② \\ p(a^2+qac\cos\alpha)=\frac{1}{2}(a^2-ac\cos\alpha). & \cdots\cdots③ \end{cases}$$
③$\times c-$②$\times a\cos\alpha$ より
$$pa^2c(1-\cos^2\alpha)=\frac{ac}{2}(a-c\cos\alpha).$$
$$\therefore \quad p=\frac{a-c\cos\alpha}{2a\sin^2\alpha}.$$
また，② より
$$q=-\frac{a\cos\alpha}{c}.$$
同様に考えて
$$r=\frac{b-c\cos\beta}{2b\sin^2\beta}.$$
($\leftarrow p$ で a を b，α を β とすればよい)
$$s=-\frac{b\cos\beta}{c}.$$
($\leftarrow q$ で a を b，α を β とすればよい)

(4) (2)，(3) より
$GH\parallel AB \iff p=r$ かつ $q=s$
$\iff \dfrac{a-c\cos\alpha}{2a\sin^2\alpha}=\dfrac{b-c\cos\beta}{2b\sin^2\beta}$ かつ $\dfrac{a\cos\alpha}{c}=\dfrac{b\cos\beta}{c}$
$\iff \begin{cases} a\cos\alpha=b\cos\beta, & \cdots\cdots④ \\ \dfrac{a^2-ca\cos\alpha}{a^2-(a\cos\alpha)^2}=\dfrac{b^2-cb\cos\beta}{b^2-(b\cos\beta)^2}. & \cdots\cdots⑤ \end{cases}$

$a\cos\alpha=b\cos\beta=l$ とおくと，⑤ より
$$\frac{a^2-cl}{a^2-l^2}=\frac{b^2-cl}{b^2-l^2}.$$
$$(a^2-cl)(b^2-l^2)-(b^2-cl)(a^2-l^2)=0.$$
$$l(l-c)(b^2-a^2)=0. \qquad \cdots\cdots⑥$$

ここで，A から辺 OC に下ろした垂線の足を D とすると
$$OD=OA\cos\alpha=a\cos\alpha=l.$$
三角形 OAC は鋭角三角形であるから $D\neq O$，$D\neq C$ であり，
$$l\neq 0, \quad l\neq c. \qquad \cdots\cdots⑦$$
⑥，⑦ より
$$b^2-a^2=0 \quad \text{すなわち} \quad a=b.$$
よって
$$\begin{cases} ④ \\ ⑤ \end{cases} \iff \begin{cases} a\cos\alpha=b\cos\beta \\ a=b \end{cases} \iff \begin{cases} \alpha=\beta, \\ a=b \end{cases}$$
であり，$GH\parallel AB$ である条件は，
$$\triangle AOC\equiv\triangle BOC \quad (\triangle AOC \text{ と } \triangle BOC \text{ は合同}).$$

(類題 49 の解答)

(1)

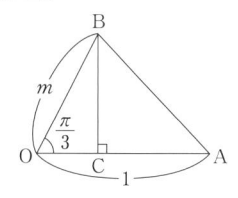

$|\overrightarrow{OC}| = OC = OB\cos\dfrac{\pi}{3} = \dfrac{m}{2}$

であるから

$$\overrightarrow{OC} = \dfrac{m}{2}\dfrac{\overrightarrow{OA}}{|\overrightarrow{OA}|} = \dfrac{m}{2}\vec{a}.$$

注 $\overrightarrow{OC}$ は $\overrightarrow{OB}$ の $\overrightarrow{OA}$ への正射影ベクトルです。よって

$$|\overrightarrow{OC}| = \dfrac{\overrightarrow{OB}\cdot\overrightarrow{OA}}{|\overrightarrow{OA}|^2}\overrightarrow{OA} = \dfrac{m\cos\dfrac{\pi}{3}}{1^2}\overrightarrow{OA} = \dfrac{m}{2}\vec{a}.$$

(2) T は BC 上にあるから

$$\overrightarrow{OT} = \overrightarrow{OB} + t\overrightarrow{BC} = \vec{b} + t\left(\dfrac{m}{2}\vec{a} - \vec{b}\right)$$

とおける. また, $\overrightarrow{OT} \perp \overrightarrow{AB}$ より

$$\overrightarrow{OT}\cdot\overrightarrow{AB} = 0. \quad \cdots\cdots\text{①}$$

ここで, $|\vec{a}| = 1$, $|\vec{b}| = m$, $\vec{a}\cdot\vec{b} = \dfrac{m}{2}$ であり

$$\overrightarrow{OT}\cdot\overrightarrow{AB} = \left\{\vec{b} + t\left(\dfrac{m}{2}\vec{a} - \vec{b}\right)\right\}\cdot(\vec{b} - \vec{a})$$
$$= (|\vec{b}|^2 - \vec{a}\cdot\vec{b}) + t\left\{-\dfrac{m}{2}|\vec{a}|^2 - |\vec{b}|^2\right.$$
$$\left. + \left(\dfrac{m}{2} + 1\right)\vec{a}\cdot\vec{b}\right\}$$
$$= \left(m^2 - \dfrac{m}{2}\right) + t\left(-\dfrac{3}{4}m^2\right)$$

であり, ① より

$$\dfrac{3}{4}m^2 t = m^2 - \dfrac{m}{2}.$$

したがって

$$t = \dfrac{4}{3} - \dfrac{2}{3m}$$

であり

$$\overrightarrow{OT} = \vec{b} + \left(\dfrac{4}{3} - \dfrac{2}{3m}\right)\left(\dfrac{m}{2}\vec{a} - \vec{b}\right)$$
$$= \dfrac{2m-1}{3}\vec{a} + \dfrac{2-m}{3m}\vec{b}.$$

(3) 三角形 OAB の重心を G とすると

$$\overrightarrow{OG} = \dfrac{1}{3}\vec{a} + \dfrac{1}{3}\vec{b}.$$

よって

「G と T が一致する」
$\iff$「$\dfrac{1}{3} = \dfrac{2m-1}{3}$ かつ $\dfrac{1}{3} = \dfrac{2-m}{3m}$」
$\iff$「$m = 1$」$\iff$「OB = 1」
$\iff$「三角形 OAB が正三角形である」

(OA = 1, $\angle AOB = \dfrac{\pi}{3}$ より)

(類題 50 の解答)

(1)

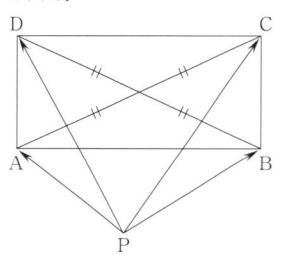

四角形 ABCD が長方形のとき,

$$\begin{cases} AB \perp BC, & \cdots\cdots\text{①} \\ (AC \text{の中点}) = (BD \text{の中点}). & \cdots\cdots\text{②} \end{cases}$$

よって, 任意の P に対して ② より

$$\overrightarrow{PA} + \overrightarrow{PC} = \overrightarrow{PB} + \overrightarrow{PD} \quad \cdots\cdots\text{②}'$$

であり

$$|\overrightarrow{PA} + \overrightarrow{PC}| = |\overrightarrow{PB} + \overrightarrow{PD}|. \quad \cdots\cdots\text{③}$$

したがって

$(PB^2 + PD^2) - (PA^2 + PC^2)$
$= \{|\overrightarrow{PB} + \overrightarrow{PD}|^2 - 2\overrightarrow{PB}\cdot\overrightarrow{PD}\}$
$\quad - \{|\overrightarrow{PA} + \overrightarrow{PC}|^2 - 2\overrightarrow{PA}\cdot\overrightarrow{PC}\}$
$= 2(\overrightarrow{PA}\cdot\overrightarrow{PC} - \overrightarrow{PB}\cdot\overrightarrow{PD}) \quad (\text{③ より})$
$= 2\{\overrightarrow{PA}\cdot\overrightarrow{PC} - \overrightarrow{PB}\cdot(\overrightarrow{PA} + \overrightarrow{PC} - \overrightarrow{PB})\} \quad (\text{②}' \text{より})$
$= 2(\overrightarrow{PA} - \overrightarrow{PB})\cdot(\overrightarrow{PC} - \overrightarrow{PB})$
$= 2\overrightarrow{BA}\cdot\overrightarrow{BC} = 0 \quad (\text{① より})$

となり,
$PA^2 + PC^2 = PB^2 + PD^2$ が成り立つ.

注 (1) は,「座標を設定する」「中線定理を用いる」など様々な解法が考えられます.

(2) 点 P が 4 頂点 A, B, C, D にある場合を考えて

$$\begin{cases} AC^2 = AB^2 + AD^2, & \cdots\cdots\text{④} \\ BA^2 + BC^2 = BD^2, & \cdots\cdots\text{⑤} \\ CA^2 = CB^2 + CD^2, & \cdots\cdots\text{⑥} \\ DA^2 + DC^2 = DB^2. & \cdots\cdots\text{⑦} \end{cases}$$

④+⑥, ⑤+⑦ より

$$2AC^2 = AB^2 + BC^2 + CD^2 + DA^2 = 2BD^2.$$

よって

$$AC = BD \quad \cdots\cdots(*)$$

であり, これと ④, ⑤ および ④, ⑦ より

$$\begin{cases} AB^2 + AD^2 = AC^2 = BA^2 + BC^2, \\ AB^2 + AD^2 = AC^2 = DA^2 + DC^2. \end{cases}$$

よって
$$AD=BC \text{ かつ } AB=DC. \quad \cdots\cdots(**)$$
(*), (**)より四角形 ABCD は 2 組の対辺の長さが等しく，2 つの対角線の長さが等しいから，長方形である．

(類題 51 の解答)

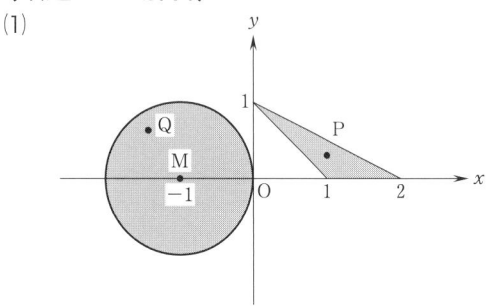

(1)

M(−1, 0) とおくと，
$$\vec{OQ}=\vec{OM}+\vec{MQ} \text{ かつ } |\vec{MQ}|\leq 1 \quad \cdots\cdots①$$
であり
$$\vec{OR}=2\vec{OP}+\vec{OQ}$$
$$=(2\vec{OP}+\vec{OM})+\vec{MQ}.$$

(I) P を固定したとき，
$$\vec{OP_1}=2\vec{OP}+\vec{OM}$$
とおくと
$$\vec{OR}=\vec{OP_1}+\vec{MQ} \text{ すなわち } \vec{P_1R}=\vec{MQ} \quad \cdots\cdots②$$

①，②より
$$|\vec{P_1R}|=|\vec{MQ}|\leq 1$$
であり，点 R は P_1 を中心とする半径 1 の円 C_{P_1} の周および内部を動く．

(II) P を動かしたとき（点 P_1 の動きを調べる）．
$$\vec{OP_1}=2\vec{OP}+\vec{OM} \quad (\text{すなわち } \vec{MP_1}=2\vec{OP})$$
であるから

P_1 は 3 点 (0, 2), (2, 0), (4, 0) を頂点とする三角形を x 軸方向に −1 だけ平行移動した三角形 T の周および内部を動く．この三角形の 3 頂点は (−1, 2), (1, 0), (3, 0) である．

注 A(0, 1), B(1, 0), C(2, 0) とおくと，題意より
$$\vec{AP}=m\vec{AB}+n\vec{AC} \quad (m\geq 0, n\geq 0, m+n\leq 1)$$
すなわち
$$\vec{OP}=\vec{OA}+m(\vec{OB}-\vec{OA})+n(\vec{OC}-\vec{OA})$$
$$=\begin{pmatrix}0\\1\end{pmatrix}+m\begin{pmatrix}1\\-1\end{pmatrix}+n\begin{pmatrix}2\\-1\end{pmatrix}.$$
よって
$$\vec{OP_1}=\vec{OM}+2\vec{OP}$$
$$=\begin{pmatrix}-1\\0\end{pmatrix}+\begin{pmatrix}0\\2\end{pmatrix}+m\begin{pmatrix}2\\-2\end{pmatrix}+n\begin{pmatrix}4\\-2\end{pmatrix}$$
$$=\begin{pmatrix}-1\\2\end{pmatrix}+m\begin{pmatrix}2\\-2\end{pmatrix}+n\begin{pmatrix}4\\-2\end{pmatrix}$$

であり，
点 P_1 は 3 点 (−1, 2), (1, 0), (3, 0) を頂点とする三角形 T の周および内部を動く．

(I), (II) より，P_1 が T の周および内部を動くとき，円 C_{P_1} の周および内部の通過する範囲 F が点 R がつくる図形である．F を図示すると下図の網かけ部分である．

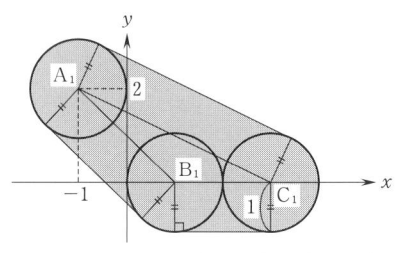

図において $A_1(-1, 2)$, $B_1(1, 0)$, $C_1(3, 0)$ であり
$$A_1B_1=2\sqrt{2}, \quad B_1C_1=2, \quad C_1A_1=2\sqrt{5}.$$
求める F の面積 S は
$$S=\triangle A_1B_1C_1+\text{(円)}+\overline{A_1B_1}+\overline{B_1C_1}+\overline{C_1A_1}$$
$$=\frac{1}{2}\cdot 2\cdot 2+\pi+(2\sqrt{2}+2+2\sqrt{5})$$
$$=4+2\sqrt{2}+2\sqrt{5}+\pi.$$

(類題 52 の解答)

(1) $\vec{OA}=\vec{a}, \vec{OB}=\vec{b}, \vec{OC}=\vec{c}, \vec{OP}=\vec{p}$ とおく．
$$AP:BP=2:\sqrt{3} \iff 3AP^2=4BP^2$$
であり
$$4BP^2-3AP^2=4|\vec{p}-\vec{b}|^2-3|\vec{p}-\vec{a}|^2$$
$$=|\vec{p}|^2-2(4\vec{b}-3\vec{a})\cdot\vec{p}+4|\vec{b}|^2-3|\vec{a}|^2$$
$$=|\vec{p}-(4\vec{b}-3\vec{a})|^2-12|\vec{b}|^2+24\vec{a}\cdot\vec{b}-12|\vec{a}|^2.$$
よって，
$$AP:BP=2:\sqrt{3}$$
$$\iff |\vec{p}-(4\vec{b}-3\vec{a})|^2=12|\vec{b}-\vec{a}|^2. \cdots\cdots(*)$$
ここで，$\vec{OD}=4\vec{b}-3\vec{a}$ とおくと
$$(*) \iff |\vec{OP}-\vec{OD}|^2=12|\vec{OB}-\vec{OA}|^2$$
$$\iff |\vec{DP}|=2\sqrt{3}|\vec{AB}| \quad (\text{一定}).$$
よって，
点 P の軌跡 S は点 D を中心とする半径 $2\sqrt{3}|\vec{AB}|$ の球面である．

注 $\vec{OD}=-3\vec{OA}+4\vec{OB}$ であるから，点 D は AB を 4 : 3 に外分する点である．

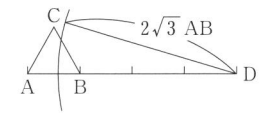

(2)

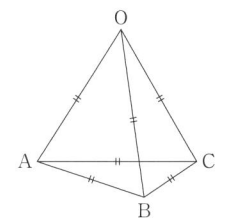

正四面体 OABC において
$$\begin{cases} |\overrightarrow{AB}|=|\overrightarrow{AC}|, \\ \overrightarrow{AB}\cdot\overrightarrow{AC}=\dfrac{1}{2}|\overrightarrow{AB}|^2=\dfrac{1}{2}|\overrightarrow{AC}|^2. \end{cases} \cdots\cdots\text{①}$$

$$\begin{aligned}|\overrightarrow{DC}|^2&=|\overrightarrow{OC}-\overrightarrow{OD}|^2=|\overrightarrow{OC}-(4\overrightarrow{OB}-3\overrightarrow{OA})|^2\\ &=|(\overrightarrow{OC}-\overrightarrow{OA})-4(\overrightarrow{OB}-\overrightarrow{OA})|^2\\ &=|\overrightarrow{AC}-4\overrightarrow{AB}|^2\\ &=|\overrightarrow{AC}|^2-8\overrightarrow{AC}\cdot\overrightarrow{AB}+16|\overrightarrow{AB}|^2\\ &=|\overrightarrow{AB}|^2-4|\overrightarrow{AB}|^2+16|\overrightarrow{AB}|^2 \quad(\text{①より})\\ &=13|\overrightarrow{AB}|^2>(2\sqrt{3}|\overrightarrow{AB}|)^2.\end{aligned}$$

よって，DC>(S の半径) であり
点 C は球 S の外側にある．

(3) Q は線分 BC 上にあるから
$$\overrightarrow{AQ}=(1-t)\overrightarrow{AB}+t\overrightarrow{AC}\quad(0<t<1)$$
とおける．

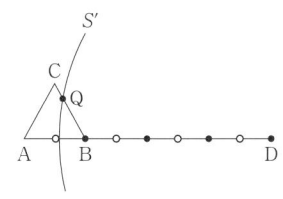

(S' は，点 D を中心とする円の一部である)

このとき，
$$\begin{aligned}\overrightarrow{DQ}&=\overrightarrow{AQ}-\overrightarrow{AD}=\overrightarrow{AQ}-4\overrightarrow{AB}\\ &=(-3-t)\overrightarrow{AB}+t\overrightarrow{AC}\end{aligned}$$
であり，
$$\begin{aligned}|\overrightarrow{DQ}|^2&=|(-3-t)\overrightarrow{AB}+t\overrightarrow{AC}|^2\\ &=(t+3)^2|\overrightarrow{AB}|^2-2t(t+3)\overrightarrow{AB}\cdot\overrightarrow{AC}+t^2|\overrightarrow{AC}|^2\\ &=\{(t+3)^2-t(t+3)+t^2\}|\overrightarrow{AB}|^2\quad(\text{①より})\\ &=(t^2+3t+9)|\overrightarrow{AB}|^2.\quad\cdots\cdots\text{②}\end{aligned}$$

また，Q は球面 S 上にあるから
$$|\overrightarrow{DQ}|=2\sqrt{3}|\overrightarrow{AB}|\ \text{すなわち}\ |\overrightarrow{DQ}|^2=12|\overrightarrow{AB}|^2.\cdots\cdots\text{③}$$

②，③より
$$t^2+3t+9=12,$$
$$t^2+3t-3=0.$$

$0<t<1$ より
$$t=\dfrac{-3+\sqrt{21}}{2}.$$

したがって

$$\begin{aligned}\dfrac{|\overrightarrow{BQ}|}{|\overrightarrow{CQ}|}&=\dfrac{t}{1-t}=\dfrac{-3+\sqrt{21}}{5-\sqrt{21}}\\ &=\dfrac{(-3+\sqrt{21})(5+\sqrt{21})}{5^2-21}\\ &=\dfrac{3+\sqrt{21}}{2}.\end{aligned}$$

注

(3) において，
$$\angle DBC=\dfrac{2}{3}\pi,\ BD=3AB,\ DQ=2\sqrt{3}\,AB$$
であるから，AB=$k\,(>0)$，BQ=$x\,(>0)$ として三角形 DBQ に余弦定理を用いると
$$(2\sqrt{3}\,k)^2=x^2+(3k)^2-2\cdot x\cdot(3k)\cos\dfrac{2}{3}\pi.$$
$$12k^2=x^2+9k^2+3xk.$$
$$x^2+3kx-3k^2=0.$$

$x>0,\ k>0$ より
$$x=\dfrac{-3+\sqrt{21}}{2}k.$$

よって，
$$\begin{aligned}\dfrac{|\overrightarrow{BQ}|}{|\overrightarrow{CQ}|}&=\dfrac{x}{k-x}=\dfrac{-3+\sqrt{21}}{5-\sqrt{21}}\\ &=\dfrac{3+\sqrt{21}}{2}.\end{aligned}$$

(類題 53 の解答)

(1) H は直線 OA 上にあるから，k を実数として
$$\overrightarrow{OH}=k\overrightarrow{OA}=(2k,\,k,\,2k)$$
とおけ，このとき
$$\begin{aligned}\overrightarrow{CH}&=\overrightarrow{OH}-\overrightarrow{OC}\\ &=k\begin{pmatrix}2\\1\\2\end{pmatrix}-\begin{pmatrix}5\\7\\5\end{pmatrix}\end{aligned}$$

$\overrightarrow{CH}\perp\overrightarrow{OA}$ であるから，
$$\overrightarrow{CH}\cdot\overrightarrow{OA}=\left\{k\begin{pmatrix}2\\1\\2\end{pmatrix}-\begin{pmatrix}5\\7\\5\end{pmatrix}\right\}\cdot\begin{pmatrix}2\\1\\2\end{pmatrix}=0$$
$$\iff k(4+1+4)-(10+7+10)=0.$$
$$\therefore\ k=3.$$

よって，
$$\overrightarrow{OH}=3\overrightarrow{OA}=\begin{pmatrix}6\\3\\6\end{pmatrix}$$
であり
$$\mathbf{H(6,\,3,\,6)}.$$

【(1) の別解】

$\overrightarrow{OH}$ は，$\overrightarrow{OC}=\begin{pmatrix}5\\7\\5\end{pmatrix}$ の $\overrightarrow{OA}=\begin{pmatrix}2\\1\\2\end{pmatrix}$ への正射影ベクトルであるから，

$$\overrightarrow{\mathrm{OH}}=\frac{\overrightarrow{\mathrm{OC}}\cdot\overrightarrow{\mathrm{OA}}}{|\overrightarrow{\mathrm{OA}}|^2}\overrightarrow{\mathrm{OA}}$$
$$=\frac{10+7+10}{2^2+1^2+2^2}\begin{pmatrix}2\\1\\2\end{pmatrix}=3\begin{pmatrix}2\\1\\2\end{pmatrix}.$$

よって，**H(6, 3, 6)**.

(2)

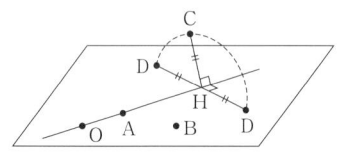

D は平面 OAB 上にあり，$\overrightarrow{\mathrm{OA}}$, $\overrightarrow{\mathrm{OB}}$ は 1 次独立であるから，s, t を実数として

$$\overrightarrow{\mathrm{OD}}=s\overrightarrow{\mathrm{OA}}+t\overrightarrow{\mathrm{OB}}=s\begin{pmatrix}2\\1\\2\end{pmatrix}+t\begin{pmatrix}6\\2\\2\end{pmatrix}$$

とおけ，このとき，
$$\overrightarrow{\mathrm{HD}}=\overrightarrow{\mathrm{OD}}-\overrightarrow{\mathrm{OH}}$$
$$=s\begin{pmatrix}2\\1\\2\end{pmatrix}+t\begin{pmatrix}6\\2\\2\end{pmatrix}-\begin{pmatrix}6\\3\\6\end{pmatrix}.$$

$\overrightarrow{\mathrm{DH}}\perp\overrightarrow{\mathrm{OH}}$ すなわち $\overrightarrow{\mathrm{HD}}\perp\overrightarrow{\mathrm{OA}}$ となる条件は，

$$\overrightarrow{\mathrm{HD}}\cdot\overrightarrow{\mathrm{OA}}=\left\{s\begin{pmatrix}2\\1\\2\end{pmatrix}+t\begin{pmatrix}6\\2\\2\end{pmatrix}-\begin{pmatrix}6\\3\\6\end{pmatrix}\right\}\cdot\begin{pmatrix}2\\1\\2\end{pmatrix}=0.$$
$$\Longleftrightarrow s(4+1+4)+t(12+2+4)-(12+3+12)=0.$$
$$s+2t-3=0. \quad\cdots\cdots\text{①}$$

このとき，
$$\overrightarrow{\mathrm{HD}}=s\begin{pmatrix}2\\1\\2\end{pmatrix}+2t\begin{pmatrix}3\\1\\1\end{pmatrix}-\begin{pmatrix}6\\3\\6\end{pmatrix}$$
$$=s\begin{pmatrix}2\\1\\2\end{pmatrix}+(3-s)\begin{pmatrix}3\\1\\1\end{pmatrix}-\begin{pmatrix}6\\3\\6\end{pmatrix}\quad(\text{① より})$$
$$=(3-s, \ 0, \ s-3)$$

であり，
$$|\overrightarrow{\mathrm{HD}}|^2=2(s-3)^2.$$

また，$\overrightarrow{\mathrm{CH}}=(1, -4, 1)$ であるから，
$$|\overrightarrow{\mathrm{CH}}|^2=1+16+1=18.$$

DH＝CH すなわち $|\overrightarrow{\mathrm{HD}}|^2=|\overrightarrow{\mathrm{CH}}|^2$ となる条件は
$$2(s-3)^2=18.$$

これより
$$s=0 \ \text{または}\ s=6. \quad\cdots\cdots\text{②}$$

①，② より

・$s=0$ のとき，$t=\dfrac{3}{2}$ であり
$$\overrightarrow{\mathrm{OD}}=0\cdot\begin{pmatrix}2\\1\\2\end{pmatrix}+3\begin{pmatrix}3\\1\\1\end{pmatrix}=\begin{pmatrix}9\\3\\3\end{pmatrix}.$$

・$s=6$ のとき，$t=-\dfrac{3}{2}$ であり

$$\overrightarrow{\mathrm{OD}}=6\begin{pmatrix}2\\1\\2\end{pmatrix}-3\begin{pmatrix}3\\1\\1\end{pmatrix}=\begin{pmatrix}3\\3\\9\end{pmatrix}.$$

したがって，求める点 D の座標は，
$$(9, \ 3, \ 3), \ (3, \ 3, \ 9).$$

(3)

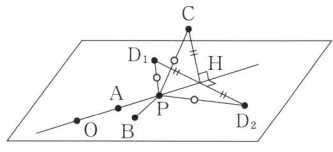

(2)の点 D に対して
$$\mathrm{DP}=\sqrt{\mathrm{DH}^2+\mathrm{HP}^2}=\sqrt{\mathrm{CH}^2+\mathrm{HP}^2}=\mathrm{CP}.$$

よって，
$$\mathrm{BP}+\mathrm{CP}=\mathrm{BP}+\mathrm{DP} \quad\cdots\cdots\text{③}$$

であり，2 つの D のうち平面 OAB 上で直線 OA に関して B の反対側にある点を D_1 とすると，点 B は直線 OA 上にはないから，
$$\mathrm{BP}+\mathrm{DP}\geqq \mathrm{BD}_1. \quad\cdots\cdots\text{④}$$

③，④ より
$$\mathrm{BP}+\mathrm{CP}\geqq\mathrm{BD}_1$$

であり，等号が成り立つのは

B, P, D_1 がこの順で一直線上にあるとき

すなわち

P が直線 OA と線分 BD_1 の交点 P_0 にあるときである．

ここで，(2) より
$$\begin{pmatrix}9\\3\\3\end{pmatrix}=0\cdot\overrightarrow{\mathrm{OA}}+\frac{3}{2}\overrightarrow{\mathrm{OB}},$$
$$\begin{pmatrix}3\\3\\9\end{pmatrix}=6\overrightarrow{\mathrm{OA}}-\frac{3}{2}\overrightarrow{\mathrm{OB}}$$

であるから，
$$\mathrm{D}_1(3, \ 3, \ 9).$$

さて，P_0 は線分 BD_1 上にあるから，m を実数として
$$\overrightarrow{\mathrm{OP}_0}=(1-m)\overrightarrow{\mathrm{OB}}+m\overrightarrow{\mathrm{OD}_1} \quad (0\leqq m\leqq 1)$$

とおけ，
$$\overrightarrow{\mathrm{OD}_1}=6\overrightarrow{\mathrm{OA}}-\frac{3}{2}\overrightarrow{\mathrm{OB}}$$

を用いると，
$$\overrightarrow{\mathrm{OP}_0}=6m\overrightarrow{\mathrm{OA}}+\left(1-\frac{5}{2}m\right)\overrightarrow{\mathrm{OB}}. \quad\cdots\cdots\text{⑤}$$

さらに P_0 は OA 上にあるから
$$1-\frac{5}{2}m=0. \quad m=\frac{2}{5}.$$
（これは $0\leqq m\leqq 1$ に適する）

これを ⑤ に代入して
$$\overrightarrow{\mathrm{OP}_0}=\frac{12}{5}\overrightarrow{\mathrm{OA}}=\frac{12}{5}\begin{pmatrix}2\\1\\2\end{pmatrix}.$$

したがって，求める P の座標は
$$\left(\frac{24}{5}, \frac{12}{5}, \frac{24}{5}\right).$$

(類題 54 の解答)

注 (1)は，問題 54 が理解できていれば，明らかに C は原点 O を通る半径 $\sqrt{6}$ の円です．

実際，$\overrightarrow{OP} = u\overrightarrow{OM} + v\overrightarrow{ON}$ ($u = \cos\theta, v = \sin\theta$)
ですから

P は O を通り，$\overrightarrow{OM}, \overrightarrow{ON}$ に平行な平面 α 上にあります．

また，$|\overrightarrow{OM}| = |\overrightarrow{ON}| = \sqrt{6}$ かつ $\overrightarrow{OM} \cdot \overrightarrow{ON} = 0$ より
$|\overrightarrow{OP}|^2 = (\cos^2\theta)|\overrightarrow{OM}|^2 + (\sin^2\theta)|\overrightarrow{ON}|^2 = 6$

ですから，$|\overrightarrow{OP}| = \sqrt{6}$ であり，P は平面 α で原点 O を中心とする半径 $\sqrt{6}$ の円上を動きます．もちろん，逆も成り立ちます．

なお，$\theta = \frac{\pi}{6}$ とすれば

$$\overrightarrow{OP} = \frac{\sqrt{3}}{2}\begin{pmatrix}\sqrt{3}\\\sqrt{3}\\0\end{pmatrix} + \frac{1}{2}\begin{pmatrix}1\\-1\\2\end{pmatrix} = \begin{pmatrix}2\\1\\1\end{pmatrix}$$

ですから，Q(2, 1, 1) は C 上にあります．

(1)は上記のような論証でよいのですが，問題 54 とは視点をかえて成分計算で解答しておきます．

なお，(2)については，問題 56 の(2)を参照して下さい．

(解答)

(1) P(x, y, z) とおくと，条件より

$$\begin{pmatrix}x\\y\\z\end{pmatrix} = \cos\theta\begin{pmatrix}\sqrt{3}\\\sqrt{3}\\0\end{pmatrix} + \sin\theta\begin{pmatrix}1\\-1\\2\end{pmatrix}. \quad (0 \leq \theta \leq 2\pi)$$

よって

$$\begin{cases}x = \sqrt{3}\cos\theta + \sin\theta, & \cdots\cdots ① \\ y = \sqrt{3}\cos\theta - \sin\theta, & \cdots\cdots ② \\ z = 2\sin\theta. & \cdots\cdots ③\end{cases}$$

①，② より

$$\cos\theta = \frac{x+y}{2\sqrt{3}}, \quad \sin\theta = \frac{x-y}{2}. \quad \cdots\cdots ④$$

①，②，③ すなわち ③，④ を満たす実数 θ ($0 \leq \theta \leq 2\pi$) の存在する条件を考えて，x, y, z の満たす関係式は

$$\begin{cases}\frac{(x+y)^2}{12} + \frac{(x-y)^2}{4} = 1, \\ z = x-y\end{cases}$$

$$\iff \begin{cases}x^2 - xy + y^2 = 3, & \cdots\cdots (*) \\ z = x-y\end{cases}$$

$$\iff \begin{cases}x^2 + y^2 + (x-y)^2 = 6, \\ z = x-y\end{cases}$$

$$\iff \begin{cases}x^2 + y^2 + z^2 = 6, & \cdots\cdots ⑤ \\ z = x-y. & \cdots\cdots ⑥\end{cases}$$

よって，
C は球面 $x^2 + y^2 + z^2 = 6$ と平面 $z = x-y$ の交円である．

また，⑤，⑥ で $(x, y, z) = (2, 1, 1)$ とするとともに成り立つから，Q(2, 1, 1) は C 上にある．

(2) C の正射影を C_0 とし，P(x, y, z) に対応する点を P′$(X, Y, 0)$ とすると，
$$x = X, \quad y = Y. \quad \cdots\cdots ⑦$$

$(X, Y, 0) \in C_0$
$\iff$ 「⑤，⑥，⑦ を満たす実数 x, y, z が存在する」
$\iff$ 「$\begin{cases}X^2 + Y^2 + z^2 = 6, \\ z = X-Y\end{cases}$ を満たす実数 z が存在する」
$\iff X^2 + Y^2 + (X-Y)^2 = 6$
$\iff X^2 - XY + Y^2 = 3.$

したがって
$$C_0 : x^2 - xy + y^2 = 3.$$
（当然，(*) と同じ式になります！）

〈参考〉

C_0 を原点 O のまわりに $-\frac{\pi}{4}$ だけ回転すると，対応関係

$$x' + y'i = \left\{\cos\left(-\frac{\pi}{4}\right) + i\sin\left(-\frac{\pi}{4}\right)\right\}(x + yi)$$

$$\iff x + yi = \left(\cos\frac{\pi}{4} + i\sin\frac{\pi}{4}\right)(x' + y'i)$$

$$\iff x = \frac{x' - y'}{\sqrt{2}}, \quad y = \frac{x' + y'}{\sqrt{2}}$$

により，像 C_0' は
$$\frac{(x')^2}{6} + \frac{(y')^2}{2} = 1.$$

したがって，C_0 を図示すると，

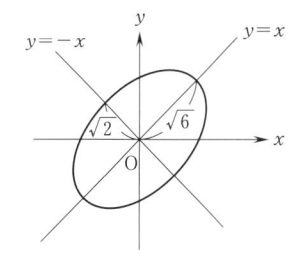

(類題 55 の解答)

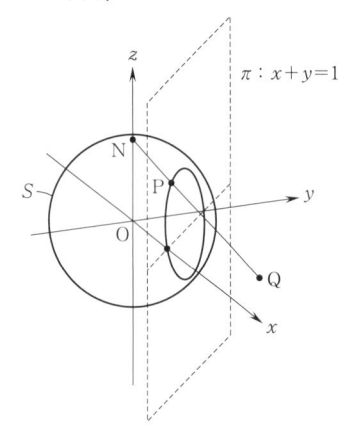

P(x, y, z), Q$(X, Y, 0)$ とおく.
P は S と π の交円上にあるから
$$\begin{cases} x^2+y^2+z^2=1, & \cdots\cdots ① \\ x+y=1. & \cdots\cdots ② \end{cases}$$
また, N, P, Q は一直線上にあるから
$$\overrightarrow{OP}=\overrightarrow{ON}+t\overrightarrow{NQ}=\begin{pmatrix}0\\0\\1\end{pmatrix}+t\begin{pmatrix}X\\Y\\-1\end{pmatrix} \quad (t \text{ は実数})$$
と表せ,
$$\begin{cases} x=tX, \\ y=tY, \\ z=1-t. \end{cases} \quad \cdots\cdots ③$$
②, ③ より
$$(X+Y)t=1.$$
よって
$$t=\frac{1}{X+Y} \quad (X+Y\neq 0)\begin{pmatrix}②, ③ \text{ を満たす実数}\\ x, y, z \text{ が存在する条件}\end{pmatrix}$$
であり, これを ③ に代入して
$$x=\frac{X}{X+Y}, \ y=\frac{Y}{X+Y}, \ z=\frac{(X+Y)-1}{X+Y}. \quad \cdots\cdots ④$$
Q の軌跡を C とすると
「$(X, Y, 0)\in C$」
$\iff$「①, ②, ③ を満たす実数 x, y, z が存在する」
$\iff$「①, ④ を満たす実数 x, y, z が存在する」
であり, この条件は, $X+Y\neq 0$ のもとで
$$\left(\frac{X}{X+Y}\right)^2+\left(\frac{Y}{X+Y}\right)^2+\left\{\frac{(X+Y)-1}{X+Y}\right\}^2=1$$
$\iff X^2+Y^2+\{(X+Y)-1\}^2=(X+Y)^2$
$\iff X^2+Y^2-2X-2Y+1=0$
$\iff (X-1)^2+(Y-1)^2=1.$
（これは $X+Y\neq 0$ を満たしている）
したがって, Q の軌跡 C は,
$$\text{円 } (x-1)^2+(y-1)^2=1.$$

〈参考〉
このタイプの問題は, 極射影（球面射影）問題と呼ばれます. 球面 S と交わる平面 π が点 N を通るかどうかで Q の軌跡は分類されます.
(i) π が点 N を通らない場合,
   Q の軌跡は円,
(ii) π が点 N を通る場合,
   Q の軌跡は直線
となります.

(類題 56 の解答)

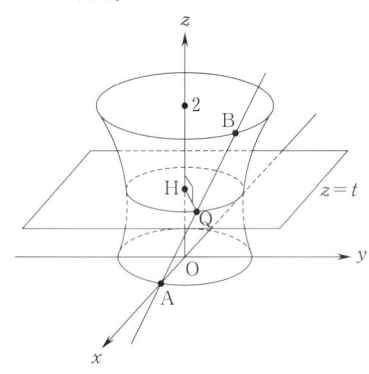

平面 $z=t$ と z 軸, 直線 AB との交点をそれぞれ H, Q とすると, H$(0, 0, t)$ である. また
$$\overrightarrow{OQ}=\overrightarrow{OA}+k\overrightarrow{AB} \quad (k \text{ は実数})$$
$$=\begin{pmatrix}1\\0\\0\end{pmatrix}+k\begin{pmatrix}0\\1\\2\end{pmatrix}.$$
と表せ, Q の z 座標は t であるから,
$$t=2k.$$
よって, $k=\dfrac{t}{2}$ であり,
$$\text{Q}\left(1, \ \frac{t}{2}, \ t\right)$$
であるから,
$$\text{HQ}=\sqrt{1+\left(\frac{t}{2}\right)^2}=\frac{1}{2}\sqrt{t^2+4}. \quad \cdots\cdots ①$$

(1) 題意の立体を平面 $z=t$ $(0\leq t\leq 2)$ で切ったときの断面は,
点 H を中心とする半径 HQ の円　　　……(∗)
であるから, その断面積 $S(t)$ は
$$S(t)=\pi\text{HQ}^2=\frac{\pi}{4}(t^2+4). \quad (\text{① より})$$
よって, 求める体積 V は
$$V=\int_0^2 S(t)\,dt=\frac{\pi}{4}\int_0^2(t^2+4)\,dt$$
$$=\frac{\pi}{4}\left[\frac{t^3}{3}+4t\right]_0^2$$
$$=\frac{8}{3}\pi.$$

(2) 曲面 S の平面 $z=t$ による切り口上の点 (x, y, z) について，(*) と ① より
$$\begin{cases} x^2+y^2=\dfrac{1}{4}(t^2+4). & \cdots\cdots ② \\ z=t. & \cdots\cdots ③ \end{cases}$$
②，③ を満たす実数 t が存在する条件は
$$\boldsymbol{x^2+y^2=\dfrac{1}{4}(z^2+4)}.$$
これが求める x, y, z の関係式である．

(3) (2)より
$$S: x^2+y^2=\dfrac{1}{4}(z^2+4). \quad\cdots\cdots ④$$
S 上の点 $P(x_0, y_0, z_0)$ を通り方向ベクトルが (a, b, c) $(a^2+b^2+c^2\neq 0)$ である直線 l 上の点 (x, y, z) について
$$\begin{pmatrix} x \\ y \\ z \end{pmatrix} = \begin{pmatrix} x_0 \\ y_0 \\ z_0 \end{pmatrix} + s \begin{pmatrix} a \\ b \\ c \end{pmatrix} \quad (s\text{ は実数})$$
が成り立ち
$$\begin{cases} x=x_0+as, \\ y=y_0+bs, \\ z=z_0+cs. \end{cases} \quad\cdots\cdots ⑤$$
⑤ を ④ に代入して
$$(x_0+as)^2+(y_0+bs)^2=\dfrac{1}{4}\{(z_0+cs)^2+4\}$$
$$\iff (4a^2+4b^2-c^2)s^2+2(4ax_0+4by_0-cz_0)s$$
$$\qquad\qquad\qquad +(4x_0^2+4y_0^2-z_0^2-4)=0$$
$$\iff (4a^2+4b^2-c^2)s^2+2(4ax_0+4by_0-cz_0)s=0. \cdots ⑥$$
$$\left(x_0^2+y_0^2=\dfrac{1}{4}(z_0^2+4) \text{ より}\right)$$

さて，
「l が S に含まれる」
$\iff$「l 上の任意の点が S 上にある」
$\iff$「⑥ が任意の実数 s に対して成り立つ」
$$\iff \begin{cases} 4a^2+4b^2-c^2=0, & \cdots\cdots ⑦ \\ \text{かつ} \\ 4ax_0+4by_0-cz_0=0 & \cdots\cdots ⑧ \end{cases}$$
であるから，$a^2+b^2+c^2\neq 0$ と合わせ $c\neq 0$ としてよく，c を固定したとき ⑦，⑧ を満たす実数 a, b の相異なる 2 つの組が存在することを示せばよい．
c $(c\neq 0)$ を固定したとき，ab 平面上の
$$\begin{cases} \text{円 } a^2+b^2=\dfrac{c^2}{4}, & \left(\leftarrow \text{半径}\dfrac{|c|}{2}\right) \\ \text{直線 } 4x_0 a+4y_0 b-z_0 c=0 \end{cases}$$
について，円の中心 $(0, 0)$ と直線との距離を d とすると，
$$d=\dfrac{|z_0 c|}{\sqrt{(4x_0)^2+(4y_0)^2}}=\dfrac{|z_0 c|}{2\sqrt{z_0^2+4}}<\dfrac{|c|}{2}.$$

$$\left(x_0^2+y_0^2=\dfrac{1}{4}(z_0^2+4) \text{ より}\right)$$
よって，任意の $P(x_0, y_0, z_0)$ に対して円と直線は 2 点で交わり，⑦，⑧ を満たす実数 a, b の異なる 2 つの組が存在する．
よって，題意は成り立つ．

(類題 57 の解答)

【解答1】 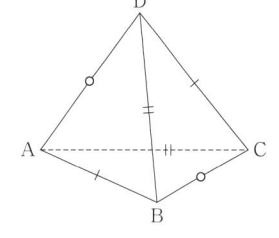
$$\begin{cases} \vec{DA}=\vec{a}, \\ \vec{DB}=\vec{b}, \\ \vec{DC}=\vec{c} \end{cases}$$
とおく．
条件より
$$DA^2=CB^2$$
であるから
$$|\vec{a}|^2=|\vec{b}-\vec{c}|^2=|\vec{b}|^2+|\vec{c}|^2-2\vec{b}\cdot\vec{c}. \cdots\cdots ①$$
同様に，$DB^2=AC^2$，$DC^2=BA^2$ より
$$|\vec{b}|^2=|\vec{c}-\vec{a}|^2=|\vec{c}|^2+|\vec{a}|^2-2\vec{c}\cdot\vec{a}. \cdots\cdots ②$$
$$|\vec{c}|^2=|\vec{a}-\vec{b}|^2=|\vec{a}|^2+|\vec{b}|^2-2\vec{a}\cdot\vec{b}. \cdots\cdots ③$$
①＋②＋③ より
$$0=|\vec{a}|^2+|\vec{b}|^2+|\vec{c}|^2-2\vec{a}\cdot\vec{b}-2\vec{b}\cdot\vec{c}-2\vec{c}\cdot\vec{a}.$$
よって，
$$4\vec{a}\cdot\vec{b}$$
$$=|\vec{a}|^2+|\vec{b}|^2+|\vec{c}|^2+2\vec{a}\cdot\vec{b}-2\vec{b}\cdot\vec{c}-2\vec{c}\cdot\vec{a}$$
$$=|\vec{a}+\vec{b}-\vec{c}|^2>0.$$
$$\left(\text{点 C は平面 DAB 上にないから，} \vec{c}\neq\vec{a}+\vec{b}\right)$$
であり，$|\vec{a}+\vec{b}-\vec{c}|^2>0$．
したがって，
$$\angle ADB<\dfrac{\pi}{2}. \quad\left(\to \angle BCA<\dfrac{\pi}{2}\right)$$
同様に考えて，
$$\angle BDC<\dfrac{\pi}{2}. \quad\left(\to \angle CAB<\dfrac{\pi}{2}\right)$$
$$\angle CDA<\dfrac{\pi}{2}. \quad\left(\to \angle ABC<\dfrac{\pi}{2}\right)$$
以上により，
四面体 ABCD の各面はすべて鋭角三角形であり，当然
三角形 ABC は鋭角三角形である．

【解答2】 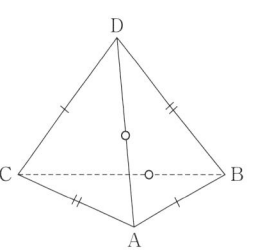
四面体 ABCD において，AB=CD，AC=BD，AD=BC であるとき，各面はすべて合同であるから，その展開図は次図のようである．（D_1，D_2，D_3 は D に対応する点）

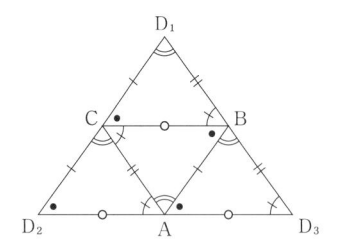

ここで，三角形 ABC が直角三角形または鈍角三角形であると仮定する．また，$\angle BAC \geq \dfrac{\pi}{2}$ として一般性を失わない．このとき，展開図は次図のようになり，AB で三角形 AD_3B を，AC で三角形 AD_2C を，BC で三角形 BD_1C を折り曲げると四面体 ABCD が復元できることになる．

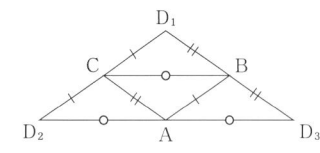

ところが，
$$\angle D_2AC + \angle D_3AB \leq \dfrac{\pi}{2} \leq \angle BAC$$
であるから，折り曲げても四面体は復元できず，不合理である．

したがって，

三角形 ABC は鋭角三角形である．

注1

展開図から四面体 ABCD が復元できるためには，AB と AC で折り曲げたとき，点 D_2 と点 D_3 が重なることが必要であり，
$$\angle D_3AB + \angle D_2AC > \angle BAC$$
すなわち
$$\angle B + \angle C > \angle A.$$
同様に考えて，D_3 と D_1，D_1 と D_2 が重なるためには
$$\angle C + \angle A > \angle B，\angle A + \angle B > \angle C$$
が必要であり，$\angle A + \angle B + \angle C = \pi$ と合わせて
$$0 < \angle A < \dfrac{\pi}{2},\ 0 < \angle B < \dfrac{\pi}{2},\ 0 < \angle C < \dfrac{\pi}{2}$$
となり，

三角形 ABC は鋭角三角形である．

注2

題意の四面体 ABCD（等面四面体 ABCD）が存在すれば，頂点 D から底面 ABC に下ろした垂線の足を H とすると，H は展開図における三角形 $D_1D_2D_3$ の垂心である．

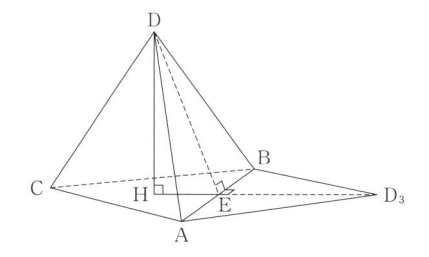

（
図において，$DE \perp AB$，$D_3E \perp AB$ である．
$DH \perp AB$ かつ $DE \perp AB$ より（平面DEH）$\perp$ AB
であり
$$EH \perp AB.$$
よって，D_3，E，H は一直線上にあり，
$D_3H \perp AB$ すなわち $D_3H \perp D_1D_2$．
同様に，$D_2H \perp D_3D_1$，$D_1H \perp D_2D_3$ であり
H は，三角形 $D_1D_2D_3$ の垂心である．
）

H が三角形 $D_1D_2D_3$ の内部に存在しないとき，展開図から四面体は復元できないので，H が三角形 $D_1D_2D_3$ の内部にあること，すなわち，三角形 $D_1D_2D_3$ が鋭角三角形であることが必要．

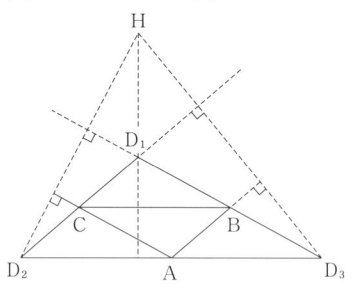

三角形 ABC と三角形 $D_1D_2D_3$ は相似であるので，結局三角形 ABC は鋭角三角形である．

(類題 58 の解答)

(1)

3点 A，B，O を通る平面での切り口は上図のような六角形 ABEFGH となる．

各面の正三角形の一辺の長さは1であるから，
$$AB = FG = 1,$$
$$BE = EF = GH = HA = \dfrac{\sqrt{3}}{2}.$$

また，線分 AF は外接球の直径であるから
$$\angle ABF = 90°. \quad \cdots\cdots ①$$
さらに，辺 AB の中点を M，辺 BF の中点を N とすると三角形 OAB と三角形 OBF はともに二等辺三角形であるから，
$$AB \perp OM, \quad BF \perp ON. \quad \cdots\cdots ②$$
よって，①，② より四角形 OMBN は長方形である．

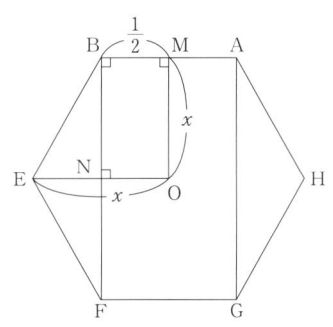

M と E は正二十面体の辺の中点であるから OM = x とすると，
$$OE = x, \quad EN = x - \frac{1}{2}.$$
三角形 BEN において，三平方の定理より
$$BE^2 = EN^2 + BN^2$$
$$\left(\frac{\sqrt{3}}{2}\right)^2 = \left(x - \frac{1}{2}\right)^2 + x^2$$
$$4x^2 - 2x - 1 = 0$$
$$OM = x = \frac{1+\sqrt{5}}{4}. \quad \cdots\cdots (*)$$
よって，求める六角形 ABEFGH の面積は，
$$S = \triangle BEF + \square ABFG + \triangle AGH$$
$$= \frac{1}{2} \cdot BF \cdot EN \times 2 + AB \cdot BF$$
$$= \frac{1}{2} \cdot 2OM \cdot EN \times 2 + AB \cdot 2OM$$
$$= 2 \cdot \frac{1+\sqrt{5}}{4} \cdot \left(\frac{1+\sqrt{5}}{4} - \frac{1}{2}\right) + 1 \cdot 2 \cdot \frac{1+\sqrt{5}}{4}$$
$$= \frac{2+\sqrt{5}}{2}.$$

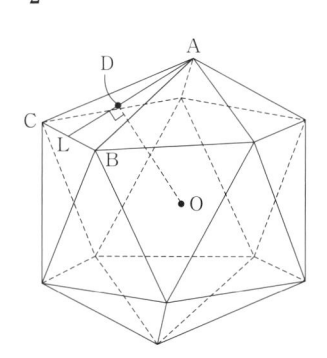

(2) O から三角形 ABC に下ろした垂線の足 D は三角形 ABC の重心と一致する．BC の中点を L とすると，AD : DL = 2 : 1 であるから
$$AD = \frac{\sqrt{3}}{2} \times \frac{2}{3} = \frac{1}{\sqrt{3}}.$$
三角形 ADO において，三平方の定理より
$$OA^2 = AD^2 + OD^2.$$
$$OM^2 + AM^2 = AD^2 + OD^2.$$
$$\left(\frac{1+\sqrt{5}}{4}\right)^2 + \left(\frac{1}{2}\right)^2 = \left(\frac{1}{\sqrt{3}}\right)^2 + OD^2.$$
$$OD^2 = \frac{7+3\sqrt{5}}{24} = \frac{14+2\sqrt{45}}{48}.$$
よって，
$$OD = \sqrt{\frac{14+2\sqrt{45}}{48}} = \frac{3+\sqrt{5}}{4\sqrt{3}}$$
$$= \frac{3\sqrt{3}+\sqrt{15}}{12}.$$

注 (*) は，一辺の長さが 1 の正五角形の対角線が BF であるから，問題 58(1) と同様にして BF(= 2OM) を求めてもよいです．

第 8 章 確 率

(類題 59 の解答)

(1) サイコロを 1 回投げたとき 3 の倍数の目が出る確率は $\frac{1}{3}$．よって，
$$p_n(k) = {}_nC_k \left(\frac{1}{3}\right)^k \left(\frac{2}{3}\right)^{n-k} \left(= \frac{n!}{(n-k)!k!} \cdot \frac{2^{n-k}}{3^n}\right)$$
よって，
$$\frac{p_n(k+1)}{p_n(k)} = \frac{{}_nC_{k+1}}{{}_nC_k} \cdot \frac{2^{n-k-1}}{2^{n-k}} = \frac{n-k}{2(k+1)}.$$

(2) (1) の結果より
$$p_n(k+1) \geqq p_n(k) \iff \frac{p_n(k+1)}{p_n(k)} \geqq 1$$
$$\iff \frac{n-k}{2(k+1)} \geqq 1 \iff \frac{n-2}{3} \geqq k.$$

(i) $n = 3m$ (m は自然数) の場合
$$\begin{cases} 1 \leqq k \leqq m-1 \text{ のとき，} p_n(k) < p_n(k+1), \\ k \geqq m \text{ のとき，} p_n(k) > p_n(k+1). \end{cases}$$
よって
$$p_n(1) < p_n(2) < \cdots < p_n(m-1) < p_n(m),$$
$$p_n(m) > p_n(m+1) > p_n(m+2) > \cdots$$
であり，$N(n) = m$ であるから
$$\frac{N(n)}{n} = \frac{m}{3m} = \frac{1}{3}. \quad (\text{一定})$$

(ii) $n = 3m+1$ (m は自然数) の場合
$$\begin{cases} 1 \leqq k \leqq m-1 \text{ のとき，} p_n(k) < p_n(k+1), \\ k \geqq m \text{ のとき，} p_n(k) > p_n(k+1). \end{cases}$$

(i)と同様に，$N(n)=m$ であり
$$\frac{N(n)}{n}=\frac{m}{3m+1}=\frac{1}{3+\frac{1}{m}}\geqq\frac{1}{4}.$$
(等号は $m=1$ のとき)

(iii) $n=3m+2$ (m は 0 以上の整数)の場合
$$\begin{cases} 1\leqq k\leqq m-1 \text{ のとき，} p_n(k)<p_n(k+1), \\ k=m \text{ のとき，} p_n(k)=p_n(k+1), \\ k\geqq m+1 \text{ のとき，} p_n(k)>p_n(k+1). \end{cases}$$
よって
$$p_n(1)<p_n(2)<\cdots<p_n(m-1)<p_n(m),$$
$$p_n(m)=p_n(m+1)>p_n(m+2)>\cdots$$
であり，$N(n)=m+1$ であるから
$$\frac{N(n)}{n}=\frac{m+1}{3m+2}=\frac{1}{3}+\frac{1}{3(3m+2)}>\frac{1}{3}.$$

(i), (ii), (iii) より，$\dfrac{N(n)}{n}$ は，

$\boldsymbol{n=4}$ ($m=1$) のとき最小で，最小値は $\boldsymbol{\dfrac{1}{4}}$.

(3) (2) より
$$\frac{N(n)}{n}=\begin{cases} \dfrac{1}{3} & (n=3m), \\ \dfrac{m}{3m+1} & (n=3m+1), \\ \dfrac{m+1}{3m+2} & (n=3m+2). \end{cases}$$

いずれの場合も，$n\to\infty$ のとき $m\to\infty$ であり，
$$\frac{N(n)}{n}\to\frac{1}{3}.$$

したがって，
$$\lim_{n\to\infty}\frac{N(n)}{n}=\frac{1}{3}.$$

(類題 60 の解答)

(1) 8回投げるうち，表が l 回出たとするとゲーム終了時の持ち点は
$$4+1\cdot l+(-1)(8-l)=2l-4.$$
持ち点が 0 となるのは，$l=2$ すなわち，2 回表，6 回裏が出る場合であり，求める確率は
$${}_8C_2\left(\frac{1}{2}\right)^2\left(\frac{1}{2}\right)^6=\frac{7}{64}.$$

(2), (3) では次図のように，コインを投げた回数を横軸に，持ち点を縦軸にとったとき
$$\begin{cases} 1 \text{ 点が加算されることは } \nearrow, \\ 1 \text{ 点が引かれることは } \searrow \end{cases}$$
で表される．

(2) ゲーム終了後に初めて持ち点が 0 となるのは，次図の実線の経路をたどる場合であり，全部で 14 通り．

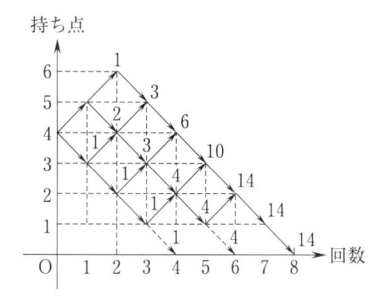

1 つの経路をたどる確率は $\dfrac{1}{2^8}$ であるから，求める確率は
$$14\times\frac{1}{2^8}=\frac{7}{128}.$$

(3) 奇数回後の持ち点は奇数であり，持ち点が 0 となるのは，4 回後，6 回後，8 回の終了時である．
(2) の図より

4 回後に初めて持ち点が 0 となる確率は，$1\times\left(\dfrac{1}{2}\right)^4$,

6 回後に初めて持ち点が 0 となる確率は，$4\times\left(\dfrac{1}{2}\right)^6$,

8 回後に初めて持ち点が 0 となる確率は，$\dfrac{7}{128}$

であるから，求める確率は
$$\frac{1}{2^4}+\frac{4}{2^6}+\frac{7}{128}=\frac{\boldsymbol{23}}{\boldsymbol{128}}.$$

【(2) の別解】

・点 $(0,4)\to$ 点 $(8,0)$ と進む経路の総数は，(1) より
$${}_8C_2=28.$$

持ち点が 0 となることがあるのは，4 回後，6 回後，8 回の終了時であり，

(i) 点 $(0,4)\to$ 点 $(4,0)\to$ 点 $(8,0)$ と進む経路の数は，$1\times{}_4C_2=6$.

(ii) 点 $(0,4)\to$ 点 $(6,0)\to$ 点 $(8,0)$ と進む経路の数は，${}_6C_1\cdot{}_2C_1=12$.

(iii) 点 $(0,4)\to$ 点 $(4,0)\to$ 点 $(6,0)\to$ 点 $(8,0)$ と進む経路の数は，$1\cdot{}_2C_1\cdot{}_2C_1=4$.

よって，ゲーム終了時に初めて持ち点が 0 となることに対応する経路の数は，
$$28-(6+12-4)=14$$
であり，求める確率は
$$14\times\frac{1}{2^8}=\frac{7}{128}.$$

(類題 61 の解答)

(1) (i) n が偶数の場合

和は偶数であり，1 となることはない．
よって，$\boldsymbol{P_n=0}$.

(ii) n が奇数の場合，

$n=2m-1$ (m は正の整数)とおくと,和が 1 となるのは,赤が m 回,白が $m-1$ 回取り出される場合である.

よって
$$P_n = P_{2m-1} = {}_{2m-1}C_m \left(\frac{2}{5}\right)^m \left(\frac{3}{5}\right)^{m-1}$$
$$= {}_nC_{\frac{n+1}{2}} \frac{2^{\frac{n+1}{2}} \cdot 3^{\frac{n-1}{2}}}{5^n}.$$

($n=2m-1$ より $m=\frac{n+1}{2}$)

$$\left(= \frac{n!}{\left(\frac{n+1}{2}\right)!\left(\frac{n-1}{2}\right)!} \cdot \frac{2^{\frac{n+1}{2}} \cdot 3^{\frac{n-1}{2}}}{5^n}\right)$$

(2) 余事象の確率を求める.

(i) 符号の変化が起こらないのは,n 回とも赤,または n 回とも白を取り出す場合であり,この確率は
$$\left(\frac{2}{5}\right)^n + \left(\frac{3}{5}\right)^n.$$

(ii) 符号の変化が 1 回だけ起こる場合について考える.$k+1$ 回目 $(1 \leq k \leq n-1)$ で符号の変化が起こる場合,

| 1 | ... | k | k+1 | ... | n |
| 赤 | 赤 | 赤 | 白 | 白 | 白 |

または

| 1 | ... | k | k+1 | ... | n |
| 白 | 白 | 白 | 赤 | 赤 | 赤 |

であり,この確率は
$$\left(\frac{2}{5}\right)^k \left(\frac{3}{5}\right)^{n-k} + \left(\frac{3}{5}\right)^k \left(\frac{2}{5}\right)^{n-k}$$
$$= \left(\frac{3}{5}\right)^n \left(\frac{2}{3}\right)^k + \left(\frac{2}{5}\right)^n \left(\frac{3}{2}\right)^k.$$

よって,(ii) の確率は
$$\sum_{k=1}^{n-1} \left\{\left(\frac{3}{5}\right)^n \left(\frac{2}{3}\right)^k + \left(\frac{2}{5}\right)^n \left(\frac{3}{2}\right)^k\right\} \quad \cdots\cdots(*)$$
$$= \left(\frac{3}{5}\right)^n \cdot \frac{2}{3} \cdot \frac{1-\left(\frac{2}{3}\right)^{n-1}}{1-\frac{2}{3}} + \left(\frac{2}{5}\right)^n \cdot \frac{3}{2} \cdot \frac{1-\left(\frac{3}{2}\right)^{n-1}}{1-\frac{3}{2}}$$
$$= 3\left\{\left(\frac{2}{3}\right)\left(\frac{3}{5}\right)^n - \left(\frac{2}{5}\right)^n\right\} - 2\left\{\left(\frac{3}{2}\right)\left(\frac{2}{5}\right)^n - \left(\frac{3}{5}\right)^n\right\}$$
$$= 4\left(\frac{3}{5}\right)^n - 6\left(\frac{2}{5}\right)^n.$$

したがって
$$Q_n = 1 - \left\{\left(\frac{2}{5}\right)^n + \left(\frac{3}{5}\right)^n\right\} - \left\{4\left(\frac{3}{5}\right)^n - 6\left(\frac{2}{5}\right)^n\right\}$$
$$= 1 + 5\left(\frac{2}{5}\right)^n - 5\left(\frac{3}{5}\right)^n$$
$$= \frac{5^{n-1} + 2^n - 3^n}{5^{n-1}}.$$

注
$$(*) = \sum_{k=1}^{n-1} \left\{\left(\frac{2}{5}\right)^k \left(\frac{3}{5}\right)^{n-k} + \left(\frac{3}{5}\right)^k \left(\frac{2}{5}\right)^{n-k}\right\}$$
$$= 2\sum_{k=1}^{n-1} \left(\frac{2}{5}\right)^k \left(\frac{3}{5}\right)^{n-k}$$
$$= 2\left(\frac{3}{5}\right)^n \cdot \sum_{k=1}^{n-1} \left(\frac{2}{3}\right)^k$$
$$= 2\left(\frac{3}{5}\right)^n \cdot 2\left\{1-\left(\frac{2}{3}\right)^{n-1}\right\}$$
$$= 4\left(\frac{3}{5}\right)^n - 6\left(\frac{2}{5}\right)^n.$$

(類題 62 の解答)

(1) X_n が 5 で割り切れる事象を A とすると,$\overline{A}$ は n 回とも 5 以外の目が出る事象であり,
$$P(\overline{A}) = \left(\frac{5}{6}\right)^n.$$

よって,
$$P(A) = 1 - P(\overline{A}) = 1 - \left(\frac{5}{6}\right)^n.$$

(2) X_n が 4 で割り切れる事象を B とすると,$\overline{B}$ が起こるのは

(i) n 回とも奇数の目が出る

(ii) n 回のうち,$n-1$ 回奇数の目が出て,1 回 2 または 6 の目が出る

場合であり,(i),(ii) は排反である.

よって
$$P(\overline{B}) = \left(\frac{3}{6}\right)^n + {}_nC_1 \left(\frac{3}{6}\right)^{n-1} \frac{2}{6}$$
$$= \left(1 + \frac{2}{3}n\right)\left(\frac{1}{2}\right)^n.$$

よって
$$P(B) = 1 - P(\overline{B}) = 1 - \left(1 + \frac{2}{3}n\right)\left(\frac{1}{2}\right)^n.$$

(3) X_n が 20 で割り切れる事象は $A \cap B$ であり
$$P(A \cap B) = 1 - P(\overline{A \cap B}) = 1 - P(\overline{A} \cup \overline{B})$$
$$= 1 - \{P(\overline{A}) + P(\overline{B}) - P(\overline{A} \cap \overline{B})\}.$$

ここで,$\overline{A} \cap \overline{B}$ が起こるのは

(i) n 回とも 1 または 3 の目が出る

(ii) n 回のうち,$n-1$ 回 1 または 3 の目が出て,1 回 2 または 6 の目が出る

場合であり,(i),(ii) は排反である.

よって
$$P(\overline{A} \cap \overline{B}) = \left(\frac{2}{6}\right)^n + {}_nC_1 \left(\frac{2}{6}\right)^{n-1} \frac{2}{6}$$
$$= (1+n)\left(\frac{1}{3}\right)^n.$$

よって
$$1 - p_n = 1 - P(A \cap B) \quad (= P(\overline{A} \cup \overline{B}))$$

$$= P(\overline{A}) + P(\overline{B}) - P(\overline{A} \cap \overline{B})$$
$$= \left(\frac{5}{6}\right)^n + \left(1 + \frac{2}{3}n\right)\left(\frac{1}{2}\right)^n - (1+n)\left(\frac{1}{3}\right)^n$$
$$= \left(\frac{5}{6}\right)^n \left\{ 1 + \left(1 + \frac{2}{3}n\right)\left(\frac{3}{5}\right)^n - (1+n)\left(\frac{2}{5}\right)^n \right\}$$

であり,
$$\log(1-p_n) = \log\left(\frac{5}{6}\right)^n$$
$$+ \log\left\{ 1 + \left(1+\frac{2}{3}n\right)\left(\frac{3}{5}\right)^n - (1+n)\left(\frac{2}{5}\right)^n \right\}$$

よって
$$\frac{1}{n}\log(1-p_n) = \log\frac{5}{6}$$
$$+ \frac{1}{n}\log\left\{ 1 + \left(1+\frac{2}{3}n\right)\left(\frac{3}{5}\right)^n - (1+n)\left(\frac{2}{5}\right)^n \right\}$$

であり
$$\lim_{n\to\infty} \frac{1}{n}\log(1-p_n) = \log\frac{5}{6}.$$

注
$0 < r < 1$ のとき, $\lim_{n\to\infty} nr^{n-1} = 0$

であるから, $n\to\infty$ のとき
$$\left(1+\frac{2}{3}n\right)\left(\frac{3}{5}\right)^n = \left(\frac{3}{5}\right)^n + \frac{2}{3}\cdot n\left(\frac{3}{5}\right)^n \to 0,$$
$$(1+n)\left(\frac{2}{5}\right)^n = \left(\frac{2}{5}\right)^n + n\left(\frac{2}{5}\right)^n \to 0$$

となります.

(類題 63 の解答)

n 回サイコロを振るときの
$\begin{cases} \text{出る目の最大値を } M, \\ \text{出る目の最小値を } L \end{cases}$
とする.

(1) (i) $a=1$ のとき
$$P(M=a) = P(M=1) = \left(\frac{1}{6}\right)^n$$

(ii) $2 \leq a \leq 6$ のとき
$$P(M=a) = P(M \leq a) - P(M \leq a-1)$$
$$= \left(\frac{a}{6}\right)^n - \left(\frac{a-1}{6}\right)^n.$$

(これは, $a=1$ のときも適する)

(i), (ii) より
$$P(M=a) = \left(\frac{a}{6}\right)^n - \left(\frac{a-1}{6}\right)^n. \quad (1 \leq a \leq 6)$$

(2) 事象 E, F_1, F_2, G を次のように定める.
$E : b \leq L$ かつ $M \leq a$,
$F_1 : b \leq L$ かつ $M \leq a-1$,
$F_2 : b+1 \leq L$ かつ $M \leq a$,
$G : b+1 \leq L$ かつ $M \leq a-1$.
(ただし, $a-1 \geq b+1$)

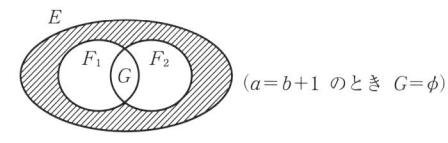

($a=b+1$ のとき $G=\phi$)

このとき
(事象 $M=a$, $L=b$) $= E \cap \overline{(F_1 \cup F_2)}$
であり
$$P(M=a, L=b) = P(E) - P(F_1 \cup F_2)$$
$$= P(E) - \{P(F_1) + P(F_2) - P(G)\}$$
$$= \left(\frac{a-b+1}{6}\right)^n$$
$$- \left\{ \left(\frac{a-b}{6}\right)^n + \left(\frac{a-b}{6}\right)^n - \left(\frac{a-b-1}{6}\right)^n \right\}$$
$$= \left(\frac{a-b+1}{6}\right)^n - 2\left(\frac{a-b}{6}\right)^n + \left(\frac{a-b-1}{6}\right)^n.$$

(3) 求める確率を p とする.
$n=1$ のときは, 題意の事象は起こり得ない.
よって, $p=0$.
以下, $n \geq 2$ として考える.
$M=a$, $L=b$ とする. $n \geq 3$ のとき, その他の目を
$x_1, x_2, \cdots, x_{n-2} (1 \leq b \leq x_1 \leq x_2 \leq \cdots \leq x_{n-2} \leq a \leq 6)$
とすると条件より,
$$a + b + x_1 + x_2 + \cdots + x_{n-2} = 2(a-b) \quad \cdots\cdots(*)$$
$$\iff a = 3b + x_1 + x_2 + \cdots + x_{n-2}.$$

(i) $n=2$ のとき,
$a+b = 2(a-b)$ より, $a=3b$.
よって, $(b,a) = (1,3), (2,6)$ であり
$$p = \frac{2!+2!}{6^2} = \frac{1}{9}.$$

(ii) $n=3$ のとき, $(*)$ より
$a = 3b + x_1.$ （← $a \geq 4$ が必要）
よって,
$(b, x_1, a) = (1,1,4), (1,2,5), (1,3,6)$
であり,
$$p = \frac{{}_3C_1 + 3! + 3!}{6^3} = \frac{5}{72}.$$

(iii) $n=4$ のとき, $(*)$ より
$a = 3b + x_1 + x_2.$ （← $a \geq 5$ が必要）
よって,
$(b, x_1, x_2, a) = (1,1,1,5), (1,1,2,6)$
であり,
$$p = \frac{{}_4C_1 + {}_4P_2}{6^4} = \frac{1}{81}.$$

(iv) $n=5$ のとき, $(*)$ より
$a = 3b + x_1 + x_2 + x_3.$ （← $a=6$ が必要）
よって,
$(b_1, x_1, x_2, x_3, a) = (1,1,1,1,6)$
であり,

$$p = \frac{{}_5C_1}{6^5} = \frac{5}{7776}.$$

(v) $n \geq 6$ のとき,
$$3b + x_1 + x_2 + \cdots + x_{n-2} \geq 3 + (n-2) \geq 7$$
であり，(∗) は成り立たない．
よって
$$p = 0.$$

(類題 64 の解答)

(1) $2n$ 回の中で，A 君が x 回勝ち y 回負けて，得点が $2m$ 点になったとすると，
$$\begin{cases} x+y=2n, \\ x-y=2m \end{cases} \text{より}, \begin{cases} x=m+n, \\ y=n-m. \end{cases}$$
よって，求める確率は
$${}_{2n}C_x\left(\frac{1}{2}\right)^x\left(\frac{1}{2}\right)^y = {}_{2n}C_{m+n}\left(\frac{1}{2}\right)^{2n}. \quad \left(={}_{2n}C_{n-m}\left(\frac{1}{2}\right)^{2n}\right)$$

(2) 試行の回数を X 軸に，A 君の得点を Y 軸にとる．このとき，A 君の
$$\begin{cases} \text{得点が 1 点増えることは}, \\ \text{得点が 1 点減ることは}, \end{cases} (X,Y) \begin{matrix} \nearrow (X+1, Y+1) \\ \searrow (X+1, Y-1) \end{matrix}$$
が対応する．

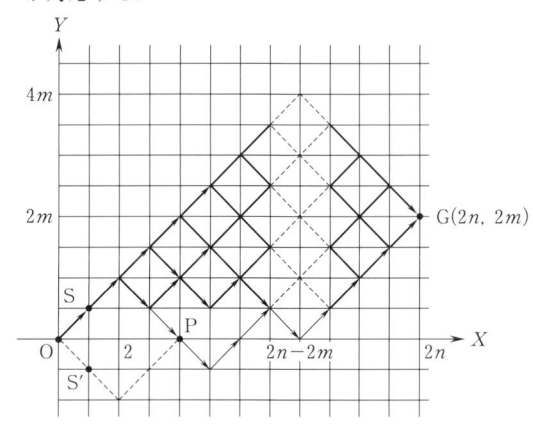

A 君の得点がつねに B 君より多いのは，
「経路が O→S(1, 1)→G(2n, 2m) となるようにゲームが進行し，かつ S→G の経路が X 軸と共有点をもたない」場合である．
ここで
・O→S(1, 1)→G(2n, 2m) の経路全体の集合を U,
・O→S(1, 1)→G(2n, 2m) の経路のうち,
$$\begin{cases} X \text{ 軸と共有点をもたない経路の集合を } E, \\ X \text{ 軸と共有点をもつ経路の集合を } F, \end{cases}$$
・O→S'(1, −1)→G(2n, 2m) の経路の集合を F'
とする．このとき，
$$n(U) = 1 \times {}_{2n-1}C_{m+n-1} (= {}_{2n-1}C_{n-m}),$$
$$n(F') = 1 \times {}_{2n-1}C_{n-m-1} = {}_{2n-1}C_{m+n}$$
であり，
F の経路と F' の経路は 1 対 1 に対応するから，

$$n(F) = n(F').$$
よって
$$\begin{aligned} n(E) &= n(U) - n(F) = n(U) - n(F') \\ &= {}_{2n-1}C_{m+n-1} - {}_{2n-1}C_{m+n} \\ &= \frac{(2n-1)!}{(n-m)!(m+n-1)!} - \frac{(2n-1)!}{(m+n)!(n-m-1)!} \\ &= \frac{(2n-1)!}{(n-m)!(m+n)!}\{(m+n)-(n-m)\} \\ &= \frac{2m}{2n} \cdot \frac{(2n)!}{(n-m)!(m+n)!} = \frac{m}{n} {}_{2n}C_{m+n}. \end{aligned}$$

1 つの経路をたどる確率はすべて $\left(\frac{1}{2}\right)^{2n}$ であるから，求める確率は，
$$\frac{m}{n} {}_{2n}C_{m+n}\left(\frac{1}{2}\right)^{2n}.$$

注
F の経路のうちの 1 つ K を任意にとり，K と X 軸との最初の共有点を P とする．
F の経路 K : O→S(1, 1)→P(k, 0)→G($2n$, $2m$) に対して，
F' の経路 K' : O→S'(1, −1)→P(k, 0)→G($2n$, $2m$) が 1 つ対応し，逆に，F' の経路 K' に F の経路 K が 1 つ対応する．よって，
$$n(F) = n(F')$$
が成り立つ．

(類題 65 の解答)

(1) 第 $n+1$ 試行の結果，その人が部屋 A に居るのは
(i) 第 n 試行の結果で部屋 A に居て，第 $n+1$ 試行で部屋を移動しない
(ii) 第 n 試行の結果で部屋 B に居て，第 $n+1$ 試行で部屋を移動する
場合があり，(i), (ii) は排反である．
よって
$$P_A(n+1) = \frac{2}{3}P_A(n) + \frac{1}{3}P_B(n). \quad \cdots\cdots ①$$
同様に考えて，
$$P_B(n+1) = \frac{1}{3}P_A(n) + \frac{2}{3}P_B(n). \quad \cdots\cdots ②$$

注

(2) ①+② より，
$$P_A(n+1) + P_B(n+1) = P_A(n) + P_B(n) \quad (n \geq 0).$$
よって

$$P_A(n)+P_B(n)=P_A(0)+P_B(0)=1. \quad \cdots\cdots ③$$
(← 全事象の確率は 1)

また，①-② より
$$P_A(n+1)-P_B(n+1)=\frac{1}{3}\{P_A(n)-P_B(n)\}. \quad (n\geqq 0)$$
よって
$$P_A(n)-P_B(n)=\{P_A(0)-P_B(0)\}\left(\frac{1}{3}\right)^n=\left(\frac{1}{3}\right)^n. \quad \cdots\cdots ④$$
③，④ より
$$\boldsymbol{P_A(n)=\frac{1}{2}\left\{1+\left(\frac{1}{3}\right)^n\right\}},$$
$$\boldsymbol{P_B(n)=\frac{1}{2}\left\{1-\left(\frac{1}{3}\right)^n\right\}}.$$

(3) $\displaystyle E(n)=\sum_{k=-n+1}^{n+1} kP(X(n)=k).$

第 n 試行の結果
$$\begin{cases} 部屋 A に居て持ち点が k であることを，X_A(n)=k, \\ 部屋 B に居て持ち点が k であることを，X_B(n)=k \end{cases}$$
で表すと，
$$\begin{cases} P(X_A(n)=k)+P(X_B(n)=k)=P(X(n)=k), \\ \displaystyle\sum_{k=-n+1}^{n+1} P(X_A(n)=k)=P_A(n), \quad \sum_{k=-n+1}^{n+1} P(X_B(n)=k)=P_B(n). \end{cases}$$
また，

［n 試行後］　　　　　　　　［$n+1$ 試行後］

$X_A(n)=l-1$ $\xrightarrow{\frac{2}{3}}$ $X_A(n+1)=l$

$X_B(n)=l-1$ $\xrightarrow{\frac{1}{3}}$

$X_A(n)=l+1$ $\xrightarrow{\frac{1}{3}}$ $X_B(n+1)=l$

$X_B(n)=l+1$ $\xrightarrow{\frac{2}{3}}$

よって
$$E(n+1)=\sum_{l=-n}^{n+2} lP(X(n+1)=l)$$
$$=\sum_{l=-n}^{n+2} l\{P(X_A(n+1)=l)+P(X_B(n+1)=l)\}$$
$$=\sum_{l=-n}^{n+2} lP(X_A(n)=l-1)\cdot\frac{2}{3}$$
$$\quad +\sum_{l=-n}^{n+2} lP(X_B(n)=l-1)\cdot\frac{1}{3}$$
$$\quad +\sum_{l=-n}^{n+2} lP(X_A(n)=l+1)\cdot\frac{1}{3}$$
$$\quad +\sum_{l=-n}^{n+2} lP(X_B(n)=l+1)\cdot\frac{2}{3}$$
$$=\frac{2}{3}\sum_{k=-n-1}^{n+1} kP(X_A(n)=k)+\frac{2}{3}\sum_{k=-n-1}^{n+1} P(X_A(n)=k)$$
$$\quad +\frac{1}{3}\sum_{k=-n-1}^{n+1} kP(X_B(n)=k)+\frac{1}{3}\sum_{k=-n-1}^{n+1} P(X_B(n)=k)$$
（上の 2 行は，$l-1=k$ とおいた）
$$\quad +\frac{1}{3}\sum_{k=-n+1}^{n+3} kP(X_A(n)=k)-\frac{1}{3}\sum_{k=-n+1}^{n+3} P(X_A(n)=k)$$
$$\quad +\frac{2}{3}\sum_{k=-n+1}^{n+3} kP(X_B(n)=k)-\frac{2}{3}\sum_{k=-n+1}^{n+3} P(X_B(n)=k)$$

（上の 2 行は，$l+1=k$ とおいた）
$$=\sum_{k=-n+1}^{n+1} k\{P(X_A(n)=k)+P(X_B(n)=k)\}$$
$$\quad +\frac{1}{3}\left\{\sum_{k=-n+1}^{n+1} P(X_A(n)=k)-\sum_{k=-n+1}^{n+1} P(X_B(n)=k)\right\}$$
$$\begin{pmatrix} k=-n-1, -n, n+2, n+3 に対して， \\ P(X_A(n)=k)=P(X_B(n)=k)=0 より \end{pmatrix}$$
$$=\sum_{k=-n+1}^{n+1} kP(X(n)=k)+\frac{1}{3}\{P_A(n)-P_B(n)\}$$
$$=E(n)+\frac{1}{3}\cdot\left(\frac{1}{3}\right)^n.$$
さらに
$$E(0)=1\cdot P_A(0)+0\cdot P_B(0)=1$$
であるから，
$$E(n)=E(0)+\sum_{k=0}^{n-1}\{E(k+1)-E(k)\}$$
$$=1+\sum_{k=0}^{n-1}\left(\frac{1}{3}\right)^{k+1}$$
$$=1+\frac{1}{3}\cdot\frac{1-\left(\frac{1}{3}\right)^n}{1-\frac{1}{3}}$$
$$=\frac{3}{2}-\frac{1}{2}\left(\frac{1}{3}\right)^n=\boldsymbol{\frac{1}{2}\left\{3-\left(\frac{1}{3}\right)^n\right\}}. \quad (\boldsymbol{n\geqq 1})$$

注
(3) は真正面から解答すると大変ですね．
期待値について知っていれば，直観的には，
「$E(n+1)-E(n)$ は，$n+1$ 回目の試行で得られる得点の期待値 $E(X_{n+1})$ に等しい」
が成り立ちます．
$n+1$ 回目の試行における得点と対応する事象は，次の通りです．
(i) 1 点：部屋 A に居て移動しない，または部屋 B に居て移動する．
(ii)-1 点：部屋 A に居て移動する．または部屋 B に居て移動しない．
よって
$$E(X_{n+1})=1\times\left\{P_A(n)\times\frac{2}{3}+P_B(n)\times\frac{1}{3}\right\}$$
$$\quad +(-1)\times\left\{P_A(n)\times\frac{1}{3}+P_B(n)\times\frac{2}{3}\right\}$$
$$=\frac{1}{3}\{P_A(n)-P_B(A)\}$$
$$=\frac{1}{3}\cdot\left(\frac{1}{3}\right)^n.$$
(3) の解答と比べてみれば，確かに
$$E(n+1)-E(n)=E(X_{n+1})$$
となります．これから
$$E(n)=E(0)+\sum_{k=0}^{n-1}\{E(k+1)-E(k)\}$$
$$=E(0)+\sum_{k=0}^{n-1} E(X_{k+1})=1+\sum_{k=0}^{n-1}\left(\frac{1}{3}\right)^{k+1}$$

$$=\frac{1}{2}\left\{3-\left(\frac{1}{3}\right)^n\right\}$$

が得られます．

［期待値の加法定理(線形性)］(問題68参照)を用いれば，上記の直観的な判断が正しいことが，次のように保証されます．

【(3)の別解】

第 n 試行の結果の持ち点を $X(n)$ で表し，確率変数 X_k を次のように定める．ただし，$X_0=1$ とする．
「k 回目の試行の結果
$$\begin{cases}\text{部屋Aに居るとき，} X_k=+1, \\ \text{部屋Bに居るとき，} X_k=-1\end{cases} (k=1,\ 2,\ 3,\ \cdots,\ n)」$$

このとき
$$X(n)=X_0+X_1+X_2+\cdots+X_n$$

であり，期待値の加法定理より
$$\begin{aligned}E(n)&=E(X(n))=E(X_0+X_1+X_2+\cdots+X_n)\\&=E(X_0)+E(X_1)+E(X_2)+\cdots+E(X_n)\\&=E(X_0)+\sum_{k=1}^{n}E(X_k).\end{aligned}$$

ここで
$$\begin{aligned}E(X_0)&=1\times P_A(0)+0\times P_B(0)=1,\\E(X_k)&=1\times P(X_k=1)+(-1)P(X_k=-1)\\&=1\times P_A(k)+(-1)P_B(k)\\&=\frac{1}{2}\left\{1+\left(\frac{1}{3}\right)^k\right\}-\frac{1}{2}\left\{1-\left(\frac{1}{3}\right)^k\right\}\\&=\left(\frac{1}{3}\right)^k. \quad (k=1,\ 2,\ 3,\ \cdots,\ n)\end{aligned}$$

したがって
$$\begin{aligned}E(n)&=1+\sum_{k=1}^{n}\left(\frac{1}{3}\right)^k=1+\frac{1}{3}\cdot\frac{1-\left(\frac{1}{3}\right)^n}{1-\frac{1}{3}}\\&=\frac{1}{2}\left\{3-\left(\frac{1}{3}\right)^n\right\}.\end{aligned}$$

(類題66の解答)

(1) 点 $n+2$ に到達するのは
 (i) 点 $n+1$ にいて，最後に1進む(最後に表が出る)，
 (ii) 点 n にいて，最後に2進む(最後に裏が出る)
場合があり，(i), (ii) は排反である．

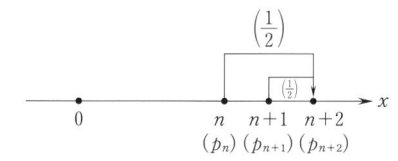

よって，
$$p_{n+2}=\frac{1}{2}p_{n+1}+\frac{1}{2}p_n. \quad\cdots\cdots(*)$$

注
$$\begin{cases}\text{最初に表が出る場合，}\\ \text{最初に裏が出る場合}\end{cases}$$
で場合を分けてもよいです．

(2) 条件より
$$\begin{cases}p_1=\frac{1}{2}, & \leftarrow 1\text{回目に表}\\ p_2=\frac{1}{2}\cdot\frac{1}{2}+\frac{1}{2}=\frac{3}{4} & \leftarrow \text{表表または裏}\end{cases}$$

さて，$(*)$ は次の形に変形できる．
$$\begin{cases}p_{n+2}+\frac{1}{2}p_{n+1}=p_{n+1}+\frac{1}{2}p_n, & \cdots\cdots① \\ p_{n+2}-p_{n+1}=-\frac{1}{2}(p_{n+1}-p_n). & \cdots\cdots②\end{cases}$$

① より
$$p_{n+1}+\frac{1}{2}p_n=p_2+\frac{1}{2}p_1=1,$$

② より
$$\begin{aligned}p_{n+1}-p_n&=(p_2-p_1)\left(-\frac{1}{2}\right)^{n-1}\\&=\frac{1}{4}\left(-\frac{1}{2}\right)^{n-1}=\left(-\frac{1}{2}\right)^{n+1}.\end{aligned}$$

すなわち
$$\begin{cases}p_{n+1}+\frac{1}{2}p_n=1, & \cdots\cdots③ \\ p_{n+1}-p_n=\left(-\frac{1}{2}\right)^{n+1}. & \cdots\cdots④\end{cases}$$

③－④ より
$$\frac{3}{2}p_n=1-\left(-\frac{1}{2}\right)^{n+1}=1+\frac{1}{2}\left(-\frac{1}{2}\right)^n.$$

したがって
$$p_n=\frac{1}{3}\left\{2+\left(-\frac{1}{2}\right)^n\right\}. \quad (n\geqq 1)$$

注
漸化式の解法は解答の方法が普通ですが，この問題では，③のみからでも，④のみからでも p_n は求められます．(他にも，$p_n=a\times 1^n+b\left(-\frac{1}{2}\right)^n$ とおけることを利用する手段があります)

(類題67の解答)

(1) $n=8$ のとき，グラスのワインの銘柄の付け方の総数は，$8!$ 通り．

ちょうど6つ当たる場合の数は，${}_8C_6\times 1=28$ 通り．

求める確率は，$\dfrac{28}{8!}=\dfrac{1}{1440}$．

(2) ワイングラスに 1, 2, 3, 4 という番号を付け，対

応する正しい銘柄を①, ②, ③, ④とする.
銘柄の付け方の総数は4!通り.

(I) ①をグラス4の銘柄とする場合.
 (i) ④をグラス1に付けた場合,
  ②, ③の付け方は $\begin{array}{|c|c|}\hline 2 & 3 \\\hline ③ & ② \\\hline\end{array}$ の1通り.
 (ii) ④をグラス1に付けない場合,
  $\begin{array}{|c|c|c|}\hline 1 & 2 & 3 \\\hline ③ & ④ & ② \\\hline ② & ③ & ④ \\\hline\end{array}$ の2通り.

(II) ①をグラス3, (III) ①をグラス2に付ける場合も同様であるから, 全部で
$$(1+2)\times 3 = 9 \text{ 通り}.$$
求める確率は,
$$\frac{9}{4!} = \frac{3}{8}.$$

(3) (2)と同様にワイングラスの番号を1, 2, 3, 4, 5, 銘柄を①, ②, ③, ④, ⑤とすると, 銘柄の付け方の総数は5!通り.

・①をグラス5の銘柄とする場合.
 (i) ⑤をグラス1に付けた場合,
  ②, ③, ④の付け方は, (2)の(ii)と同様に, 2通り.
 (ii) ⑤をグラス1に付けない場合,
  ⑤を①と書きかえれば,
  $\begin{array}{|c|c|c|c|}\hline 1 & 2 & 3 & 4 \\\hline\end{array}$ に①, ②, ③, ④を銘柄が合わないように付けることになり, (2)より9通り.

・①をグラス4, 3, 2の銘柄とする場合も同様であるから, 全部で
$$(2+9)\times 4 = 44 \text{ 通り}.$$
求める確率は,
$$\frac{44}{5!} = \frac{11}{30}.$$

(4) ワイングラスに1, 2, 3, …, kという番号を付け, 対応する正しい銘柄を①, ②, ③, …, ⓚとする.

・①をグラスkの銘柄とする場合.
 (i) ⓚをグラス1に付けた場合,
  ②, ③, …, ⓚ₋₁の付け方は, $f(k-2)$ 通り.
 (ii) ⓚをグラス1に付けない場合,
  ⓚを①と書きかえれば,
  $\begin{array}{|c|c|c|c|c|}\hline 1 & 2 & 3 & \cdots & k-1 \\\hline\end{array}$ に①, ②, …, ⓚ₋₁を銘柄が合わないように付けることになり, $f(k-1)$ 通り.

・①をグラス$k-2$, $k-3$, …, 3, 2の銘柄とする場合も同様であるから,
$$f(k) = (k-1)\{f(k-2)+f(k-1)\}. \quad (k \geq 3)$$
……(∗)

(5) $n=8$ のとき銘柄の付け方の総数は,
$$8! \text{ 通り}.$$
ちょうど1つ当たる場合の数は,
$${}_8\mathrm{C}_1 \times f(7).$$
ここで(3), (4)より
$$f(4)=9, \quad f(5)=44$$
であり, (∗)を用いると
$$f(6) = 5\{f(4)+f(5)\} = 265,$$
$$f(7) = 6\{f(5)+f(6)\} = 1854.$$
したがって, 求める確率は,
$$\frac{{}_8\mathrm{C}_1 \times f(7)}{8!} = \frac{1854}{7!} = \frac{103}{280}.$$

注 (5)の確率を
$${}_8\mathrm{C}_1 \times p(7) = \frac{{}_8\mathrm{C}_1 \times f(7)}{7!}$$
とするのは誤りです.

(類題68の解答)

(1) (i) X_i のとり得る値は, 1, 2.
 $X_i=1$ となるのは1回目に赤球を取り出す場合であり, $P(X_i=1) = 1-p_i$.
 $X_i=2$ となるのは1回目に白球を取り出す場合であり, $P(X_i=2) = p_i$.
 よって
 $$\boldsymbol{E(X_i)} = 1\times P(X_i=1) + 2\times P(X_i=2)$$
 $$= \boldsymbol{1+p_i}.$$

(ii) Y_i のとり得る値は, 0, 1.
 $Y_i=0$ となるのは, 1回目, 2回目とも白球を取り出す場合であり, $P(Y_i=0) = p_i^2$.
 $Y_i=1$ となるのは
 $$\begin{cases} 1\text{回目に赤球を取り出す}, \\ 1\text{回目に白球を}, 2\text{回目に赤球を取り出す} \end{cases}$$
 場合であり, これらは排反であるから
 $$P(Y_i=1) = (1-p_i) + p_i(1-p_i) = 1-p_i^2.$$
 よって,
 $$\boldsymbol{E(Y_i)} = 0\times P(Y_i=0) + 1\times P(Y_i=1)$$
 $$= \boldsymbol{1-p_i^2}.$$

(2) 題意より
$$\begin{cases} X = X_1+X_2+\cdots+X_n, \\ Y = Y_1+Y_2+\cdots+Y_n. \end{cases}$$
よって, 期待値の加法定理を用いると
$$E(X) = E(X_1+X_2+\cdots+X_n)$$
$$= E(X_1)+E(X_2)+\cdots+E(X_n)$$
$$= (1+p_1)+(1+p_2)+\cdots+(1+p_n) \quad ((1)\text{より})$$
$$= n+(p_1+p_2+\cdots+p_n),$$
$$E(Y) = E(Y_1+Y_2+\cdots+Y_n)$$
$$= E(Y_1)+E(Y_2)+\cdots+E(Y_n)$$

$$\begin{aligned}
&= (1-p_1{}^2)+(1-p_2{}^2)+\cdots+(1-p_n{}^2)\\
&= n-(p_1{}^2+p_2{}^2+\cdots+p_n{}^2).
\end{aligned}$$

$p_1+p_2+\cdots+p_n=\dfrac{n}{2}$ のとき,

$$\begin{aligned}
E(X)-2E(Y) &= \frac{3}{2}n-2\Big(n-\sum_{i=1}^{n}p_i{}^2\Big)\\
&= 2\sum_{i=1}^{n}p_i{}^2-\frac{1}{2}n\\
&= 2\sum_{i=1}^{n}\Big\{\Big(p_i-\frac{1}{2}\Big)^2+p_i-\frac{1}{4}\Big\}-\frac{1}{2}n\\
&= 2\sum_{i=1}^{n}\Big(p_i-\frac{1}{2}\Big)^2+2\sum_{i=1}^{n}p_i-\sum_{i=1}^{n}\frac{1}{2}-\frac{1}{2}n\\
&= 2\sum_{i=1}^{n}\Big(p_i-\frac{1}{2}\Big)^2+2\cdot\frac{n}{2}-\frac{1}{2}\cdot n-\frac{1}{2}n\\
&= 2\sum_{i=1}^{n}\Big(p_i-\frac{1}{2}\Big)^2>0. \quad\Big(p_1\neq\frac{1}{2}\text{ より}\Big)
\end{aligned}$$

したがって
$$E(X)>2E(Y).$$

注

$\Big(p_1-\dfrac{1}{2}\Big)^2>0,\ \Big(p_i-\dfrac{1}{2}\Big)^2\geqq 0\ \ (i=2,3,\cdots,n)$

が利用できる形を想定しました.

(類題 69 の解答)

(1) $(1+x)^{m+n}=(1+x)^m(1+x)^n \quad\cdots\cdots(*)$

である.

$((*)\text{の左辺})=\sum_{i=0}^{m+n}{}_{m+n}C_i x^i$ における x^r の項の係数は,

$${}_{m+n}C_r. \quad\cdots\cdots\text{①}$$

$((*)\text{の右辺})=\Big(\sum_{k=0}^{m}{}_mC_k x^k\Big)\cdot\Big(\sum_{l=0}^{n}{}_nC_l x^l\Big)$ における

x^r の項の係数は

$$\begin{aligned}
&{}_mC_0\cdot{}_nC_r+{}_mC_1\cdot{}_nC_{r-1}+{}_mC_2\cdot{}_nC_{r-2}\\
&\quad+\cdots+{}_mC_k\cdot{}_nC_{r-k}+\cdots+{}_mC_r\cdot{}_nC_0\\
&= \sum_{k=0}^{r}{}_mC_k\cdot{}_nC_{r-k}. \quad\cdots\cdots\text{②}
\end{aligned}$$

①, ② は一致するから

$${}_{m+n}C_r=\sum_{k=0}^{r}{}_mC_k\cdot{}_nC_{r-k}$$

(ただし, $s<t$ ならば ${}_sC_t=0$ である)

(2) 事象 E と事象 F の起こる回数の和が r となる場合の中で, 事象 E が k 回 $(0\leqq k\leqq r)$, 事象 F が $r-k$ 回起こる確率は,

$${}_mC_k p^k(1-p)^{m-k}\cdot{}_nC_{r-k}q^{r-k}(1-q)^{n-r+k}.$$

よって

$$P(r)=\sum_{k=0}^{r}{}_mC_k\cdot{}_nC_{r-k}p^k(1-p)^{m-k}q^{r-k}(1-q)^{n-r+k}.$$

(3) $p=q$ であるとき

$$P(r)=\sum_{k=0}^{r}{}_mC_k\cdot{}_nC_{r-k}p^r(1-p)^{m+n-r}$$

$$\begin{aligned}
&= p^r(1-p)^{m+n-r}\sum_{k=0}^{r}{}_mC_k\cdot{}_nC_{r-k}\\
&= p^r(1-p)^{m+n-r}{}_{m+n}C_r. \quad((1)\text{ より})
\end{aligned}$$

事象 E と事象 F の起こる回数の和を確率変数 X で表すと, X のとり得る値は,

$$0,\ 1,\ 2,\ \cdots,\ m+n$$

であり,

$$P(X=r)=P(r)={}_{m+n}C_r p^r(1-p)^{m+n-r}$$

であるから, X は二項分布 $B(m+n,\ p)$ に従う.
よって

$$\sum_{r=0}^{m+n}rP(r)=E(X)=(m+n)p.$$

注

$$\begin{aligned}
\sum_{r=0}^{m+n}rP(r) &= \sum_{r=0}^{m+n}r\cdot{}_{m+n}C_r p^r(1-p)^{m+n-r}\\
&= \sum_{r=1}^{m+n}(m+n)\cdot{}_{m+n-1}C_{r-1}p^r(1-p)^{m+n-r}\\
&\qquad\qquad (k{}_NC_k=N{}_{N-1}C_{k-1}\text{ より})\\
&= (m+n)p\sum_{r=1}^{m+n}{}_{m+n-1}C_{r-1}p^{r-1}(1-p)^{m+n-r}\\
&= (m+n)p\sum_{l=0}^{m+n-1}{}_{m+n-1}C_l p^l(1-p)^{(m+n-1)-l}\\
&\qquad\qquad (r-1=l\text{ とおいた})\\
&= (m+n)p\{p+(1-p)\}^{m+n-1} \quad(\text{二項定理より})\\
&= (m+n)p.
\end{aligned}$$